化学工业出版社“十四五”普通



# 土木工程
# 结构试验与检测技术

TUMUGONGCHENG
JIEGOU SHIYAN YU JIANCE JISHU

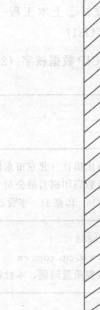

崔凤坤 主编

化学工业出版社
·北京·

## 内容简介

《土木工程结构试验与检测技术》系统地介绍了建筑、桥梁、道路等结构的试验与检测方法，主要包括：试验荷载与加载方法、土木工程结构试验的量测技术、土木工程结构的静载试验、土木工程结构的动载试验、工程结构现场非破损检测技术、桥梁现场检测与试验、路基路面现场检测与试验。本书以培养学生专业素养为目标，既注重知识结构的完整性，又与工程实践相结合。书中配有试验插图，帮助读者更好学习本书内容。

本书适用于本科阶段土木类专业教学使用，也可供研究生和相关技术人员参考。

**图书在版编目（CIP）数据**

土木工程结构试验与检测技术/崔凤坤主编．—北京：化学工业出版社，2024.3（2025.3重印）

ISBN 978-7-122-39204-6

Ⅰ.①土… Ⅱ.①崔… Ⅲ.①土木工程-工程结构-结构试验-高等学校-教材②土木工程-工程结构-检测-高等学校-教材 Ⅳ.①TU317

中国版本图书馆 CIP 数据核字（2021）第 096847 号

责任编辑：刘丽菲　　文字编辑：林　丹　师明远
责任校对：张雨彤　　装帧设计：史利平

出版发行：化学工业出版社（北京市东城区青年湖南街 13 号　邮政编码 100011）
印　　装：北京盛通数码印刷有限公司
787mm×1092mm　1/16　印张 11　字数 266 千字　　2025 年 3 月北京第 1 版第 2 次印刷

购书咨询：010-64518888　　售后服务：010-64518899
网　　址：http://www.cip.com.cn
凡购买本书，如有缺损质量问题，本社销售中心负责调换。

**定　　价：39.80 元**

# 前言

土木工程结构试验与检测技术是研究和发展工程结构新材料、新体系、新工艺、新的设计理论和方法以及结构损伤鉴定和处理工程事故的重要手段，在工程结构科学研究和技术创新中起着重要作用，具有较强的工程实践性，它与结构设计、施工实践以及土木工程学科的发展有着密切的关系。因此，土木工程结构与检测技术日益受到广大科研人员和工程技术人员的关注和重视。

“土木工程结构试验与检测技术”是土木工程专业的一门专业基础课。其任务是通过理论和实践教学环节，使学生获得土木工程结构试验方面的基本知识并掌握基本技能。本课程要让学生初步掌握土木工程结构的检测方法，学会运用试验手段验证工程结构的计算理论，能够进行一般土木工程结构试验的规划和方案设计，并能进行试验与分析。学习本课程，为毕业后从事结构工程科研、设计及施工奠定良好的基础。

本教材根据土木类专业本科教学大纲要求编写。教材内容注重理论与实践相结合，同时结合了编者在教学、科研、指导学生试验和大量土木工程结构试验及检测工作方面的经验。本教材在阐明结构试验与检测技术基本原理的基础上，重点介绍基本试验与检测的方法，并力求反映近些年国内外新的工程结构试验理论和试验方法，以适应本科教学的要求，同时满足科研人员和有关工程技术人员的参考需要。

本教材由山东交通学院崔凤坤主编，潘韶军、旷文静等参与了资料的整理工作。

由于编者业务水平有限，书中难免有疏漏或不妥之处，敬请读者批评指正。

编者

目录

# 第1章 绪论

## 1.1 土木工程结构试验与检测的作用及地位

土木工程结构试验是研究和发展工程结构理论的重要手段。纵观钢筋混凝土结构和砌体结构的计算理论发展史，几乎全部是以试验研究的结果作为基础的，从确定结构材料的力学性能到验证梁、板、柱等单个构件的计算方法，乃至建立复杂结构体系的计算理论等。比如1767年，由法国科学家容格密里完成的简支木梁试验，证明了梁受弯时并非全截面受拉，而是上缘受压、下缘受拉。这个定性的试验，给人们指出了发展结构强度计算理论的正确方向和方法，被誉为“路标试验”。

在近年来既有建筑物加固改造中，通过结构试验与结构性能检测，可以准确地评定既有建筑物的可靠性，并为结构工程病害的成因分析及制订加固改造方案提供依据。

由此可见，结构试验与检测在工程结构学科的科学研究和技术创新中一直起着至关重要的作用，并具有较强的实践性。尽管近年来计算机的大量应用为工程结构的计算分析创造了条件，为结构理论的研究提供了方便，使结构试验与检测不再是研究和发展结构理论的唯一方法，但由于实际结构的复杂性，在钢筋混凝土结构的塑性阶段性能、徐变性能、结构耐久性性能、钢结构的疲劳和稳定问题、结构的动力性能分析以及力学模型的边界约束条件确定等方面，采用数值模拟分析法仍存在一定问题，还需要通过必要的实际结构试验研究才有可能解决技术难题。因此，结构试验与检测仍然是结构理论研究和结构性能检验的主要手段。

与此同时，工程结构学科发展的要求又推动了结构试验与检测技术的发展和提高。结构试验方面，结合超高层建筑、大跨度桥涵、海洋石油平台、地铁、隧道等各种土木工程结构的理论及设计方法的研究要求，尤其是结构抗震性能的研究要求，对结构整体工作性能、结构动力反应、结构非线性性能等问题的研究需求日益高涨，迫使结构试验由过去的单个构件试验向整体结构试验和足尺试验发展。目前各种拟静力试验、拟动力试验、振动台试验等已打破了结构静载试验和动力试验的界限，尤其是计算机控制的应用、新型高性能传感器的应用和远程网络控制技术的应用，实现了荷载再现、数据采集、数据处理以及整个试验过程的控制，结构试验技术发生了根本性的变化。目前，在工程结构学科发展演变过程中形成的结构试验、结构理论与结构计算三级构成的新学科结构中，结构试验本身也成为一门真正的试验科学，今后将有更深入的发展。而且，试验检测技术的发展和现代科学技术的发展密切相关。大跨度桥梁和超高层建筑健康监测技术的开发研究，就综合运用了光纤传感技术、光纤微波通信、GPS卫星跟踪监控等多项新技术，并且在香港青马大桥、润扬长江公路大桥、南京长江二桥、南京长江三桥等重要工程中实现与应用，对这些工程的安全健康使用发挥了重要作用。另外，在非破损检测方面，混凝土结构雷达和红外线热成像仪等新技术的出现为结构损伤检测开辟了新途径。展望未来，随着大数据时代的到来和云计算技术的发展，将转变人们对传统结构试验研究的思维方法。

结构试验是结构理论发展的先驱和“路标”，是研究和发展结构理论的重要手段，同时，结构理论的研究要求又推动了试验技术的发展和提高。

## 1.2 土木工程结构试验与检测的目的和任务

### 1.2.1 研究性试验

指对各种结构寻求更合理的设计计算方法，或者为开发一种新材料、新结构和新的施工工艺而进行的系统性试验研究。试验对象是专为试验研究而设计制作的，它并不一定代表实际工程中的具体结构，因此在设计试件时，要求突出研究的主要因素而忽略一些次要因素，力求试验方法与试件受力状态合理，达到试验研究的预期目的。

研究性试验的规模和试验方法，根据研究的目的和任务不同，有很大差别。

(1) 验证结构设计理论的各种假定，寻求更合理的计算方法。在结构设计中，要使计算方便、精确，不是完全依靠编制设计软件能达到的。近几年有专家提出概念设计，这就要求人们对结构或构件的荷载作用计算图式和本构关系做一些具有科学概念的简化和假定，然后根据实际结构荷载作用模式通过试验加以验证，寻求合理的计算方法用于实际工程中的结构计算。

**拓展阅读**

编制《混凝土结构设计规范》时，钢筋混凝土受弯构件斜截面抗剪强度计算方法要想通过数学解析方法确定是有难度的。因此，编制组曾组织多个单位对影响受弯梁抗剪强度的主要影响因素进行了大量试验研究，试件多达几百个，得出了趋于安全和较为合理的半理论的经验系数公式，即现行《混凝土结构设计规范》所采用的受弯构件斜截面抗剪强度计算公式。在其公式中表达的混凝土、箍筋、弯起钢筋、预应力筋等所起的抗剪作用，以及不同荷载作用方式和不同剪跨比所产生影响的相关修正系数，都是根据试验研究结果经过统计分析而得出来的。

(2) 为一些大型特种结构谋求设计依据。对于实际工程中处于不同条件的特种结构，例如海洋石油平台、核电站、仓储结构、网壳结构、地下硐室等，仅应用理论分析的方法是不够的，还要通过结构试验的方法进行验证，为实际工程提供设计依据。

拓展阅读

1976年唐山大地震中，开滦煤矿3000t容量的煤仓被震坏。煤仓的钢筋混凝土主体结构是由筒体、圈梁、折板形底板和立柱等组合而成的空间结构，是20世纪50年代由波兰政府援建的项目。为研究煤仓在地震中震坏的原因和重建新煤仓，采用原煤仓1∶100的有机玻璃模型进行试验研究（如图1-1所示）。通过试验，探索了原煤仓在弹性工作阶段的设计内力及设计方法存在的缺陷，研究了结构各部件的设计应力与变形是否超出设计允许范围，并探测了仓储结构的自振频率。

图1-1　唐山开滦煤矿的煤仓1∶100有机玻璃模型试验

试验模型采用气压加载并用黄砂模拟实际煤的堆放。实测各组成结构的应力测点多达460个，采用多点自动记录应变采集仪量测，获得了大量有价值的数据，为重建新煤仓的抗震设计计算方法提供了设计依据。

(3) 为采用新结构、新材料、新的施工工艺进行的试验研究。随着科技的不断进步，开发研究各种新结构、新材料和新的施工工艺，一般都要通过试验研究后加以确认。

拓展阅读

2015年瑞士Martinet人行桥是瑞士洛桑的首座UHPFRC桥，为了验证其设计受力的可靠性，在现场进行了一系列的测试（图1-2），确定了梁的振动特性，并运用ANSYS Workbench有限元软件建立全桥实体单元模型，进行数值模拟分析，准确模拟考虑各种损失后的有效预应力。根据试验结果得到：不同构造特性的UHPFRC结构的可靠指标受各随机变量的影响均有差异，UHPFRC结构的可靠指标受截面有效高度、截面高度、UHPFRC轴心抗拉强度和钢筋的材料特性影响显著，在实际设计、施工和结构优化中应加以重点控制。

图1-2　瑞士Martinet人行桥现场加载

### 1.2.2 生产性试验

生产性试验以直接服务于生产为目的，以真实结构为对象，通过试验检测是否符合规范或设计要求，并作出正确的技术结论。这类试验通常用来解决以下几方面的问题。

（1）验证重大建设工程所采用新的施工工艺试验和竣工验收试验。对工程中所采用的新结构、新材料和新工艺，除在设计阶段进行必要的试验研究和在施工前针对施工难点进行现场操作工艺试验外，在实际工程建成后还需要进行实际荷载试验，综合评定结构的设计、施工质量的可靠性。

拓展阅读

2018 年建成的台州湾大桥通航孔桥是位于台州湾大桥及接线工程的一座特大桥，桥梁结构形式为 (85+145+488+145+85) m 双塔整幅叠合梁斜拉桥，主梁采用分离式双边箱（PK 式）流线型扁平钢箱叠合梁，钢梁外侧设置风嘴。为了验证设计和解决施工难点，在现场进行了结构承载力试验（如图 1-3 所示）。大桥竣工验收前采用实际车辆进行了静荷载和动荷载试验（如图 1-4 所示）。

图 1-3 台州湾大桥通航孔桥现场检测

图 1-4 台州湾大桥通航孔桥静、动荷载试验

（2）为加强古建筑遗产保护，对具有历史性、纪念性的古代建筑、近代建筑或其他公共建筑的使用寿命的可靠性鉴定。这类建筑物很多建造年代久远，其结构逐渐出现不同程度的老化损伤，有些已到了退化期和危险期。我国《文物保护法》规定，这类建筑物不能随便拆除而只能进行加固和保护，并要求保持原有历史面貌。

拓展阅读

图 1-5 为百年建筑（修女楼）。该楼于 2020 年 6 月由山东建筑大学鉴定加固研究院主导完成平移工程，这栋建筑为 8 层框架结构，钢筋混凝土独立基础，需先向西平移 96.9m，再向南平移 74.5m，总移动距离 171.4m，平移共用了 25 天。此项工程技

术复杂程度非常高，是当时国内平移建筑物最高、平移距离最远的平移工程，也是我国建筑物整体平移的标志性工程。为了保证其安全使用，平移前后通过对这类建筑物进行普查、搜集资料、现场检测、分析计算、按可靠性鉴定标准评定其结构的安全等级，推断其剩余寿命，为古建筑遗产保护提供了依据和合理的维护措施。

图 1-5　百年建筑（修女楼）

(3) 为建筑物需要改变使用功能而进行改造扩建、加层或增加使用荷载等设计提供依据。在仅靠理论计算不能得到准确结论时，经常通过现场检测和荷载试验确定这些结构的潜在承载能力，尤其在缺乏原有建筑物设计资料和图纸时，更有必要进行实际荷载试验，通过测定结构现有的实际承载能力，为工程扩建改造提供实测依据。

(4) 处理工程突发事故。通过现场检测和试验，对事故鉴定及处理提供依据。对一些桥梁和建筑物在建造或使用过程中发现有严重缺陷（如设计或施工失误、使用了劣质材料、过度变形和裂缝等）的，或遭受地震、风灾、水灾、火灾、爆炸和腐蚀等而严重损伤的结构，往往需要通过对建筑物的现场检测，了解实际受损程度和实际缺陷情况，并进行计算分析，判断其实际承载力并提出技术鉴定结果和处理意见。

(5) 产品质量检验。对预应力锚具、桥梁橡胶支座和伸缩装置等重要部件产品，对预制构件厂或大型工程现场成批制作的预制构件，在出厂和使用前均应按国家相关标准要求进行抽样检验，以保证其产品质量水平。

因此，生产性试验是针对具体产品或具体建筑物所要解决的问题而不是寻求普遍规律，试验主要在建筑物现场（实物试验）或在构件制作现场（实际产品）进行。

## 1.3 土木工程结构试验的分类

土木工程结构试验可按试验目的、试验对象、荷载性质、试验场合、试验时间等不同因素进行分类。

### 1.3.1 探索性试验和验证性试验

在实际工作中，根据不同的试验目的，结构试验与检测可分为探索性试验和验证性试验。

（1）探索性试验

探索性试验是为科学研究及开发新技术（材料、工艺、结构形式）等目的而进行的探讨结构性能和规律的试验。探索性试验具有研究、探索和开发的性质，故又称研究性试验、开发性试验。如为创造某种新型结构体系及其计算理论，为制定或修改结构设计规范提供依据，为发展和推广新结构、新材料与新工艺提供试验数据或实践经验，以及为对病害建筑的原因分析等所做的试验，均属探索性试验。

探索性试验的试验对象（试件或试验结构）是专门为试验研究而设计制作的，它不一定是研究任务中的具体结构模型，更多的是经过力学分析后抽象出来的模型。试件设计时原则上应突出解决问题的关键和研究的主要因素，并能反映研究任务中的主要参数，忽略一些对实际工作只有次要影响的因素，尽可能简化试验设备和试验装置。为研究钢混叠合梁结构在考虑界面滑移效应方面的受力性能，在山东交通学院结构实验室开展钢混叠合梁足尺模型力学性能研究，通过分析试验试件抗剪承载力、荷载-滑移规律和受力破坏特性，得到剪力钉直径、剪力钉长度等因素对剪力钉抗剪性能的影响，剪力钉荷载-滑移规律以及受力破坏特性，并为进一步研究钢混叠合梁梁板协同工作提供了理论依据。

探索性试验一般都是破坏性试验，而且主要在实验室内进行，需要使用专门的加载设备和数据测试系统，以便对受载试件的变形性能进行连续观察、测量和全面的分析研究，从而找出其变化规律，为研究设计理论和计算方法提供依据。

（2）验证性试验

验证性试验是为证实科研假定和计算模型、核验新技术（材料、工艺、结构形式）的可靠性等目的而进行的试验。验证性试验是非探索性的，一般是在比较成熟的设计理论基础上进行，如为验证结构计算理论某些假定的正确性所做的试验。又如在既有工程结构现场进行加载和量测的原位加载试验，得出检验结构构件是否符合结构设计规范及施工验收规范的要求，并对检验结果作出技术结论等，故又称鉴定性试验。

验证性试验的试验对象一般是真实的结构或构件。除特殊情况外，一般不做破坏性试验，且多为短期荷载试验。这类试验常用来解决以下几方面的问题。

① 验证结构计算理论的科学假定和计算模型的正确性。

检验结构的质量，说明工程的可靠性。对某些重要建筑或采用新材料、新生产工艺及新设计计算理论而设计建造的建筑物或构筑物（如桥梁），在建成后须进行总体的结构性能检验，以综合评价其结构设计及施工质量的可靠性。

产品质量检验。例如预制构件厂或建筑工地生产的预制构件，在出厂或吊装前均应对其承载力、刚度和变形性能进行抽样检验，以确定其结构性能是否满足结构设计和构件检验规范所要求的指标。

② 判断既有建筑的实际承载力，为改造、扩建工程提供数据。当建筑物由于使用功能发生了变化（例如车间工艺流程的改变、设备的更新换代等），原有建筑物需要改扩建、加层或提高桥式吊车的起重能力或楼面承载能力时，往往需要通过试验实测并分析，从而确定原建筑物的结构潜力，为结构加固、改造提供依据。

③ 检验和鉴定既有建筑物的可靠性，推断其剩余寿命。建成并投入使用两年以上的建筑物称为既有建筑。若既有建筑经过几十年的使用，发生过异常变形或局部损伤，继续使用时人们对其安全性及可靠性会持有怀疑态度。鉴定这类结构的性能首先应进行全面的科学普查，普查的方法包括观察、检测和分析，检测手段大多只能采用非破损检测方法。在普查和分析基础上评定其所属安全等级，最后推算其可靠性或剩余寿命。这类鉴定工作应该按照国家有关建筑物可靠性鉴定规范的规定进行。

④ 为处理工程事故提供依据。对因遭受地震、火灾、爆炸而损伤的结构，或在建造期间及使用过程中发生严重工程事故，产生了过度变形和裂缝的结构，都要通过试验为加固和修复工作提供依据。

### 1.3.2 原型试验和模型试验

根据试件大小可分为原型试验和模型试验。

(1) 原型试验

原型试验的试验对象是实际结构或者是按实物结构足尺复制的结构或构件。原型试验一般用于验证性试验，一类是在实际结构上加载量测，例如对于工业厂房结构的刚度试验、楼盖承载能力试验等。另外，在高层建筑上直接进行风振测试和通过环境随机振动测定结构动力特性等均属此类试验。在原型试验中，另一类是足尺结构或构件的试验，如构件的足尺试验对象就是一根梁、一块板或一榀屋架之类的实物构件，它可以在实验室内试验，也可以在现场进行。由于建筑结构抗震研究的发展，国内外开始重视对结构整体性能的试验研究，通过对这类足尺结构物进行试验，可以对结构构造、各构件之间的相互作用、结构的整体刚度以及结构破坏阶段的实际工作性能进行全面观测了解。如西安建筑科技大学结构实验室可进行4层楼一个单元的足尺试验，日本曾在室内完成了7层房屋足尺结构的拟静力试验。对于有些既有建筑物的扩建、改造或增层，为了判定原有结构的实际承载力，可从原结构上拆下具有代表性的物件（梁或板）进行加载试验，或在原结构上进行原位加载试验。

(2) 模型试验

由于原型试验投资大、周期长、测量精度受环境因素等影响，在经济或技术方面存在一定困难。因此，在结构方案设计阶段进行初步探索比较或对设计理论和计算方法进行科学研究时，可采用按原型结构缩小的模型进行试验。模型是仿照真型（真实结构）并按照一定比例关系复制而成的试验代表物，它具有实际结构的全部或部分特征，但尺寸却比真型小得多，是缩尺结构。

模型的设计制作与试验是根据相似理论，用适当的比例和相似材料制成与真型几何相似的试验对象，在模型上施加相似力系（或称比例荷载），使模型受力后重演真型结构的实际工作，最后按照相似理论由模型试验结果推算实际结构的工作状况。为此，这类模型要求有比较严格的模拟条件，即要求做到几何相似、力学相似和材料相似。如前述的唐山开滦煤矿的煤仓结构就是采用相似理论设计的有机玻璃模型进行试验的。建筑结构教学试验中，通过钢筋混凝土小梁验证受弯构件正截面的设计计算理论也属于模型试验，不过其不一定满足严格的相似条件而已。

### 1.3.3 静力试验和动力试验

按试验荷载的性质分为静力试验和动力试验。

（1）静力试验

静力试验是结构试验中最大量、最常见的基本试验，一般可以通过重力或各种类型的加载设备来实现和满足加载要求。静力试验的加载过程是从零开始逐步递增直到结构破坏为止，也就是在一个不长的时间段内完成试验加载的全过程，故称为结构静力单调加载试验。

静力试验的优点是加载设备相对比较简单，操作比较容易；荷载可以逐步施加，还可以停下来仔细观测结构变形的发展，给人们以最明确和清晰的破坏概念。缺点是不能反映荷载作用下的应变速率对结构产生的影响，特别是在结构抗震试验中与任意一次确定性的非线性地震反应相差较大。近年来，为了探索结构的抗震性能，结构抗震试验无疑成为一种重要的研究手段。结构抗震静力试验是以静力的方式模拟地震作用的试验，它是一种控制荷载或控制变形作用于结构的周期性的反复静力荷载，为区别于一般单调加载试验，称之为低周反复静力加载试验，或称为拟静力试验。

（2）动力试验

对于主要承受动力作用的结构或构件，为了解结构在动力荷载作用下的工作性能，一般要进行动力试验。动力荷载与时间有关，而且荷载值也会改变，因此，动力试验需要通过动力加载设备直接对结构构件施加动力荷载。

动力试验中，由于荷载特性的不同，其加载设备和测试手段与静力试验有很大的差别，并且要比静力试验复杂得多。例如结构抗震性能试验研究中，除了用上述静力加载模拟以外，更为理想的是直接施加动力荷载进行试验。目前，抗震动力试验需要用电液伺服加载设备或地震模拟振动台等专用设备来进行，其设备造价和试验花费较静力试验都昂贵得多。

### 1.3.4 短期荷载试验和长期荷载试验

按试验荷载作用时间长短分为短期荷载试验和长期荷载试验。

短期荷载试验主要是针对承受静力荷载的结构构件进行的，实际的荷载经常是长期作用的。但是在进行结构试验时限于试验条件、时间和基于解决问题的步骤，我们不得不大量采用短期荷载试验，即荷载从零开始施加到最后结构破坏或到某阶段进行卸荷的时间总和只有几十分钟、几小时或者几天。对于承受动力荷载的结构，即便是结构的疲劳试验，整个加载过程也仅在几天内完成，与实际情况有一定差别。对于模拟爆炸、地震等特殊荷载作用时，整个试验加荷过程只有几秒钟甚至是几微秒或几毫秒，这种试验实际上是一种瞬态的冲击试验。严格地讲，这种短期荷载试验不能代替长年累月进行的长期荷载作用。这种由于具体客观因素或技术限制所产生的影响，在分析试验结果时必须加以考虑。

长期荷载试验是为了研究结构在长期荷载作用下的性能，如混凝土结构的徐变、预应力结构中钢筋的松弛等就必须进行静力荷载的长期试验。这种长期荷载试验也可称为持久试验，它将连续进行几个月或几年时间，通过试验获得结构变形随时间变化的规律。为了保证试验的精度，经常需要对试验环境有严格的控制，如保持恒温恒湿、防止振动影响等，当然这就必须在实验室内进行。如果能在现场对实际工作中的结构物进行系统、长期的观测，所积累和获得的数据资料对于研究结构的实际工作性能、进一步完善和发展工程结构的理论都具有极为重要的意义。

### 1.3.5 实验室试验和现场试验

根据试验地点的不同分为实验室试验和现场试验。

实验室试验具有良好的工作条件，可以应用精密和灵敏的仪器设备进行试验，具有较高的准确度，甚至可以人为地创造一个适宜的工作环境，以减少或消除各种不利因素对试验的影响，所以适宜于进行探索性试验。因此，实验室试验可以突出研究问题的主要方面，消除一些对试验结构实际工作有影响的次要因素。这种试验可以在真型结构上进行，也可以采用小尺寸的模型试验，并可以将结构一直加载到破坏。尤其近年来发展足尺结构的整体结构试验，大型实验室可为试验提供比较理想的条件。

现场试验由于客观环境条件的影响，不宜使用高精度的仪器设备来进行观测，相对而言，试验方法比较简单，所以试验精度和准确度较差。现场试验多数用于解决生产性的问题，所以大量的试验是在生产和施工现场进行，有时研究或检验的对象就是已经使用或将要使用的结构物，它可以获得近乎实际工作状态下的数据资料。

### 1.3.6 其他

结构试验的类型除了按上述情况区分外，也可按结构试验的最终结果分为破坏性试验和非破损性试验。非破损性试验多用于在现场工程质量检验及既有建筑物的性能检验，可按试验对象的特征分为单个构件（或部件）和整体房屋（或构筑物）试验；也可按结构特点分为杆系结构试验、平面结构试验及空间结构试验等。

## 1.4 土木工程结构试验的一般流程

土木工程结构试验一般可分为四个阶段：结构试验设计阶段、结构试验准备阶段、结构试验实施阶段和试验资料整理分析阶段。各阶段之间的关系如图 1-6 所示。

(1) 结构试验设计

结构试验设计或称试验规划，是结构试验的总体构思，是整个结构试验中极为重要的并且带有全局性的一项工作，对整个试验起到统管全局和具体指导的作用，关系到整个试验的成败。

对于研究性试验，在结构试验设计时，应先根据研究课题内容，了解国内外的研究状况及发展趋势，同时查询国内外有关资料，包括前人已做过的类似试验、试验成败情况、试验方法及试验结果等，以避免重复试验，并在以上工作的基础上确定试验目的、任务和规模，最后提出试验大纲。试验大纲是指导试验的技术文件，具体应包含下列内容。

① 概述。主要介绍试验背景、目的、任务与要求等，并简要介绍调查研究的情况，必要时还应介绍试验依据的相关标准、规范等。试验目的是试验大纲的主题，包括本次试验预期要得到哪些成果，以及为达到这些目的要进行哪几项试验。应明确要取得哪些数据和资料，如荷载-挠度曲线图，弯矩-曲率变化图，钢筋混凝土构件的开裂荷载、裂缝宽度、破坏荷载及形态，试件的极限变形及设计荷载下的最大应力等，并详细列出与此相应的观测项目。

② 试件设计与制作要求。试件是试验的对象。主要包括介绍设计的依据及分析和计算，试件的规格、数量和编号，制作施工图及对材料、施工工艺的要求等。

③ 试验方案。土木结构试验方案包括加载方案、观测方案及安全措施。

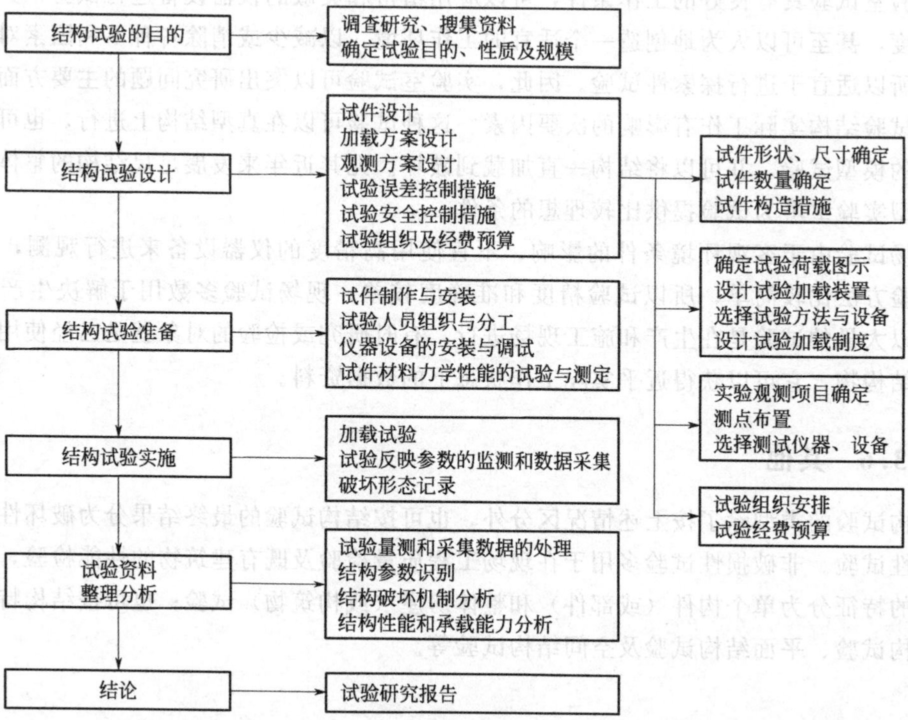


图 1-6 结构试验程序框图

④ 加载方案。主要介绍试验加载方案设计的依据及要求、加载方法及加载装置、加载图式及加载程序等，并给出试验控制荷载特征值（开裂荷载、屈服荷载、最大荷载等）。

⑤ 观测方案。主要介绍观测项目内容、测点布置、仪器仪表的选择及标定、观测方法与顺序以及相关的补偿措施等，并给出试验观测控制特征值（如变形值、内力值等）。

⑥ 安全措施。应介绍试验准备及试验实施阶段人身、构件和仪器设备的安全防护措施。

⑦ 辅助性试验。一般的探索性试验往往还需要做一些辅助性试验，主要为测定试件所用材料的力学性能试验。在试验大纲中应列出辅助性试验的内容、种类、试验目的和要求及试件数量、尺寸、制作要求及试验方法等。

⑧ 试验组织管理与进度计划。主要包括试验技术资料、原始记录管理、试验人员的组织分工、必要的技术培训、试验进度计划等。对野外现场试验，还包括交通运输，水、电安排等。

⑨ 经费预算及消耗材料用量，试验仪器设备清单。

对验证性试验，因为试件往往都是某一具体结构，一般不存在试件设计和制作问题，但需要收集和研究该试件设计的原始资料、设计计算书和施工文件等，并应对构件进行实地考察，检查结构的设计和施工质量状况，最后根据检验的目的、要求制订试验计划。对既有建筑物作技术鉴定时，需要了解该建筑物在使用期限内是否遭受过严重损伤、爆炸或火灾等损害，根据初步调查情况成立专门的鉴定机构，组织有关技术人员拟定试验方案和鉴定计划。

（2）结构试验准备

结构试验准备阶段的工作十分烦琐，不仅涉及面广，而且工作量很大，一般情况下，试验准备工作占全部试验工作量的 1/2～2/3。试验准备工作的好坏直接影响后续试验能否顺利进行，能否获得预期的试验结果。

结构试验准备阶段的主要工作包括试件制作、试验设备与试验场地准备、试件安装就位、加载配套设备和量测仪表的标定、试验加载设备及量测仪表的安装与调试、辅助性试验以及试验人员的组织安排和试验记录表格的准备等。另外，试验准备阶段还应根据需要，提前计算各加载阶段的荷载控制值及主要特征部位的内力及变形控制值，以备在试验过程中随时监控。试验准备阶段的各项工作均应按既定结构试验大纲要求进行。

（3）结构试验实施

加载试验阶段是整个试验过程的中心环节，应按既定试验大纲中设计的加载程序和观测顺序进行，并做好试验记录，作为备忘录归入试验资料档案。

在试验过程中，对试验起控制作用的重要数据，如钢筋的屈服应变、构件的最大挠度和最大侧移、控制截面上的应变等，应随时整理和分析，必要时还应跟踪观察其变化情况，并与事先计算的理论数值进行比较。如有反常现象应立即查明原因，排除故障，或根据实际情况，调整试验加载量，实现动态控制，保证试验的正常进行。

试验过程中，除认真读数记录外，必须仔细观察试件的外观变化，例如砌体结构和混凝土结构裂缝的出现、裂缝的走向及其宽度，以及试件的破坏特征等。尤其对试验过程发生的突变，及时采取措施。

试件破坏后，要绘制破坏特征图，有条件的可拍照或录像，作为原始资料保存，以便以后研究分析时使用。

（4）试验资料整理分析

试验资料整理分析一般包括原始资料的收集整理、数据处理和试验结论两部分工作。

① 原始资料的收集整理。任何一个试验研究项目，都应有一份详细的原始记录，连同试验过程中的试件外观变化观察记录、仪表设备标定数据记录、材料的力学性能试验结果、试验过程中的工作日志等，经查实后收集完整，不得丢失。

对于试验的量测数据记录及记录曲线，应由负责人、记录人员签名，不能随便涂改，以保证数据的真实性和可靠性，并将全部原始资料完善归档。

② 数据处理和试验结论。从各种量测仪表获得的量测数据和记录曲线，一般不能直接解答试验任务书中所提出的各类问题，它们只是试验的原始数据，必须对这些数据进行科学整理、分析和计算，做到去粗取精，去伪存真。最后根据试验数据和资料编写试验报告，并给出试验结论。

试验报告是试验过程的真实反映和试验成果的集中体现，应准确、清楚、全面地反映科研或工程背景、探讨目的、试验方案，详尽地记录试验过程和现象描述、量测结果等。试验报告应实事求是，并根据试验结果进行分析，得出试验结论。

由于试验目的的不同，试验的技术结论内容和表达形式也不完全一样。

验证性试验的技术结论应根据《建筑结构可靠性设计统一标准》规定，对试验结构或构件的结构性能作出“合格”“不合格”的技术结论。验证性试验的技术报告主要包括下列内容。

a. 检验或鉴定的原因和目的；

b. 试验前或试验后存在的主要问题，结构所处的工作状态；

c. 采用的检验方案或鉴定整体结构的普查方案；

d. 试验数据的整理和分析结果；

e. 技术结论或建议；

f. 试验计划，原始记录，有关的设计、施工和使用情况调查报告等附件。

探索性试验大多是为了探讨验证某一新的结构理论，因而试验的技术结论无论从深度和广度上都远比验证性试验结论复杂，要求的内容也完全取决于具体的试验研究目的，对于试验发现的新问题应提出建议和进一步的研究计划。

## 复习思考题

1-1 土木工程结构试验的任务是什么？结构试验与检测如何分类？

1-2 研究性试验与生产性试验有何区别？生产性试验主要解决哪些问题？

1-3 结构试验如何分类？

1-4 土木工程结构试验过程分为哪几个阶段？试验大纲包括哪些内容？

1-5 试验方案的主要内容是什么？

# 第2章 试验荷载与加载方法

## 2.1 概述

建筑结构上作用着由结构自重和各种活荷载产生的垂直荷载和水平荷载，工业建筑结构上还有因吊车制动力产生的水平荷载，这些均为直接作用荷载。另外，由于温度变化、地基不均匀沉降和结构内部的物理、化学作用引起结构产生附加变形或约束，使结构内力发生变化，此类荷载为间接作用荷载。一般可将前述荷载归纳为静荷载和动荷载两大类，静荷载对结构不产生加速度作用，动荷载则对结构产生加速度作用。

结构试验为模拟结构在实际受力工作状态下的结构反应，应根据不同的试验目的，在试验对象上再现要求的荷载，即试验荷载。实现试验荷载的加载方法很多，它与试验目的和试验荷载的性质有关。

在静载试验中，有利用重物直接加载或通过杠杆作用间接加载的重力加载方法，利用液压加载设备或试验机加载的液压加载方法，利用绞车、差动滑轮组、弹簧和螺旋千斤顶等机械设备的机械加载方法，还有利用压缩空气或真空作用的特殊加载方法等。

在动力试验中，有利用运动物体质量的惯性力加载方法，利用电磁系统激振的电磁加载方法，利用液压加载设备或疲劳试验机加载的液压加载法，还有模拟地震的振动台加载方法，以及利用环境随机激振方法（脉动法）和人工爆炸方法的加载方法等。近几年，随着试验理论与技术的发展，通过计算机和电液伺服液压加载系统联机对足尺或大比例的结构模型按实际的反应位移进行加载，使试验更接近于实际结构动力反应的真实情况，它是在伪静力试验基础上发展起来的一种拟动力加载试验方法。

综上所述，土木工程结构试验的方法很多，但都需要加载设备，同时，还需要与它们相匹配的一套加载支承装置，才能构成完整的试验加载系统。因此，为了顺利地完成试验加载任务，在选择加载方法和加载设备及配套加载支承装置时，应满足下列要求。

① 荷载传递方式明确，符合试件实际受力状态。选用的试验荷载图式应与结构计算的荷载图式所产生的内力值相一致或极为接近；荷载传力方式和作用点应明确，不影响试件的受力和自由变形。

② 荷载值应准确、稳定。荷载量的相对误差不大于±3%，现场试验不大于±5%，特别是静载试验时荷载不随加载时间、外界环境和试件的变形而变化。加载设备的加载能力应大于最大试验荷载值，并有足够的安全储备。

③ 加载过程不影响试件受力性能。加载设备及支承装置的变形、位移不能参与试件工作，应能予以修正，避免改变试件的受力状态或产生次应力。

④ 加载设备要安全可靠，有足够的强度和刚度。加载设备及支承装置的变形应很小（加载设备及支承装置受力构件的刚度为相应试件刚度的 10 倍为宜），使加载值很容易稳定。

⑤ 加载操作方便，技术上先进。选用的加载设备及支承装置能方便地加、卸载，并能控制加载速度，荷载分级值能满足试验的精度要求；试验加载方法要力求采用现代化先进技术，减轻体力劳动，提高试验质量。

本章介绍常用加载方法的基本原理和主要特点，以及配套加载支承装置的性能特点、设计要点和构造特点，以便在具体结构试验方案设计中根据试件的结构特点、试验目的、实验室设备和现场条件，以及经费开支等因素综合考虑，选择合适的试验加载方法。

## 2.2 重物加载法

重物加载是利用物体本身的重量施加在结构上作为荷载。在实验室内可以采用的重物有专门制作的标准铸铁砝码，混凝土立方试块、水箱等；在现场试验时可以就地取材，如砖、袋装砂（石）、袋装水泥等建筑材料或废构件、钢锭等。重物可以直接加在试验结构上，也可以通过杠杆系统间接加在试件上。重物加载的优点：荷载值稳定，不会因结构的变形而减小，而且不影响结构的自由变形，特别适用于长期荷载和均布荷载试验。

### 2.2.1 重物直接加载

重物荷载可直接堆放于结构表面（如板的试验）作为均布荷载（图 2-1），或置于荷载盘上、或通过吊杆挂在结构上形成集中荷载（图 2-2），此时吊杆与荷载盘的自重应计入第一级荷载。

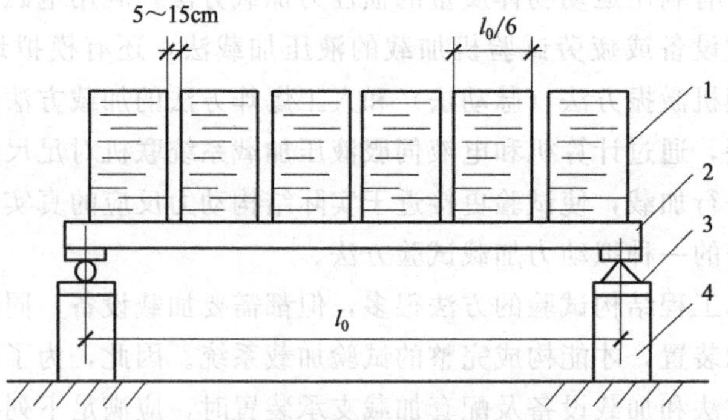


图 2-1 重物堆放作均布荷载试验

1—重物；2—试验板；3—支座；4—支墩

重物加载应注意的几个问题，当采用铸铁砝码、砖块、袋装水泥等作均布荷载时应注意重物尺寸和堆放距离。当采用砂、石等松散颗粒材料作为均布荷载时，切勿连续松散堆放，宜采用袋装堆放，以防止砂石材料摩擦角起拱作用而产生卸载影响以及砂石重量随环境湿度不同而引起的含水率变化，造成荷载不稳定。

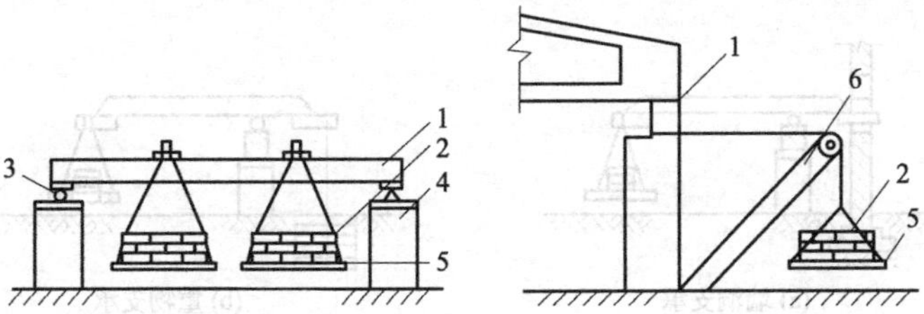


图 2-2 重物堆放作集中荷载试验

1—试件；2—重物；3—支座；4—支墩；5—吊篮；6—滑轮

利用水做均布荷载试验（图 2-3）是一种简易方便而且又十分经济的加载方法。加载时可直接用自来水管放水，水的密度为 $1g/cm^3$，从标尺上的水深就可知道荷载值的大小，卸载也方便，可采用虹吸管原理放水卸载，特别适用于网架结构和平板结构加载试验。缺点是全部承载面被水掩盖，不利于布置仪表和观测。当结构产生较大变形时，要注意水荷载的不均匀性所产生的影响。

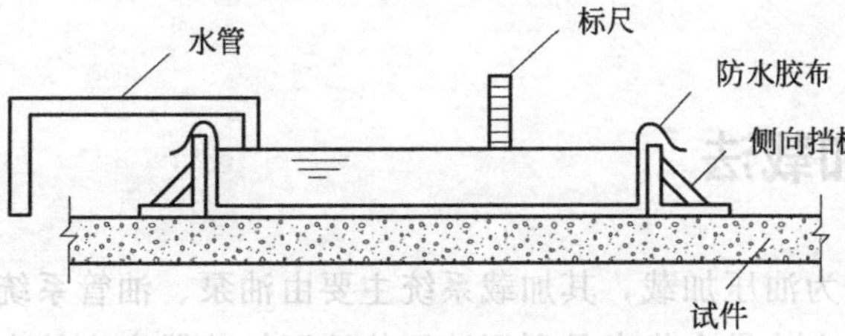


图 2-3 利用水做均布荷载试验

## 2.2.2 杠杆重物加载方法

利用重物作集中荷载试验时，常采用杠杆原理将荷载值放大（图 2-4）。杠杆应保证有足够的刚度，杠杆比一般不宜大于 5，三个作用点应在同一直线上，避免因结构变形、杠杆倾斜而导致杠杆放大的比例失真，并保持荷载稳定、准确。现场试验，杠杆反力支点可用重物、桩基础、墙洞或反弯梁等支承（图 2-5）。

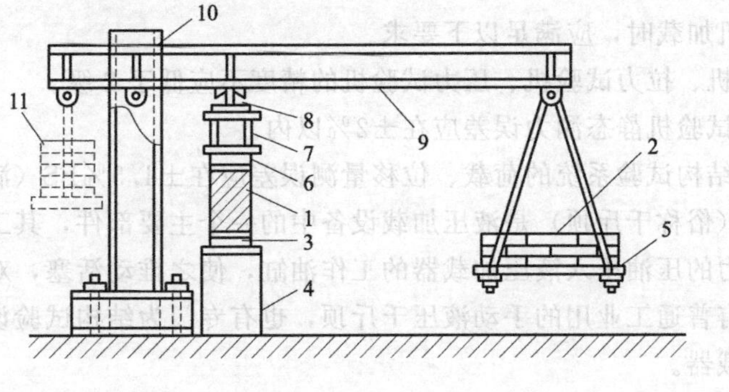


图 2-4 杠杆重物加载方法

1—试件；2—重物；3—支座；4—支墩；5—荷载盘；6—分配梁支座；7—分配梁；8—加载支点；

9—杠杆；10—荷载锚固支架；11—杠杆平衡重物

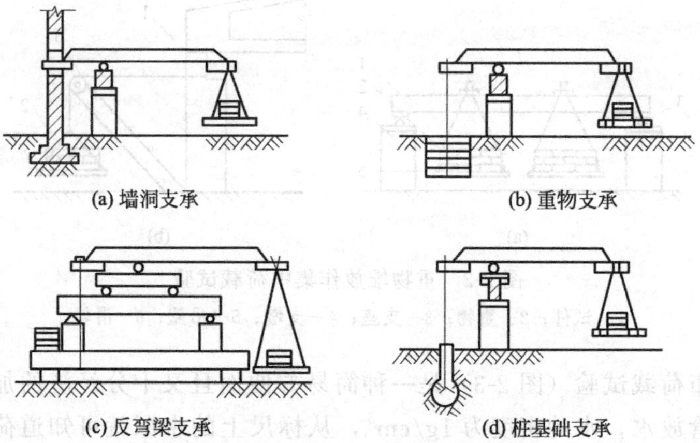

(a) 墙洞支承　　(b) 重物支承

(c) 反弯梁支承　　(d) 桩基础支承

图 2-5　现场试验杠杆加载的支承方法

用重物加载进行破坏试验时，应特别注意安全。在加载试验结构的底部均应有保护措施，防止倒塌，造成事故。

## 2.3 液压加载法

液压加载目前一般为油压加载，其加载系统主要由油泵、油管系统、液压加载器、加载控制台和加载架组成。它的最大优点是利用油压使液压加载器产生较大的荷载，试验操作安全方便，可用于静载试验，也可用于动力试验。液压加载法大致可分为两种：一种是利用液压加载系统和试验台座进行结构试验；另一种是采用大型结构试验机进行结构试验。

当采用液压加载系统时，为提高加载精度，对加载量应进行直接测定或标定，只有在条件受到限制时，才允许用油压表来测定加载量，此时应满足以下要求。

① 油压表精度不应低于 1.5 级（1.5 级指量测误差在 1.5%之内）。

② 使用前应对配套的液压加载器进行标定，并利用绘制的标定曲线确定加载量。绘制标定曲线时至少应在加载器不同行程位置上重复三次，并取其平均值。任一次的测量值与标定曲线对应的偏差不应超过±5%。

当采用试验机加载时，应满足以下要求。

① 万能试验机、拉力试验机、压力试验机的精度不应低于 2 级。

② 结构疲劳试验机静态测力误差应在±2%以内。

③ 电液伺服结构试验系统的荷载、位移量测误差应在±1.5%FS（满量程）以内。

液压加载器（俗称千斤顶）是液压加载设备中的一个主要部件，其工作原理是用高压油泵将具有一定压力的压油压入液压加载器的工作油缸，使之推动活塞，对结构施加荷载。常用的液压加载器有普通工业用的手动液压千斤顶，也有专门为结构试验设计的单向作用或双向作用的液压加载器。

### 2.3.1 手动液压千斤顶加载

手动液压千斤顶的构造如图 2-6 所示，主要由手动油泵和液压加载器两部分组成。使用时拧紧卸油阀 9，掀动手动油泵的手柄 6，使储油缸中的油通过单向阀压入工作油缸 2，推动工作活塞 1 上升。试验时千斤顶底座放在加载点上，如果工作活塞的运动受阻则油压作用力将反作用于底座 10，从而使试件受载。卸载时只要打开卸油阀 9，使油从工作油缸 2 流回储油缸 3 即可。

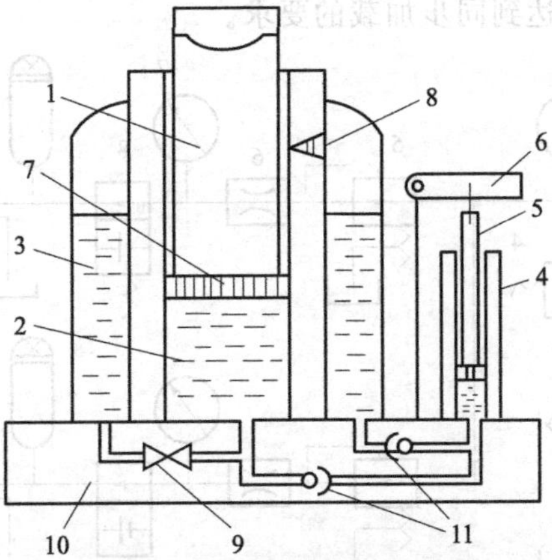


图 2-6 手动液压千斤顶构造

1—工作活塞；2—工作油缸；3—储油缸；4—油泵油缸；5—油泵活塞；6—手柄；7—油封；8—安全阀；9—卸油阀；10—底座；11—单向阀

手动油泵一般能产生 $40N/mm^2$ 或更大的液体压力，工作油缸中的压力与此相等。因此，根据工作活塞面积的大小就可以得到不同规格的千斤顶。

为了确定实际施加的荷载值，可在千斤顶的活塞顶上装一个荷载传感器，或在工作油缸中引出紫铜管，装上油压表，根据油压表测得的液体压力和活塞面积即可算出荷载值。千斤顶的活塞行程在 200mm 左右，通常能满足结构静载试验的要求。其缺点是一台千斤顶需一个人操作，多点加载时难以做到同步加载。

图 2-7 是一个简支梁三分点加载的加载装置，用一个手动液压千斤顶和一个分配梁对试件施加两个集中荷载。千斤顶上部安装一个荷载传感器，通过 $X$-$Y$ 函数仪控制加载值。加载架的立柱固定在试验台座上。

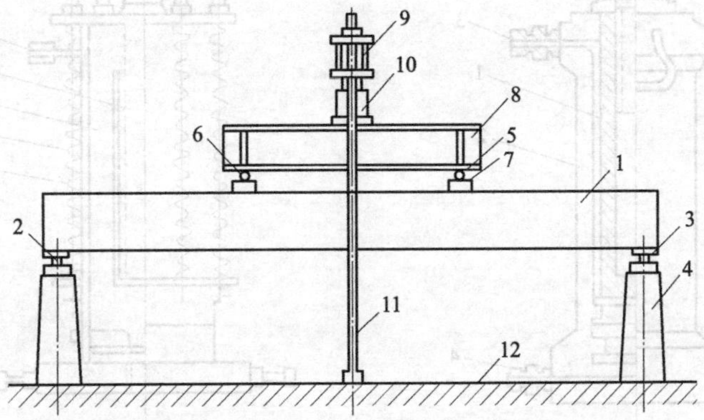


图 2-7 用液压千斤顶和分配梁对简支梁进行加载试验

1—试验梁；2,5—滚动铰支座；3,6—固定铰支座；4—支墩；7—垫板；8—分配梁；9—加载架横梁；10—千斤顶；11—加载架立柱；12—试验台座

### 2.3.2 同步液压加载

同步液压加载的液压系统如图 2-8 所示，主要由加载器、高压油泵、各种阀门、测力传感器等组成。其工作原理是利用油路上的稳压系统，根据试验加载需要，通过调节溢流阀和调节阀，在需要多点加载时达到同步加载的要求。

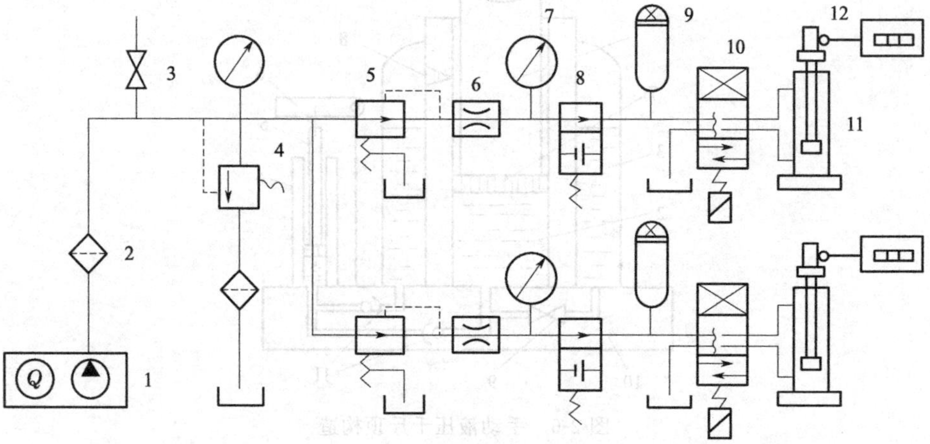


图 2-8 同步液压加载的液压系统

1—高压油泵；2—滤油器；3—截止阀；4—溢流阀；5—减压阀；6—节流阀；7—压力表；8,10—电磁阀；9—蓄能器；11—加载器；12—测力传感器

同步液压加载系统采用的是单向作用液压加载器，它与普通手动千斤顶的主要区别是储油缸、油泵、阀门等不附在千斤顶上，只由活塞和工作油缸两者构成，故又称液压缸。单向作用液压加载器的行程较大，顶端装有球铰，可在 15°范围内转动，可按结构试验需要安装在指定位置。目前常用的形式有以下两种。

一种是双油路液压加载器，如图 2-9 所示，其中上油路用来回缩活塞，下油路用来加荷。这种加载器的自重轻，但活塞与油缸之间的摩擦力较大。

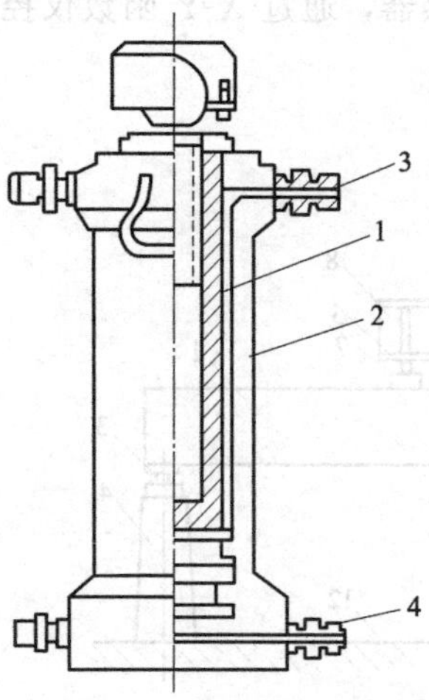


图 2-9 双油路液压加载器

1—活塞；2—油缸；3—上油路接头；4—下油路接头

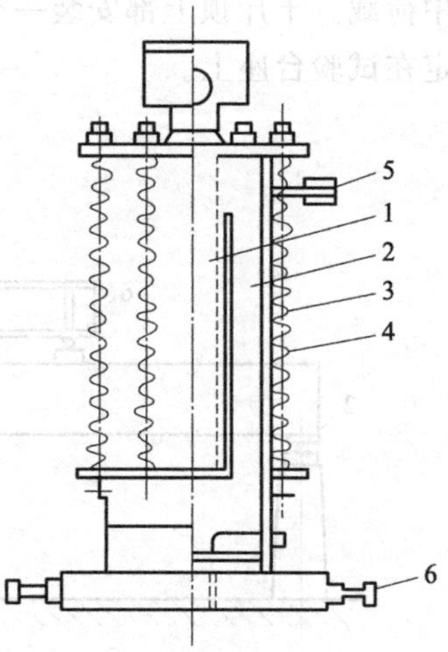

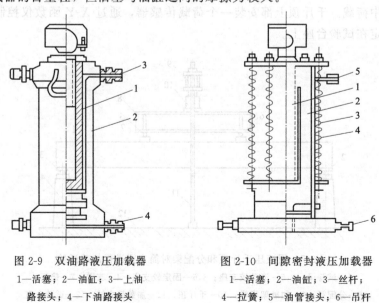

图 2-10 间隙密封液压加载器

1—活塞；2—油缸；3—丝杆；4—拉簧；5—油管接头；6—吊杆

另一种是间隙密封液压加载器，如图2-10所示，它是靠弹簧进行活塞复位的。与双油路液压加载器相比，活塞与油缸间的摩擦力小，使用稳定，加工精度高。

如图2-11所示，由同步液压系统和加载架及试验台座组成液压加载试验系统，即可进行结构静载试验。利用这套设备可以做各种建筑结构（屋架、梁、板、柱及墙板等）的静载试验，尤其对大吨位、大挠度、大跨度的结构更为适用。它不受加荷点的数量和加荷点距离的限制，并能适应对称和非对称加荷的需要。

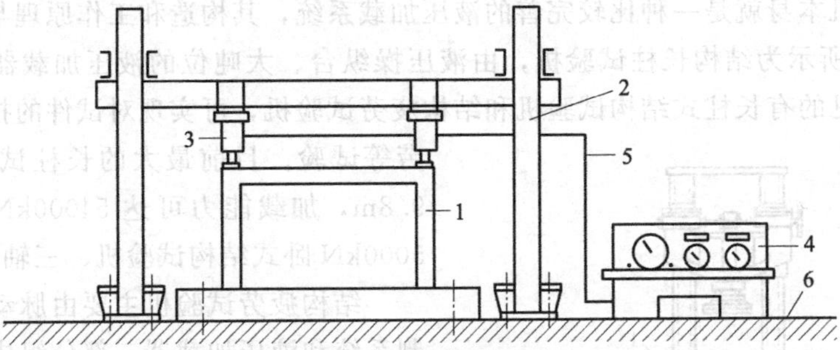


图2-11 液压加载试验系统

1—试件；2—加载架；3—液压加载器；4—液压操纵台；5—管路系统；6—试验台座

### 2.3.3 双向液压加载

双向液压加载系统由双作用液压加载器、高压油泵和加载架等组成，多用于对结构施加低周反复荷载试验。

拉压双向液压加载器的构造及换向阀工作原理如图2-12所示。工作时，先打开高压油泵10，向上扳动三位四通换向阀11，油压经过油管3进入工作油缸1推动活塞杆8前进（这时对构件施加压力），同时，工作油缸1中的油经油管7被压入油箱12；若要反向加载，只要向下扳动三位四通换向阀11，油泵里的高压油经油管7进入工作油缸，推动活塞杆8后退（这时对试件施加拉力），同时工作油缸1中的油被推出，经油管3回到油箱12。

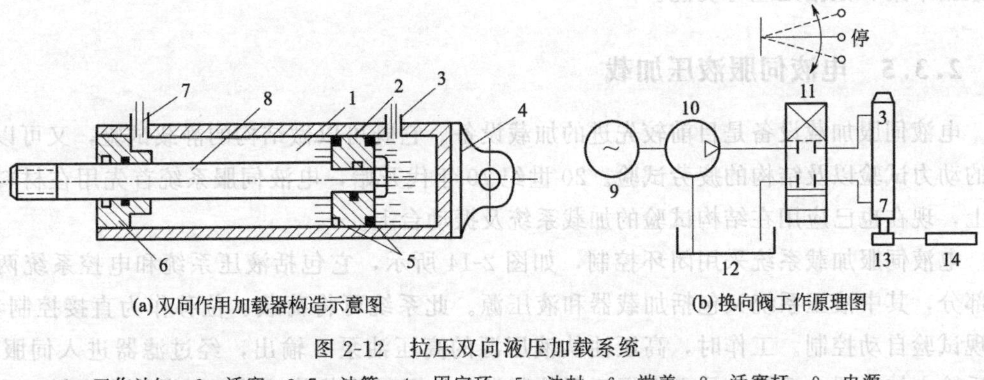


图2-12 拉压双向液压加载系统

1—工作油缸；2—活塞；3，7—油管；4—固定环；5—油封；6—端盖；8—活塞杆；9—电源；10—高压油泵；11—三位四通换向阀；12—油箱；13—荷载传感器；14—应变仪

为了测定拉力或压力值，可在液压加载器活塞杆端头安装拉压荷载传感器，直接用应变仪测量，或将信号送入记录仪记录。

双向液压加载器的最大优点是可以方便地做水平方向的反复加载试验。在抗震试验中，虽然这种方法与实际的动力作用不尽相同，但它在一定条件下可以获得结构或构件抗震性能的重要反应参数，且为实现数据自动采集、自动记录创造了条件，是一种较为理想的加载设备。目前在抗震试验中应用甚广。

### 2.3.4 试验机加载

结构试验机本身就是一种比较完善的液压加载系统，其构造和工作原理与材料试验机相同，如图 2-13 所示为结构长柱试验机，由液压操纵台、大吨位的液压加载器和试验机架三部分组成。常见的有长柱式结构试验机和结构疲劳试验机，可实现对试件的拉、压、弯及疲劳等试验。目前最大的长柱试验机净空高达 9.8m，加载能力可达 54000kN，此外，还有 5000kN 卧式结构试验机、三轴试验机等。

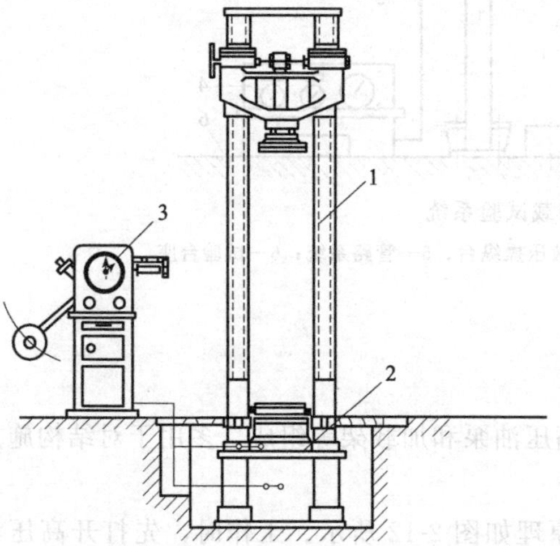

图 2-13 结构长柱试验机

1—试验机架；2—液压加载器；3—液压操纵台

结构疲劳试验机主要由脉动发生系统、控制系统和液压加载器三部分组成，可做正弦波形荷载的疲劳试验，也可做静载试验和长期荷载试验等。目前国产 PME-50A 疲劳试验机的试验频率可在 100～500 次/min 内任意选用，可进行单向（拉或压）应力疲劳试验，同类型的还有瑞士 Amsler 疲劳试验机，因附有蓄力器等一套系统，还可进行交变（拉或压）应力疲劳试验。但这些疲劳试验机均靠机械传动，其自动化程度受到一定限制。

试验机加载具有精度高、操作方便等优点，在结构试验中选择加载系统时应优先选择。另外，大型结构试验机还可以通过专用的中间接口与计算机连接，并配置专门的数据采集和数据处理设备，可实现由程序控制自动操作及数据采集和数据处理等功能。

### 2.3.5 电液伺服液压加载

电液伺服加载设备是目前较先进的加载设备。它既可以做结构的静载试验，又可以做结构的动力试验以及结构的疲劳试验。20 世纪 70 年代开始，电液伺服系统首先用在材料试验机上，现在也已应用在结构试验的加载系统及振动台上。

电液伺服加载系统采用闭环控制，如图 2-14 所示，它包括液压系统和电控系统两个主要部分，其中液压系统又包括加载器和液压源。此系统可将荷载、位移作为直接控制参数，实现试验自动控制。工作时，高压油从液压源的高压油泵 3 输出，经过滤器进入伺服阀 4，然后输入加载器。反馈信号可根据不同控制类型，通过荷载传感器 7、位移传感器 8 或应变传感器 9 测得。经相应调节器 10、11 或 12 放大后，将输出控制值送到伺服控制器 15，与指令发生器 14 输出的指令信号进行比较，其差值经放大后予以反馈，用来控制伺服阀工作，从而完成了全系统的闭环控制。这种比较校正是迅速且连续进行的，并由该信号转换成液压信号，控制进入加载器油缸的液压油流量及方向，使活塞按加载要求往复运动。

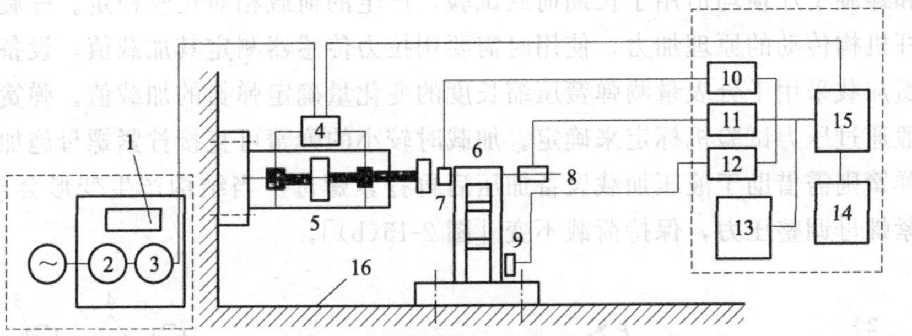


图 2-14 电液伺服加载系统

1—冷却器；2—电动机；3—高压油泵；4—伺服阀；5—液压加载器；6—试件；7—荷载传感器；8—位移传感器；9—应变传感器；10—荷载调节器；11—位移调节器；12—应变调节器；13—记录显示装置；14—指令发生器；15—伺服控制器；16—试验台座

液压加载器需安装在试验台座（反力墙）上，与台座（反力墙）和试件的连接分别采用旋转式接头，以适应结构变形的需要和保证活塞的自如运动，才能对被试验结构施加荷载。荷载值通过各种传感器来传递。加载器的负荷油缸为单缸双油腔结构，工作时由电控系统的伺服阀转换成液压信号来驱动油缸内的活塞，这时，一个油腔内进入高压油，另一个油腔低压排出油，两个油腔的压力差即为加载器活塞输出的压力，由此对结构产生拉伸或压缩荷载。

液压加载器产生的荷载可达 1～3000kN，行程为±15～±50cm。按加载器规格不同，活塞运行的最大速度为 2mm/s 和 35mm/s，后者可用于动力试验。加载器工作频率一般在 5Hz 以下，当要求提高加载频率时，则荷载值和行程均受到限制。

电液伺服液压加载系统的频率范围宽，波形种类多，测量与控制负荷、行程及应变的精度高，配用电子计算机后可进行复杂的加载程序控制、数据处理、分析及打印和显示等。它是目前结构试验中一种较理想的试验设备，用来进行抗震结构的静载试验或动力试验尤为适宜，所以被广泛应用。缺点是投资较大，维护费用较高。

## 2.4 机械加载法

常用的机械式加载机具有绞车、卷扬机、倒链葫芦、螺旋千斤顶和弹簧等。

绞车、卷扬机、倒链葫芦等主要用于对远距离或高耸结构物施加拉力。连接定滑轮可以改变力的方向，连接滑轮组可以提高加载能力，连接测力计或拉力传感器可以测量其加载值[如图 2-15(a) 所示]。

其实际加载值（$P$）可按下式计算：

$$P=\varphi n K p \tag{2-1}$$

式中 $p$——拉力测力计读数；

$\varphi$——滑轮摩擦因数（对涂有良好润滑剂的可取 0.96～0.98）；

$n$——滑轮组的滑轮数；

$K$——滑轮组的机械效率（可查机械手册）。

弹簧和螺旋千斤顶均适用于长期荷载试验，产生的荷载相对比较稳定。螺旋千斤顶是利用蜗轮蜗杆机构传动的原理加力，使用时需要用拉力传感器测定其加载值，设备简单、使用方便。弹簧加载采用千分表量测弹簧压缩长度的变化量确定弹簧的加载值。弹簧变形与力值的关系一般通过压力试验机标定来确定。加载时较小的弹簧可直接拧紧螺母施加压力，承载力很大的弹簧则需借助于液压加载设备加压后再拧紧螺母。当结构产生变形会自动卸载时，应及时拧紧螺母调整压力，保持荷载不变［图 2-15(b)］。

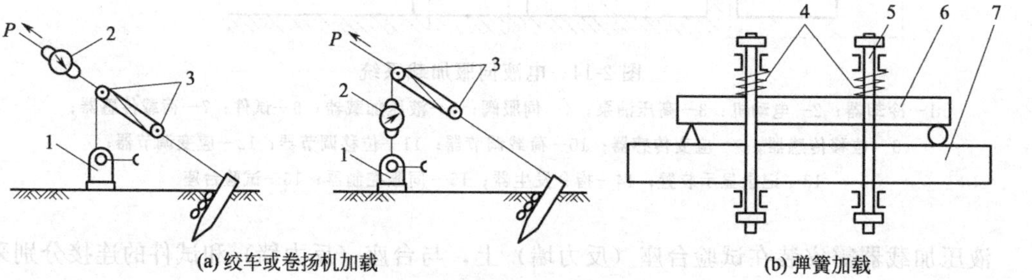


图 2-15　机械机具加载示意图

1—绞车或卷扬机；2—测力计；3—滑轮；4—弹簧；5—螺杆；6—试件；7—台座或反弯梁

## 2.5 模拟地震振动台加载

地震作用不同于冲击荷载和简谐振动荷载，它具有很大的随机性。要构造一个随机振动状态激励建筑物做随机振动，使建筑物再现地震振动状态的难度是很大的。

模拟地震振动台可以很好地再现各种地震波，是结构动力试验的一种先进的试验设备它可以按照试验需要，模拟地震现象。置于模拟地震振动台上的结构和基础的反应，经相似换算后，即为原型结构在真实地震下的反应。其特点是具有自动控制和数据采集的处理系统，采用了电子计算机和闭环伺服液压控制技术，并配合先进的振动测量仪器，使工程结构动力试验水平提高到了一个新的高度。

模拟地震振动台有单向运动（水平或垂直）、双向运动和三向运动等数种。图 2-16 为水平、垂直双向模拟地震振动台系统框图，它由振动台台体、液压驱动和动力系统、控制系统及测试分析系统、试验数据采集系统等组成。

(1) 振动台台体结构。振动台台面一般是由钢或铝合金制成的平板结构，支承于静压导轨上，台面尺寸大小由结构模型的最大尺寸决定，台体自重和台身结构与承载的试件质量及使用频率范围有关，试验模型质量与台身质量之比以不大于 2 为宜。振动台必须安装在质量很大的刚性基础上，基础的质量一般为可动部分质量或激振力的 10～20 倍以上，这样可以保证系统的高频特性。另外，基础底部及四周要采取隔振措施，如设置防振沟、砂垫层、橡胶垫或金属弹簧等，以减小对周围建筑和其他设备的影响。

(2) 液压驱动和动力系统。液压驱动系统用来向振动台施加巨大的推力，目前基本采用电液伺服系统来驱动。液压加载器上的电液伺服阀根据输入信号（周期或地震波）控制进入加载器液压油的流量大小和方向，从而由加载器推动台面做垂直或水平方向的正弦运动或随机运动。

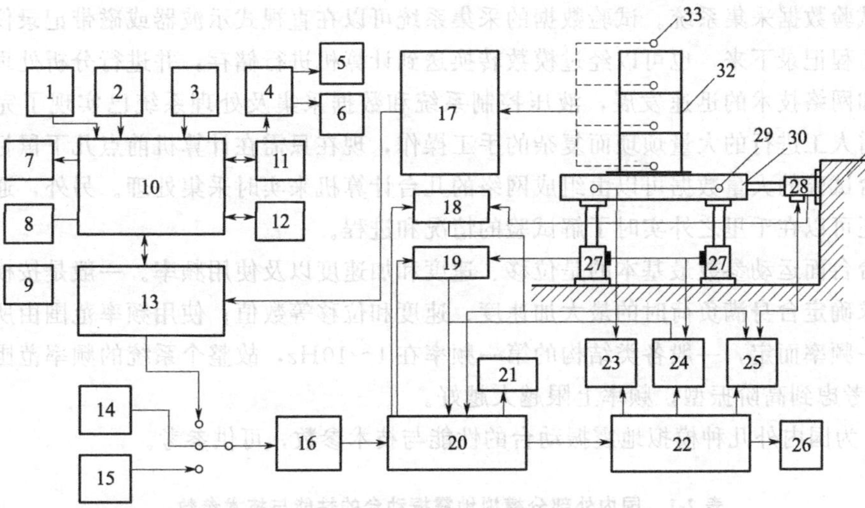


图 2-16 水平、垂直双向模拟地震振动台系统框图

1—电传打字机；2—硬盘存储器；3—软盘存储器；4—频率分析系统；5—示波器；6,13—输入输出接口：A/D、D/A 转换器；7—打印描图机；8—终端显示器；9—硬拷贝机；10—计算机主机；11—绘图仪；12—行式打印机；14—信号发生器；15—数据记录仪；16—输入信号选择器；17—振动测量系统；18—水平振动控制器；19—垂直振动控制器；20—电子控制站；21—示波器；22—液压动源；23—液压限位器；24—垂直加载伺服控制器；25—水平加载伺服控制器；26—冷却系统；27—垂直电液伺服加载器；28—水平电液伺服加载器；29—液压限位器；30—振动台台面；31—基础；32—试件；33—测振传感器

液压动力部分是一个巨大的液压功率源，能供给所需要的高压油流量，以满足巨大推力和台身运动速度的要求，模拟地震力。

(3) 控制系统。模拟地震振动台有模拟控制和数字计算机控制两种控制方法。模拟控制方法又有位移反馈控制和加速度信号输入控制两种。在单纯的位移反馈控制中，由于系统的阻尼小，很容易产生不稳定现象。为此，在系统中加入加速度反馈，可增大系统阻尼，从而保证系统的稳定性。与此同时，还可以加入速度反馈，以提高系统的反应性能，减小加速度波形的畸变。为了能使直接记录到的强地震加速度推动振动台，可在输入端通过二次积分，同时输入位移、速度和加速度三种信号进行控制。数字计算机控制方法采用计算机进行数字迭代的补偿技术，可实现台面地震波的再现，提高振动台的控制精度。由于包括台面、试件在内的系统的非线性影响，在计算机给台面的输入信号激励下所得到的反应与输入的期望波形之间必然存在误差，这时，可由计算机将台面输出信号与系统本身的传递函数（频率响应）求得下次驱动台面所需的补偿量和修正后的输入信号。经过多次迭代，直至台面输出反应信号与原始输入信号之间的误差小于预先给定的量值，从而完成迭代补偿并得到满意的期望地震波形。

(4) 测试分析系统。测试系统除了对台身运动进行控制和测量位移、加速度之外，更重要的是测量试件在地震波作用下的速度、加速度、位移和应变反应及频率等。位移测量多采用差动变位器式和电位计式位移计，可测量试件相对台面的位移或相对于基础的位移。加速度测量采用应变式加速度计、压电式加速度计、差容式或伺服式加速度计等。试件的破坏过程可采用摄像机进行记录，便于进行破坏过程的分析。

（5）试验数据采集系统。试验数据的采集系统可以在直视式示波器或磁带记录仪上将反应的时间历程记录下来，也可以经过模数转换送到计算机进行储存，并进行分析处理。随着数字技术和网络技术的迅速发展，液压控制系统和数据采集及处理系统已实现了完全数字化，以前需人工进行的大量烦琐而复杂的手工操作，现在只需在计算机前点几下鼠标即可完成。振动台试验的大量数据可以由组成网络的几台计算机来实时采集处理。另外，通过互联网，用户还可以在千里之外实时了解试验的情况和进程。

振动台台面运动参数最基本的是位移、速度和加速度以及使用频率。一般是按模型比例及试验要求确定台身满负荷时的最大加速度、速度和位移等数值；使用频率范围由所做试验模型的第一频率而定，一般各类结构的第一频率在1～10Hz，故整个系统的频率范围应该大于10Hz，考虑到高阶振型，频率上限越大越好。

表2-1为国内外几种模拟地震振动台的性能与技术参数，可供参考。

**表2-1　国内外部分模拟地震振动台的性能与技术参数**

| 国家与单位 | 台面尺寸/(m×m) | 台重/kN | 最大载重/kN | 频率范围/Hz | 激振力/kN | 最大振幅/mm | 最大速度/(mm/s) | 最大加速度 $g/(m/s^2)$ | 激振方向 |
|---|---|---|---|---|---|---|---|---|---|
| 中国同济大学 | 4×4 | 100 | 150 | 0.1～50 | X:200×2<br>Y:200×2<br>Z:135×2 | X:±100<br>Y:±100<br>Z:±50 | 1000<br>1000<br>600 | 1.2<br>1.2<br>0.8 | X、Y和Z |
| 中国水利水电科学研究院 | 5×5 | 250 | 200 | 0.1～120 | | X:±40<br>Y:±40<br>Z:±30 | 400<br>400<br>300 | 1.0<br>1.0<br>0.7 | X、Y和Z |
| 中国建筑科学研究院 | 6×6 | 400 | 800 | 0.1～50 | 250 | X:±150<br>Y:±250<br>Z:±100 | 1000<br>1250<br>800 | 1.5<br>1.0<br>0.8 | X、Y和Z |
| 中国地震局工程力学研究所 | 5×5 | 200 | 300 | 0.4～50 | X:250×2<br>Y:250×2<br>Z:1000 | X:±80<br>Y:±80<br>Z:±50 | 600<br>600<br>600 | 1.0<br>1.0<br>0.7 | X、Y和Z |
| 中国西安建筑科技大学 | 4.1×4.1 | | 300 | 0.1～50 | | X:±150<br>Y:+250<br>Z:±100 | 1000<br>1250<br>800 | 1.0<br>1.0<br>0.9 | X、Y和Z |
| 日本科学技术厅国立防灾科学技术中心 | 15×15 | 1600 | X:5000<br>Z:2000 | 0～50 | X:900×4<br>Z:900×4 | X:±30<br>Z:±30 | 370<br>370 | 0.55<br>1.00 | X和Z |
| 中国台湾地震工程研究中心 | 5×5 | | 500 | 0～50 | 40 | X:±80<br>Y:±50<br>Z:±200 | 600<br>500<br>1000 | 1.0 | X、Y和Z |
| 中国国有铁道科学研究院 | 12×8 | | 4000 | 0～20 | | ±50 | 400 | | X |
| 日本原子能工程试验中心 | 15×15 | 4000 | 1000 | 0～30 | X:30000<br>Z:33000 | X:±200<br>Z:±100 | 750<br>375 | 1.8<br>0.9 | X和Z |
| 日本建设省建设研究所 | 8×8 | | 3000 | 0～30 | | | | 4.0 | X、Y和Z |

续表

| 国家与单位 | 台面尺寸/(m×m) | 台重/kN | 最大载重/kN | 频率范围/Hz | 激振力/kN | 最大振幅/mm | 最大速度/(mm/s) | 最大加速度 $g/(m/s^2)$ | 激振方向 |
|---|---|---|---|---|---|---|---|---|---|
| 美国加利福尼亚伯克利分校 | 6.1×6.1 | 450 | 450 | 0～50 | X:245×3<br>Z:13×4 | X:±152<br>Z:±51 | 635<br>254 | 0.67<br>0.22 | X和Z |
| 美国E.G&G | 3×3 | | 100 | 0～30 | | X:±152<br>Z:±76 | 635<br>318 | 1.0<br>0.5 | X和Z |
| 美国纽约州立大学 | 3.65×3.65 | 200 | 200 | 0.1～60 | X:−400<br>Z:720 | X:±304<br>Z:±152 | 762<br>508 | 1.15<br>4.3 | X和Z |

## 2.6 动力激振加载法

结构动力试验中的振动力振源有两类：一类是自然振源，如地面脉动、气流产生的振动、地面爆破以及动力机械、运输机械和起吊机械在运行中产生的振动等；另一类是人工振源，如利用惯性力激振、电磁激振、疲劳机激振等。

### 2.6.1 惯性力加载法

惯性力加载法是利用物体质量在运动中产生的惯性力对试件施加动力荷载。按照产生惯性力的方法通常分为冲击力、离心力两类。

#### 2.6.1.1 冲击力加载

冲击力加载的特点是在极为短促的时间内，在它的作用下使试件产生自由振动，适用于动力特性测定试验。产生撞击力的方法有突加荷载法和突卸荷载法两种。

(1) 突加荷载法

突加荷载法又称初速度加载法。如图 2-17 所示，利用落锤或摆锤的方法使试件受到瞬时垂直方向或水平方向的冲击，产生一个初速度，使试件获得所需的冲击荷载并产生振动。冲击作用力的总持续时间应比试件有效振型的自振周期尽可能短些，这样引起的振动是整个初速度的函数，而不是力大小的函数。

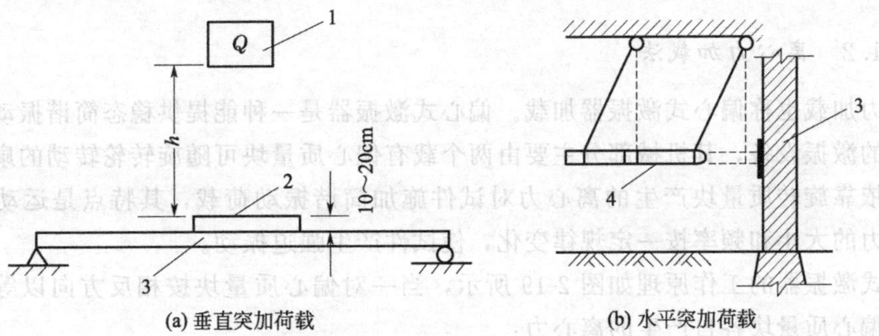


图 2-17 突加荷载示意图

1—落锤；2—砂垫层；3—试件；4—摆锤

突加荷载法只需用较小的荷载便可产生较大的振幅，它适用于试件刚度较大的动力试验。但图 2-17(a) 中垂直跌落的落锤重量将附在试件上一起振动，并且落锤弹起落下既会影响试件自振阻尼振动，又可能使试件受到局部损伤。因此，为了避免试件产生过度的应力和变形，落锤不宜过重，落距也不宜过大。通常，落锤重量取试验跨内试件自重的 0.10%，落距 $h \leqslant 2.5\text{m}$，为防止落锤跳动和试件局部损坏，可在落点铺一层厚 10～20cm 的砂垫层。

(2) 突卸荷载法

突卸荷载法又称初位移加载法。如图 2-18 所示，在试件上拉一根钢丝绳，首先使试件变形并产生一个人为的初始强迫位移（静挠度），然后突然卸去荷载，使试件在静力平衡位置附近做自由振动。突卸荷载法的荷载量应根据试件允许的最大振幅计算确定。优点是在试件自振时荷载已不存在于试件上，没有附加质量的影响，因而特别适合结构动力特性试验。但因施加的荷载量不会太大，故仅适用于刚度不大的试件，特别是柔性的高耸结构等。

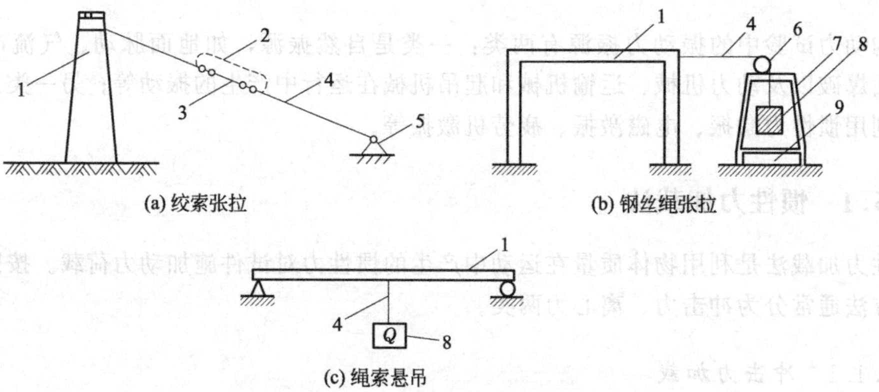


图 2-18　突卸荷载示意图

1—试件；2—保护钢丝绳；3—钢拉杆；4—钢丝绳；5—绞车或卷扬机；6—滑轮；7—支架；8—重物；9—减振垫层

当采用惯性力加载时，荷载的作用点要根据结构物振动形态来确定。例如图 2-17(a)，要得到简支梁的第一振型，应该用一个集中荷载作用于跨中，若要得到第二振型，则应该用两个荷载分别作用在跨度的 1/4 处，方向相反。此外，还可以利用现成的动力设备来使结构产生自振，例如桥式吊车的纵向或横向制动力，可使厂房空间结构受到水平撞击荷载。

#### 2.6.1.2　离心力加载法

离心力加载也称偏心式激振器加载。偏心式激振器是一种能提供稳态简谐振动的具有较大激振力的激振设备，其机械部分主要由两个载有偏心质量块可随旋转轮转动的扇形圆盘构成。它是依靠旋转质量块产生的离心力对试件施加简谐振动荷载，其特点是运动具有周期性，作用力的大小和频率按一定规律变化，使试件产生强迫振动。

偏心式激振器的工作原理如图 2-19 所示，当一对偏心质量块按相反方向以等角速度 $\omega$ 旋转时，偏心质量块各自产生的离心力：

$$P = m\omega^2 r \tag{2-2}$$

式中 $m$——偏心块质量；

$\omega$——偏心块旋转角速度；

$r$——偏心块旋转半径。

在任何瞬时产生的离心力均可分解成按简谐规律变化的垂直分力 $P_V$ 与水平分力 $P_H$：

$$P_V = P\sin\alpha = m\omega^2 r\sin\omega t \tag{2-3}$$

$$P_H = P\cos\alpha = m\omega^2 r\cos\omega t \tag{2-4}$$

式中 $\alpha$——离心力的合力与分力的夹角，$\alpha = \omega t$。

当两个旋转的偏心质量块的相对位置按图 2-19(b) 放置时，两个力的水平分力互相平衡而相互抵消，从而只对试件施加两个垂直分力的合力（激振力）：

$$P_V = 2m\omega^2 r\sin\omega t \tag{2-5}$$

当质量块的相对位置按图 2-19(c) 放置时，则垂直分力相互抵消，只对试件施加两个水平分力的合力：

$$P_H = 2m\omega^2 r\cos\omega t \tag{2-6}$$

试验时，将偏心式激振器底座固定在试件上，由底座把激振力传递给试件，致使试件受到简谐变化激振力的作用。改变质量块的重量或位置，调整电机的转速（即改变角速度），均可改变激振力的大小。

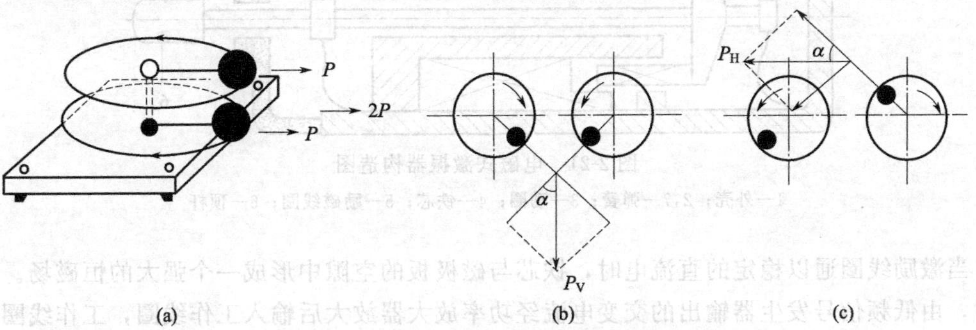


图 2-19 偏心式激振器的工作原理图

偏心式激振器的优点是激振力范围大，可由几十牛顿到几兆牛顿。缺点是频率范围较小，一般在 100Hz 以内。特别是因它输出的激振力与旋转频率的平方成正比，则在低频时激振力不大。

图 2-20 为另一种机械式振动台。它由曲柄连杆系统来带动台面做水平振动，台面的振幅由偏心距 $e$ 的大小来调节，台面振动频率由变速箱调整，因而振动台的振幅与频率变化无关。

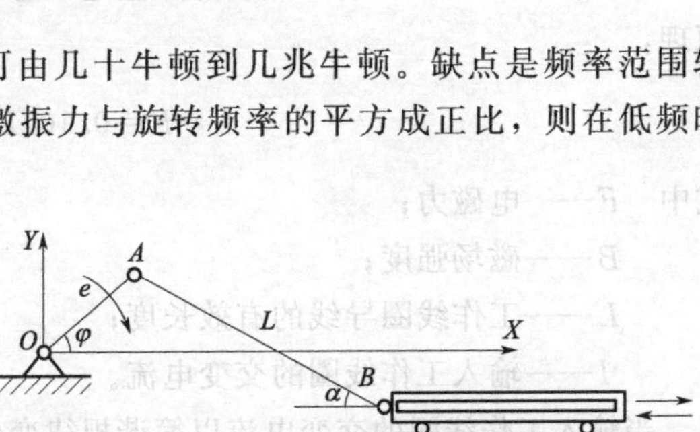


图 2-20 曲柄连杆式机械振动台原理图

机械式振动台的结构简单，容易产生比较大的振幅和激振力；缺点是频率范围小，振幅调节比较困难，机械摩擦影响大，波形失真度也较大，因而，机械式振动台目前使用得较少。

### 2.6.2 电磁加载法

由物理学可知，在磁场中通电的导体受到与磁场方向相垂直的作用力，电磁加载就是利用电磁力推动试件做强迫振动。当在磁场（永久磁铁或直流激励磁线圈）中放入动圈，通入交变电流即可产生交变激振力，促使固定于动圈上的顶杆做往复运动，推动试件做强迫振动。若在动圈上通以一定的直流电，则可产生静荷载。

目前常用的电磁加载设备有电磁式激振器和电磁式振动台。

#### 2.6.2.1 电磁式激振器

图 2-21 为电磁式激振器的构造图，它由磁场系统（包括励磁线圈、铁芯、磁极板）、动圈（工作线圈）、弹簧、顶杆等部件组成。动圈固定在顶杆上，置于铁芯的孔隙中，并由固定在壳体上的弹簧支承。弹簧除支承顶杆外，工作时还使顶杆产生一个稍大于电动力的预压力，以免振动时发生顶杆撞击试件的现象。

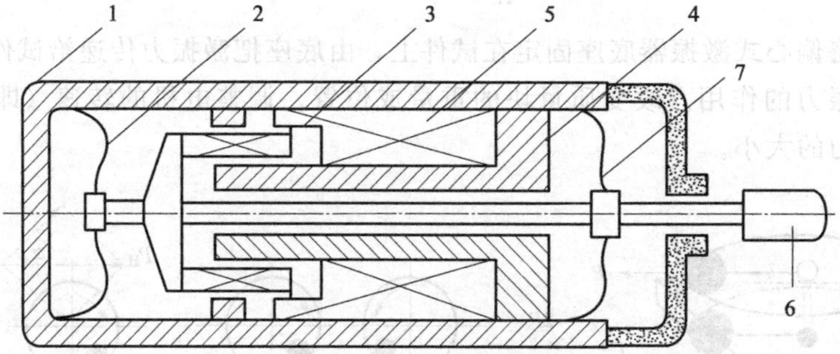


图 2-21 电磁式激振器构造图

1—外壳；2,7—弹簧；3—动圈；4—铁芯；5—励磁线圈；6—顶杆

当激励线圈通以稳定的直流电时，铁芯与磁极板的空隙中形成一个强大的恒磁场。与此同时，由低频信号发生器输出的交变电流经功率放大器放大后输入工作线圈，工作线圈即按交变电流谐振规律在磁场中运动并产生电磁感应力 $F$，使顶杆推动试件振动。根据电磁感应原理：

$$F=0.102BLI\times10^{-4} \tag{2-7}$$

式中 $F$——电磁力；

$B$——磁场强度；

$L$——工作线圈导线的有效长度；

$I$——输入工作线圈的交变电流。

当输入工作线圈的交变电流以简谐规律变化时，通过顶杆作用于试件上的激振力也按同样规律变化。当 $B$、$I$ 不变时，激振力 $F$ 与电流 $I$ 成正比。

电磁式激振器的优点为频率范围较宽，一般在 0～200Hz，甚至可达 1000Hz，推力可达几千牛顿，重量轻，控制方便，按给定信号可产生各种波形的激振力。缺点是激振力不大，仅适合于小型结构或小模型试验。使用时应将激振器安装于支座上，垂直安装时可作为垂直振源，水平安装时可作为水平振源。

2.6.2.2 电磁式振动台

电磁式振动台的工作原理基本与电磁式激振器一样，在构造上实际是利用电磁激振器推动一个活动的台面，即在振动台面上安装一个电磁式激振器。

如图 2-22 所示，电磁式振动台的激振系统由信号发生器、自动控制仪、功率放大器、电磁激振器及振动台台面等部分组成。

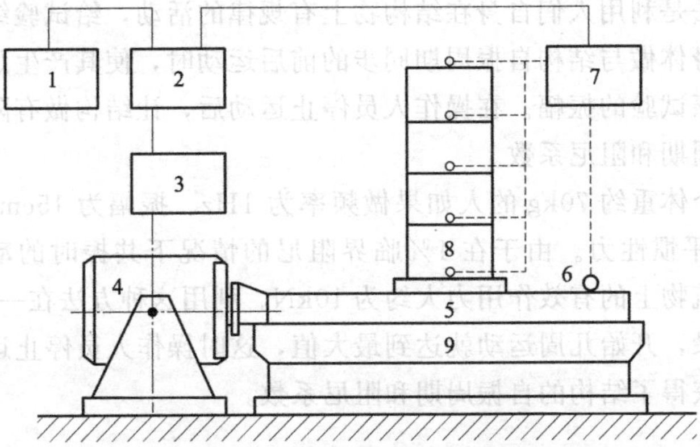


图 2-22 电磁式振动台的激振系统图

1—信号发生器；2—自动控制仪；3—功率放大器；4—电磁激振器；5—振动台台面；6—测振传感器；7—振动测量记录系统；8—试件；9—台座

电磁式振动台与电磁式激振器的工作原理一样，其动力学原理也是载流导体在磁场中受力而运动，但振动台可动部分的质量比激振器要大，因此，可动部分的惯性力和电磁感应力相比是不可忽略的。

自动控制仪由自动扫频装置、振动测量装置及定振装置等部分组成。它是按闭环振动试验的要求设计的。信号发生器可提供功率放大器所需要的正弦波、三角波、方波等多种激振信号，这样振动台面就会按提供的信号进行振动。

电磁式振动台的噪声比机械式振动台小，频率范围宽，振动稳定，波形失真小，振幅和频率的调节都比较方便。缺点是低频特性较差，出力小，仅适合于小模型动力试验。表 2-2 为两种电磁式振动台的主要性能指标。

表 2-2 电磁式振动台性能指标

| 型号 | | 2S-20D | 日本 IMV |
|---|---|---|---|
| 指标 | 台面尺寸/$mm^2$ | 450×600 | 800×1000 |
| | 频率范围/Hz | 0.01～1000 | 0.5～1000 |
| | 最大振幅/mm | ±5 | ±12.5 |
| | 最大加速度 | 2.5$g$ | |
| | 激振力/kN | 0.2 | 15 |
| | 激振方式 | 电磁 | 电磁 |
| | 最大载重/kN | 0.5 | |
| | 台面支承方式 | 悬吊簧片 | 液压导轨 |

### 2.6.3 现场动力试验的激振方法

在现场结构动力试验中，可采用人工振动加载法、人工爆炸激振法和环境随机振动激振法加载。

#### 2.6.3.1 人工振动加载法

人工振动加载法是利用人们自身在结构物上有规律的活动，给试验结构物提供激振力的一种方法。当人的身体做与结构自振周期同步的前后运动时，使其产生足够大的惯性力，就可能形成适合做共振试验的振幅。在操作人员停止运动后，让结构做有阻尼的自由振动，可以获得结构的自振周期和阻尼系数。

试验发现，一个体重约70kg的人如果做频率为1Hz、振幅为15cm的前后运动时，将产生约0.2kN的水平惯性力。由于在1%临界阻尼的情况下共振时的动力放大系数为50，这意味着作用于建筑物上的有效作用力大约为10kN。利用这种方法在一座15层钢筋混凝土建筑上取得振动记录，开始几周运动就达到最大值，这时操作人员停止运动，让结构做有阻尼自由振动，从而获得了结构的自振周期和阻尼系数。

#### 2.6.3.2 人工爆炸激振法

在试验结构附近场地采用炸药进行人工爆炸，利用爆炸产生的冲击波对结构进行瞬时激振，使结构产生强迫振动。可按经验公式估算人工爆炸产生场地地震的加速度 $A$ 和速度 $V$：

$$A=21.9\left[\frac{Q^m}{R}\right]^n \tag{2-8}$$

$$V=118.6\left[\frac{Q^m}{R}\right]^q \tag{2-9}$$

式中 $Q$——炸药量，t；

$R$——试验结构距离爆炸源的距离，m；

$m$、$n$、$q$——与试验场地土质有关的系数。

近几年在现场结构动力试验中研制了一种反冲激振器，又称火箭激振，它是利用火箭发射时的反冲力对建筑物实施激振。对于高层建筑物，可将多个反冲激振器沿结构不同高度布置，以进行高阶振型的测定。国内已进行过几幢建筑物和大型桥梁的现场试验，试验效果较好。

#### 2.6.3.3 环境随机振动激振法

在结构动力试验中，除了利用以上各种设备和方法进行激振加载以外，环境随机振动激振法近年来发展很快，被人们广泛应用。

环境随机振动激振法也称脉动法。人们在许多试验观测中，发现建筑物经常处于微小而不规则的振动之中。这种微小而不规则的振动来源于微小的地震活动或者机器运行、车辆行驶等人为扰动，它使地面存在着连续不断的运动，其运动的幅值极为微小，而它所包含的频谱相当丰富，故称为地面脉动，利用高灵敏度的测振传感器可以记录到这些信号。地面脉动激起建筑物经常处于微小而不规则的脉动中，通常称为建筑物脉动。可以利用这种脉动现象来分析测定结构的动力特性，它不需要任何激振设备，又不受结构形式和大小的限制。

20世纪50年代开始，我国就应用这一方法测定结构的动态参数，但数据分析方法一直采取从结构脉动反应的时程曲线记录图上按照“拍”的特征直接读取频率数值的主谐量法，所以一般只能获得第一振型频率这个单一参数。随着计算机技术的进步，随着信号处理机、结构动态分析仪的诞生和应用，使这一方法得到了迅速发展。目前已可以从记录到的结构脉动信号中识别出全部模态参数（各阶自振频率、振型、模态阻尼比等），这使环境随机激振法的应用得到了很大的发展。

## 复习思考题

2-1 试验荷载的基本概念是什么？试验荷载与实际结构荷载有何区别？产生试验荷载的方法有哪些？对加载设备有哪些基本要求？

2-2 重物加载通常采用哪两种方法？对这两种方法有何具体要求？

2-3 哪些结构适合采用水加载？水加载如何确定荷载值？

2-4 液压加载系统由哪几部分组成？电液伺服加载的关键技术及其优点是什么？

2-5 气压加载有哪两种？哪些结构适合采用气压加载？气压加载的荷载值如何确定？

2-6 惯性力加载方法有冲击力加载法和离心力加载法两种，其中冲击力加载方法有哪两种？

# 第3章 土木工程结构试验的量测技术

## 3.1 概述

量测仪表和量测技术的发展反映了一个国家的国民经济和科学技术的发展水平，对各领域的科技创新都有着重要的意义，在土木工程学科领域中也不例外。精确定量数据的获取取决于量测仪表和量测技术的先进性。定量数据是人类对客观事物认识从定性到量化不断追求的目标，也是对客观事物深刻认识的重要依据。可以认为，科学技术的发展是与量测仪表和量测技术的不断完善与进步分不开的。

土木工程结构试验的量测不仅要了解结构性能的外观状态，更重要的是要取得评定结构性能的定量数据，才能对结构性能作出正确的结论，或为创立新的计算理论提供依据。

试验量测技术一般包括量测方法、量测仪器、量测误差分析三部分。不同专业领域都有自己的量测内容和与之相应的量测方法及量测仪器。对于土木工程学科领域的试验研究，主要量测内容有外部作用（主要是外荷载及支座反力等）和外部作用下的结构反应（如位移、挠度、应力、应变、曲率、裂缝、自振频率、振型、阻尼等）。这些量测数据的取得需要人们正确选择量测仪器和掌握量测方法才有可能实现。

随着科学技术的不断发展，先进的量测仪器不断出现。从最简单的逐个读数、手工记录数据的仪表，到计算机快速、连续、自动采集数据并进行数据处理的量测系统，种类繁多、原理各异。因此，试验技术人员除对被测参数的性质和要求深刻理解外，还必须对有关量测仪表的原理、应用功能和使用要求有所了解，然后才有可能正确选择量测仪表并掌握使用技术，取得更好的使用效果。

## 3.2 量测仪表的基本概念

### 3.2.1 量测仪表的基本组成

无论是一个简单的量具还是一套高度自动化的量测系统，尽管在外形、内部结构、量测原理及量测精度等方面有很大差别，但作为量测设备，都应具有三个基本组成部分：感受部分；放大部分；显示记录部分。

其中感受部分直接与被测对象联系，感受被测参数的变化并转换给放大部分。放大部分将感受部分的被测参数通过各种方式（如机械式的齿轮、杠杆、电子放大线路或光学放大等）进行放大。显示记录部分将放大后的量测结果通过指针或电子数码管、屏幕等进行显示，或通过各种记录设备将试验数据或曲线记录下来。这就是量测仪表工作的全过程。

一般机械式仪表三部分都在同一个仪表内。而电测仪表的三部分常常是分开的三个仪器设备，其中第一部分——感受部分将非电量的量测数据转换为电量，称为传感器。目前市场上有各种用途的传感器产品可以选购，但也可根据试验目的和特殊需要自行设计制作。放大器及记录仪器则大部分属于通用仪器设备，有现成的产品可供选用。

### 3.2.2　量测仪表的基本量测方法

土木工程结构试验所用量测仪表一般采用偏位测定法显示定量数据。偏位测定法根据量测仪表发生的偏转或位移定出被测值，如百分表、双杠杆应变仪及动态电阻应变仪都属于偏位法。零位测定法用已知的标准量去抵消未知物理量引起的偏转，使被测量和标准量对仪器指示装置的效应经常保持相等，指示装置指零时的标准量即为被测物理量。大家熟悉的称重天平就是零位测定法的例子，常用的静态电变应变仪也属零位测定法。一般来讲，零位测定法比偏位测定法更精确，尤其是采用电子量测仪表将被测值和标准值的差值放大数千倍后，可达到很高的量测精度。

### 3.2.3　量测仪表的主要性能指标

(1) 量程。仪器能测量的最大输入量与最小输入量之间的范围称为仪表的量程或量测范围。

(2) 刻度值。仪器指示装置的最小刻度所指示的测量数值。

(3) 精确度（精度）。仪器指示值与被测值的符合程度。目前国内外还没有统一的表示仪表精度的方法，常以最大量程时的相对误差来表示精度，并以此来确定仪表的精度等级。例如一台精度为0.2级的仪表，意思是测定值的误差不超过满量程的±0.2%。

(4) 灵敏度。仪器的灵敏度是指单位输入量所引起的仪表示值的变化。对于不同用途的仪表，灵敏度的单位也各不相同，如百分表的灵敏度单位是mm/mm，测力传感器的灵敏度单位是$\mu\varepsilon$/kg。有些仪表的灵敏度还有另外的含义，使用时应查其说明书。

(5) 分辨率。使仪器输出量产生能观察出变化的最小被测量。

(6) 滞后。仪表的输入量从起始值增至最大值的测量过程称为正行程，输入量由最大值减至起始值的测量过程称为反行程。同一输入量正反两个行程输出值间的偏差称为滞后，常以满量程中的最大滞后值与满量程输出值之比表示。

(7) 零位温漂和满量程热漂移。零位温漂是指当仪表的工作环境温度不为20℃时零位输出随温度的变化率。满量程热漂移是指当仪表的工作环境温度不为20℃时满量程输出随温度的变化率。

它们都是温度变化的函数，一般由仪表的高低温试验得出其温漂曲线并在试验值中加以修正。

除上述性能外，对于动态试验量测仪表的传感器，放大器及显示记录仪器等各类仪表需考虑下述特性。

（1）线性范围。指保持仪器的输入量和输出信号为线性关系时，输入量的允许变化范围。在动态量测中，对仪表的线性度应严格要求，否则量测结果将会产生较大的误差。

（2）频响特性。指仪器在不同频率下灵敏度的变化特性。常以频响曲线（一般以对数频率值为横坐标，以相对灵敏度为纵坐标）表示。在进行高频动态量测时，应将使用频率限制在频响曲线的平坦部分以免引起过大的量测误差。对于传感器，提高其自振频率将有助于增加使用频率范围。

（3）相移特性（或称相位特性）。振动参量经传感器转换成电信号或经放大、记录后在时间上产生的延退叫相移。若相移特性随频率而变化，则对于具有不同频率成分的复合振动将引起输出电量的相位失真。常以仪器的相频特性曲线来表示其相移特性。在使用频率范围内，输出信号相对于信号的相位差应不随频率改变而变化。

此外，由传感器、放大器、记录器组成的整套量测系统，还需注意仪器相互之间的阻抗匹配及频率范围的配合等问题。

### 3.2.4 量测仪表的选用原则

（1）符合量测所需的量程及精度要求。在选用仪表前，应先对被测值进行估算。一般应使最大被测值在仪表的2/3量程范围内，以防仪表超量程而损坏。同时，为保证量测精度，应使仪表的最小刻度值不大于最大被测值的5%。

（2）动态试验量测仪表。其线性范围、频响特性以及相移特性等都应满足试验要求。

（3）对于安装在结构上的仪表或传感器，要求自重轻、体积小，不影响结构的工作。特别要注意夹具设计是否合理正确，不正确地安装夹具将使试验结果带有很大的误差。

（4）同一试验中选用的仪器仪表种类应尽可能少，以便统一数据的精度，简化量测数据的整理工作，避免差错。

（5）选用仪表时应考虑试验的环境条件，例如在野外试验时仪表常受到风吹日晒，周围的温、湿度变化较大，宜选用机械式仪表。此外，应从试验实际需要出发选择仪器仪表的精度，切忌盲目选用高精度、高灵敏度的仪表。一般来说，测定结果的最大相对误差不大于5%即满足要求。

（6）选用量测应变仪表时，还应考虑被测对象所使用的材料来确定标距的大小。标距直接影响应变量测数据的可靠性和精确度。

（7）近几年数字化量测仪表发展很快，选用仪表时尽可能选用数字化量测仪表。

各类仪表各有其优、缺点，不可能同时满足上述要求，因此选用仪表的原则应首先满足试验的主要要求。

## 3.3 仪表的率定

为了确定仪表的精确度或换算系数，判定其误差，需将仪表示值和标准量进行比较。这一工作称为仪表的率定。率定后的仪表按国家规定的精确度划分等级。

用来率定仪表的标准量应是经国家计量机构确认、具有一定精确度等级的专用率定设备产生的。率定设备的精确度等级应比被率定的仪器高。常用来率定液压试验机荷载度盘示值的标准测力计就是专用率定器。当没有专用率定设备时，可以用和被率定仪器具有同级精确度标准的“标准”仪器相比较进行率定。所谓“标准”仪器是指精确度比被率定的仪器高，但不常使用，因而其度量性能保持不变，认为其精确度是已知的。此外，还可以利用标准试件来进行率定，即把尺寸加工非常精确的试件放在经过率定的试验机上加载，根据此标准试件及加载后产生的变化求出安装在标准试件上的被率定仪表的刻度值。此法的准确度不高，但较简便，容易做到，所以常被采用。

为了保证量测数据的精确度，仪器的率定是一件十分重要的工作。所有新生产或出厂的仪器都要经过率定。正在使用的仪器也必须定期进行率定，因为仪器经长期使用，其零件总有不同程度的磨损；或者损坏后经检修的仪器，零件的位置会有变动，难免引起示值的改变。仪器除需定期率定外，在重要的试验开始前，也应对仪表进行率定。

按国家计量管理部门规定，凡试验用量测仪表和设备均属于国家强制性计量率定管理范围，必须按规定期限率定。

## 3.4 应力、应变量测

### 3.4.1 应力、应变量测的基本概念

应力量测是结构试验中重要的量测内容。了解构件的应力分布情况，特别是结构控制截面处的应力分布及最大应力值，对于建立强度计算理论或验证设计是否合理、计算方法是否正确等，都有重要的价值。利用量测应力数据还可了解结构的工作状态和强度储备。

直接测定材料应力比较困难，目前还没有较好的方法，通常是借助于测定应变值，然后通过材料的应力-应变（$\sigma$-$\varepsilon$）关系曲线或方程换算为应力值。例如钢材的 $\sigma$-$\varepsilon$ 关系在弹性阶段是线性的，服从胡克定律 $\sigma=E\varepsilon$。钢试件在弹性阶段的应力可由测得的应变乘以钢材的实测弹性模量（$E$）得出；对于混凝土材料，由于其 $\sigma$-$\varepsilon$ 关系是非线性的，且随不同强度等级和不同骨料而存在差异，测得应变值后需在试验前实测的相同材料的 $\sigma$-$\varepsilon$ 曲线上找出相应的应力值。因此，在试验前测定试件材料的 $\sigma$-$\varepsilon$ 曲线也是材料基本性能试验的内容之一。

### 3.4.2 应变的量测方法

测定应变的方法，一般常用应变计测出试件在一定长度范围称为标距内的长度变化 $\Delta l$，再计算出应变值 $\varepsilon=\Delta l/l$。测出的应变值实际是标距范围 $l$ 内的平均应变。因此，对于应力梯度较大的结构或混凝土等非匀质材料，都应注意应变计标距的选择。结构的应力梯度较大时，应变计标距应尽可能小；但对混凝土结构，应变计的标距应大于 2～3 倍最大骨料粒径；对砖石结构，应变计的标距应大于 6 皮砖；在做木结构试验时，一般要求应变计标距不小于 20cm；对于钢材等匀质材料，应变计标距可取小一些。

在结构试验中，非电量转换为电量的方式很多，包括电阻式、振弦式、电磁感应式、压电式、电容式等各种转换元件。其中电阻应变计是最常见的传感转换元件。它不仅可以量测

应变，而且还可利用位移、倾角、曲率、力等参量与应变的相关关系，加上一些机械弹性元件制成各种量测传感器。因此，对电阻应变计的工作原理应了解和掌握。

### 3.4.3 电阻应变计的工作原理

由物理学可知，金属电阻丝的电阻 $R$ 与长度 $l$ 和截面面积 $A$ 有如下关系：

$$R=\rho\frac{l}{A} \tag{3-1}$$

式中 $R$——电阻，Ω；

$\rho$——电阻率，$\Omega\cdot mm^2/m$；

$l$——电阻丝长度，m；

$A$——电阻丝截面面积，$mm^2$。

当电阻丝受到拉伸或压缩后，如图 3-1 所示，其长度、截面面积和电阻率都随之发生变化，其电阻变化规律可由式(3-1) 两边取对数然后再进行微分得到：

$$\frac{dR}{R}=\frac{dl}{l}-\frac{dA}{A}+\frac{d\rho}{\rho} \tag{3-2}$$

式中 $\frac{dl}{l}$——电阻丝长度的相对变化，即应变；

$\frac{dA}{A}$——电阻丝截面面积的相对变化；

$\frac{d\rho}{\rho}$——电阻率的相对变化，由于$\frac{d\rho}{\rho}$非常小，一般可以忽略不计。

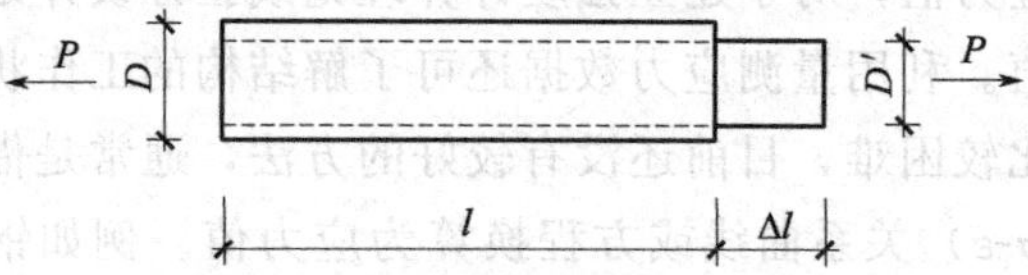

图 3-1 电阻丝的电阻应变原理

根据材料的变形特点，可设$\frac{dl}{l}=\varepsilon$，$\frac{dA}{A}=-2\upsilon\varepsilon$，于是，式(3-2) 可写为

$$\frac{dR}{R}=(1+2\upsilon)\varepsilon \tag{3-3}$$

令
$$K_0=1+2\upsilon \tag{3-4}$$

$$\frac{dR}{R}=K_0\varepsilon \tag{3-5}$$

式中 $\upsilon$——电阻丝材料的泊松比；

$K_0$——电阻丝的灵敏系数。

对某一种金属材料而言，$\upsilon$ 为定值，$K_0$ 为常数。

式(3-5) 就是利用电阻丝量测应变的理论根据。当金属电阻丝用胶贴在构件上与构件共同变形时，$\varepsilon$ 代表构件的应变。式(3-5) 说明电阻丝感受的应变和它的电阻相对变化呈线性关系。

### 3.4.4 电阻应变计的构造和性能

电阻应变计的构造如图 3-2 所示。为使电阻丝更好地感受构件的变形，电阻丝一般做成栅状。基底使电阻丝和被测构件之间绝缘并使丝栅定位。覆盖层保护电阻丝免受划伤并避免丝栅间短路。应变片电阻丝一般采用直径仅为 0.025mm 左右的镍铬或康铜细丝，端部用引出线和量测导线连接。

电阻应变计主要有下列几项性能指标。

① 标距 $l$：电阻丝栅在纵轴方向的有效长度。

② 使用面积：以标距 $l\times$丝栅宽度 $a$ 表示。

③ 电阻值 $R$：一般均按 120Ω 设计。当用非 120Ω 应变计时，应按仪器的说明进行修正。

④ 灵敏系数 $K$：电阻应变片的灵敏系数 $K$ 值一般比单根电阻丝的灵敏系数 $K_0$ 小，这是由于应变片的丝栅形状对灵敏度有影响，一般用抽样法试验测定 $K$ 值，通常 $K=2.0$ 左右。

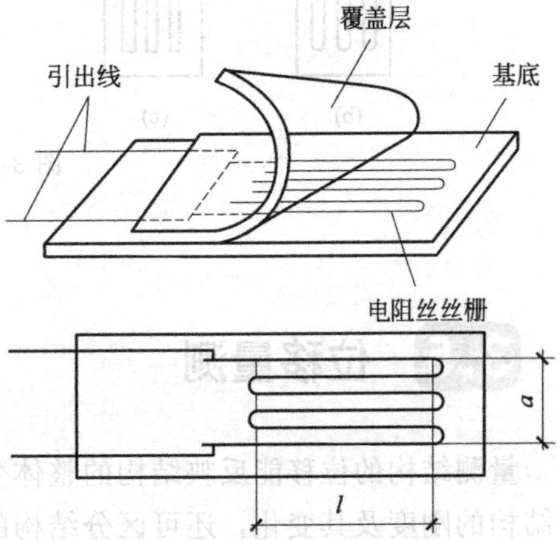


图 3-2 电阻应变计构造示意

⑤ 应变极限：应变计保持线性输出时所能量测的最大应变值。主要取决于金属电阻丝的材料性质，还和制作及粘贴用胶有关。一般情况下为 1%～3%。

⑥ 机械滞后：试件加载和卸载时应变计（$\Delta R/R$）-$\varepsilon$ 特性曲线不重合的程度。

⑦ 疲劳寿命。

⑧ 零漂：在恒定温度环境中电阻应变计的电阻值随时间的变化。

⑨ 蠕变：在恒定的荷载和温度环境中，应变计电阻值随时间的变化。

⑩ 绝缘电阻：电阻丝与基底间的电阻值。

其他还包括横向灵敏系数、温度特性、频响特性等性能。横向灵敏系数指应变计对垂直于其主轴方向应变的响应程度，它对主轴方向应变的量测准确性有一定影响，可通过改进电阻应变计的形状等方面减小横向灵敏度，如箔式电阻应变计［图 3-3(a)］和短接式电阻应变计［图 3-3(c)］的横向灵敏度接近于零。应变计的温度特性指金属电阻丝的电阻随温度变化以及电阻丝和被测试件材料因线膨胀系数不同引起阻值变化所产生的虚假应变，又称应变计的热输出。由此引起的测试误差较大，可在量测线路中接入温度补偿片来消除这种影响。在进行动态量测时，应变计的响应时间约为 $2\times10^{-7}$s，可认为应变计对应变的响应是立刻的，其工作频响随不同的应变计标距而异，当 $l=100$mm 时，$f=25$kHz 左右。

应变计出厂时，应根据每批电阻应变计的电阻值、灵敏系数、机械滞后等指标对其名义值的偏差程度将电阻应变计分成若干等级标注在包装盒上；使用时，根据试验量测的精度要求选定所需电阻应变计的规格等级。除丝绕式电阻应变计外，还有各种不同基底、不同丝栅形状、不同金属电阻材料的应变计［图 3-3(a)、(d)、(e)、(f)、(h) 为箔式电阻应变计；图 3-3(b) 为丝绕式电阻应变计；图 3-3(c) 为短接式电阻应变计；图 3-3(g) 为半导体变变计；图 3-3(i) 为焊接电阻应变计］。各生产厂家均有详细列出规格性能的产品目录供选用。

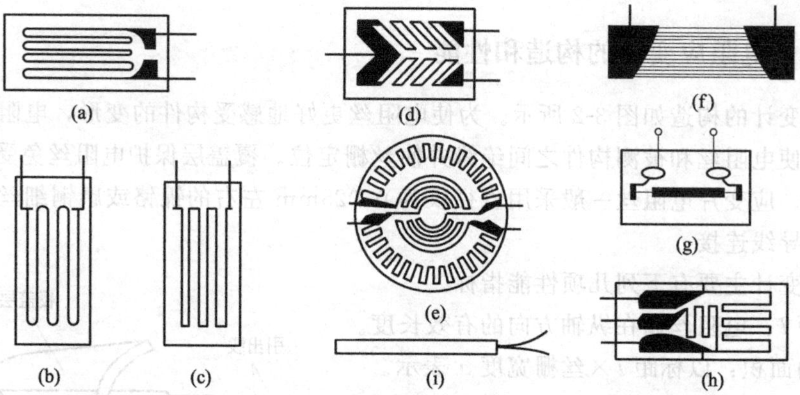

图 3-3 各种电阻应变计

## 3.5 位移量测

量测结构的位移能反映结构的整体变形和结构总的工作性能。通过位移测定，不仅可了解结构的刚度及其变化，还可区分结构的弹性和非弹性性质。结构任何部位的异常变形或局部损坏都会在位移上得到反映。因此，在确定测试项目时，首先应考虑结构构件的整体变形，即位移的量测。

位移量测的主要内容为某一特征点（一般为跨中或集中荷载下位移最大处）的荷载（$P$）-位移（$f_z$）曲线［图 3-4(a)］，以及各特征荷载值下构件纵轴线的位移曲线［图 3-4(b)］。

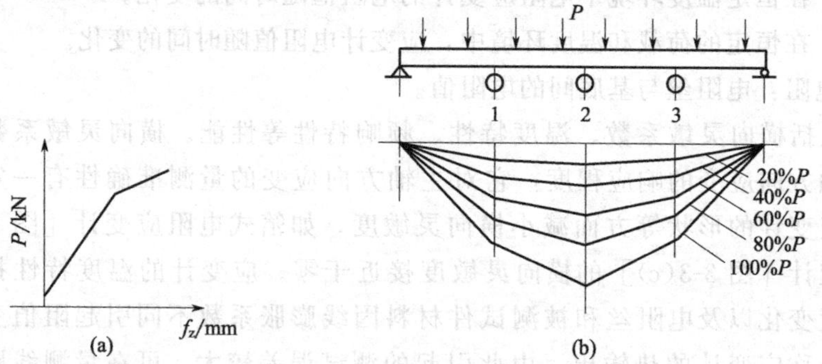

图 3-4 结构的位移曲线

图 3-5 为各种位移量测仪表。其中应变常用的是百分表、电子百分表（又称应变式位移传感器）及线性差动电感式位移计等。水准仪和经纬仪是量测大位移的方便工具，它们便于做多点和远距离量测。分度值 1mm 的标尺和磁尺等也可用于大位移的量测。利用激光测位仪量测高耸结构物顶端位移［图 3-5(e)］是一种非接触式量测方法，在动力试验中用它量测位移亦很方便。近几年来，在大型桥梁施工监控和健康监测中，推广应用远距离测量位移的全站仪［图 3-5(f)］，其主要特点是采用长焦距望远镜，结合了高精度水准仪和经纬仪并附有数据存储系统。图 3-5(g)所示的 GPS 接收器，其主要特点是具有卫星跟踪系统，可通过卫星远距离实时监测结构的位移变化，适用于大跨度桥梁的安全健康监测。

选用位移量测仪表时，应参考事先估算的理论值以防量程不够或精度不满足要求。

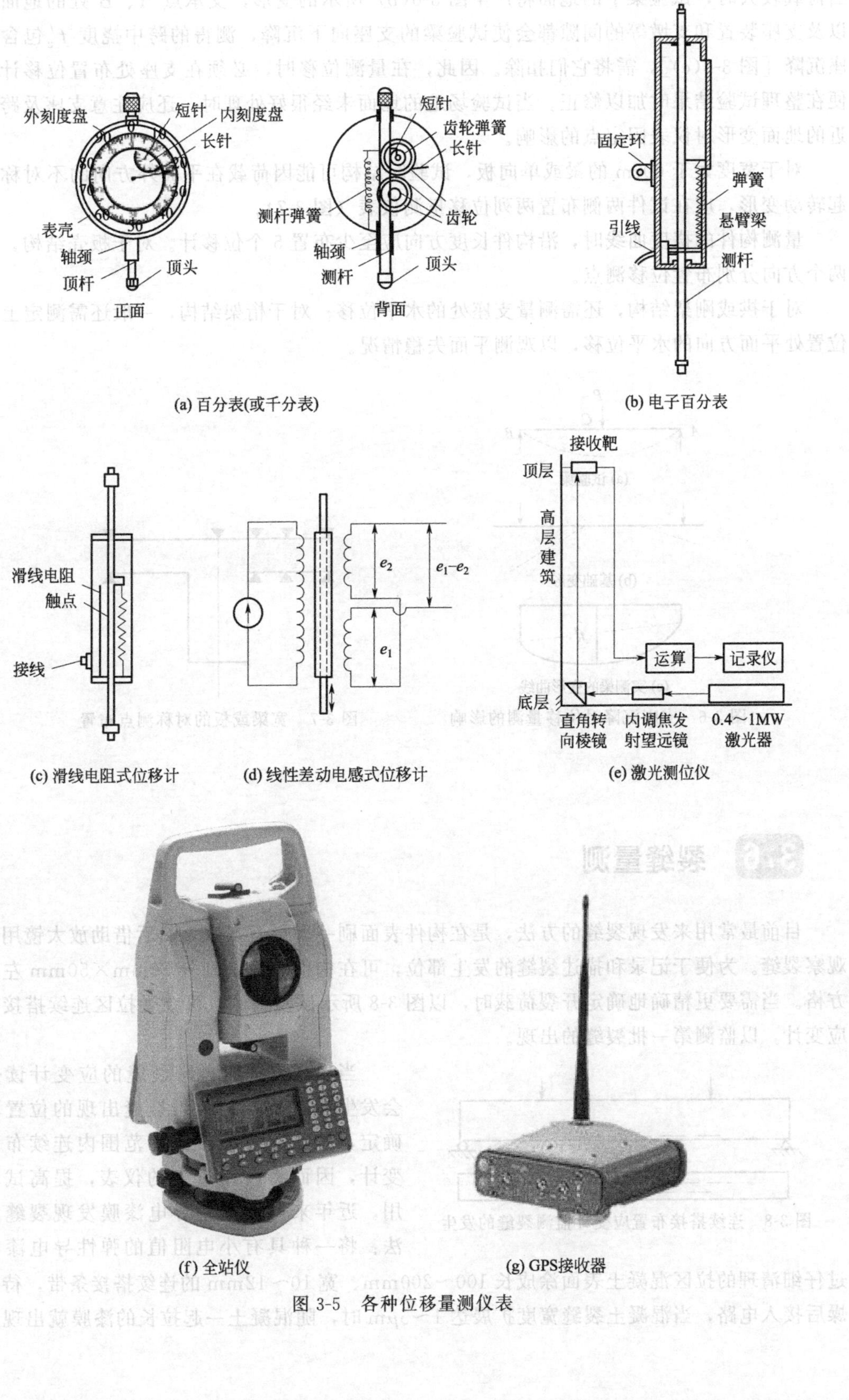


(a) 百分表(或千分表)　(b) 电子百分表

(c) 滑线电阻式位移计　(d) 线性差动电感式位移计　(e) 激光测位仪

(f) 全站仪　(g) GPS接收器

图 3-5　各种位移量测仪表

量测结构位移时需特别注意支座沉降的影响。例如在做简支梁静载试验时［图 3-6(a)］，当荷载较大时，试验梁下的地面将产生图 3-6(b) 所示的变形，支承点 $A$、$B$ 处的地面变形以及支座装置和支墩等的间隙都会使试验梁的支座向下沉降，测得的跨中挠度 $f'_c$ 包含了支座沉降［图 3-6(c)］，需将它们扣除。因此，在量测位移时，必须在支座处布置位移计，以便在整理试验结果时加以修正。当试验场地的地面未经很好处理时，还应注意支座及跨中附近的地面变形对仪表固定点的影响。

对于宽度大于 60cm 的梁或单向板，试验时结构可能因荷载在平面外方向的不对称而引起转动变形，应在试件两侧布置两列位移量测仪表（图 3-7）。

量测构件的挠度曲线时，沿构件长度方向应至少布置 5 个位移计。对于板壳结构，应沿两个方向分别布置位移测点。

对于拱或刚架结构，还需测量支座处的水平位移；对于桁架结构，一般还需测定上弦杆位置处平面方向的水平位移，以观测平面失稳情况。

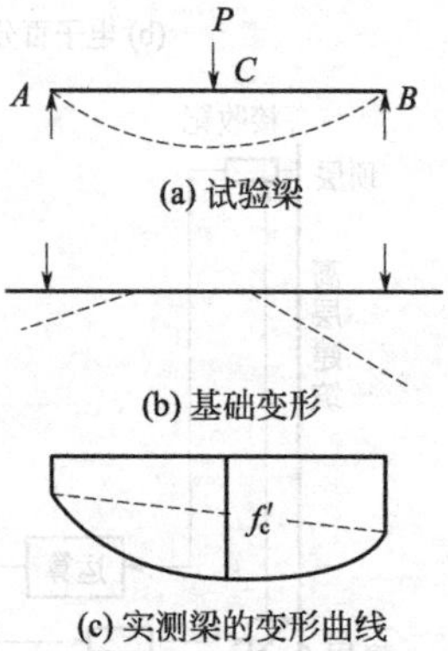


图 3-6 支座沉降对位移量测的影响

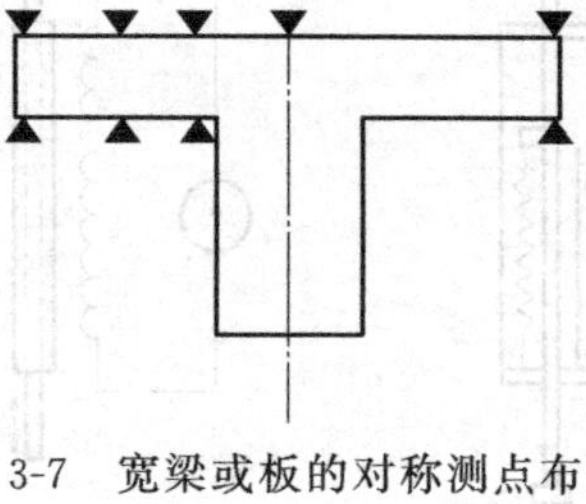

图 3-7 宽梁或板的对称测点布置

## 3.6 裂缝量测

目前最常用来发现裂缝的方法，是在构件表面刷一薄层石灰浆，然后借助放大镜用肉眼观察裂缝。为便于记录和描述裂缝的发生部位，可在构件表面上划分 50mm×50mm 左右的方格。当需要更精确地确定开裂荷载时，以图 3-8 所示试验为例，可在受拉区连续搭接布置应变计，以监测第一批裂缝的出现。

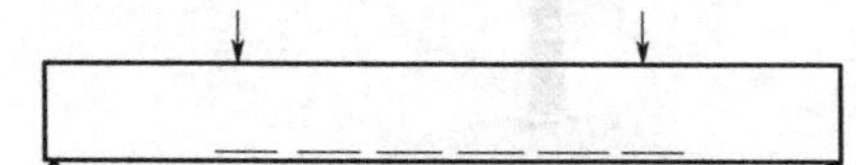

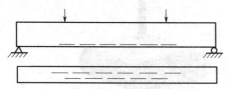

图 3-8 连续搭接布置应变计监测裂缝的发生

当出现裂缝时，跨裂缝的应变计读数就会发生异常变化。由于裂缝出现的位置不易确定，往往需要在较大的范围内连续布置应变计，因而将占用过多的仪表，提高试验费用。近年来发展了用导电漆膜发现裂缝的方法：将一种具有小电阻值的弹性导电漆在经过仔细清理的拉区混凝土表面涂成长 100～200mm、宽 10～12mm 的连续搭接条带，待其干燥后接入电路，当混凝土裂缝宽度扩展达 1～5$\mu$m 时，随混凝土一起拉长的漆膜就出现火花直至烧断。这种方法还可沿截面高度以一定的间隔涂刷漆膜，以确定裂缝长度的发展。另一种发现裂缝的方法是利用材料开裂时发射声能所形成的声波，将声发射传感器置于试件表面或内部，显示或记录裂缝的出现。声发射法既能发现构件表面的裂缝，还能发现构件内部的微细裂缝，但此法不能准确给出裂缝的位置。

裂缝宽度的量测一般用读数放大镜（如图 3-9 所示），近几年开发了多种采用电测直接显示裂缝宽度和裂缝深度的裂缝测试仪，如电子裂缝测试仪（图 3-10），特别适合在现场检测使用。

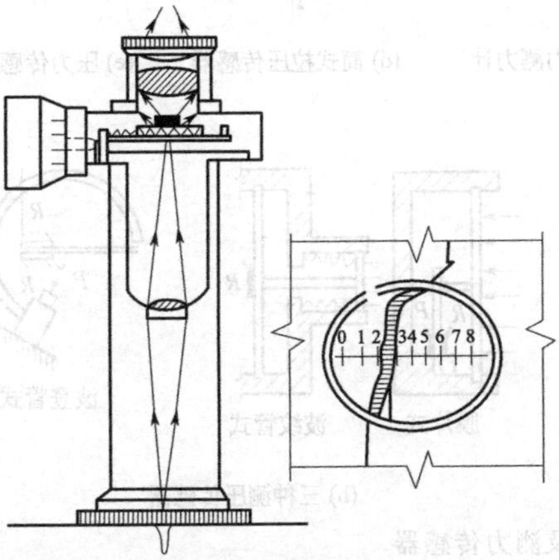


图 3-9　读数放大镜

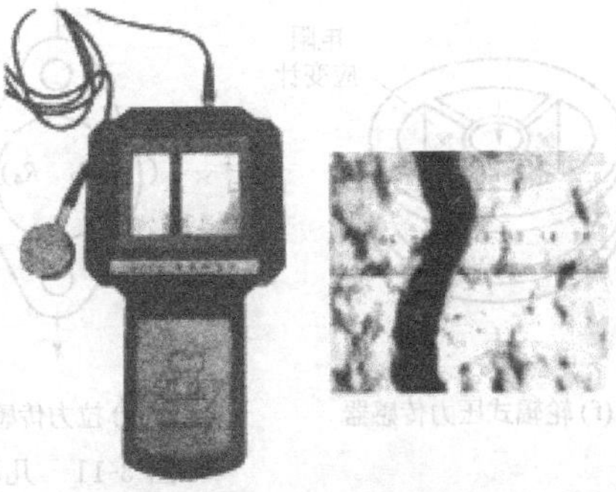

图 3-10　电子裂缝测试仪

## 3.7 力的测定

### 3.7.1　常规测力计及传感器

荷载及超静定结构的支座反力是结构试验中经常需要测定的外力。当用油压千斤顶加载时，因千斤顶附带的压力表示值较粗略，特别在卸载时，压力表示值不能正确反映实际荷载值。因此，需在千斤顶和试件间安装测力环或测力传感器。各种荷载量级的拉、压测力传感器都有定型产品可供选用。图 3-11 为几种测力计及测力传感器，使用前须经率定。以测定预应力钢丝张拉力使用的钢丝张力测力计［图 3-11(c)］为例，其工作原理是利用在一定的横向力作用下横向位移与钢丝张力成反比的关系确定钢丝的张拉力。

### 3.7.2　斜拉桥索力测量传感器

近 20 年来，大跨度斜拉桥及系杆拱桥急剧增多，斜拉索索力的安全监控成为重要的检测项目。索力的检测目前主要采用三种方法：一是采用测振传感器测量拉索的频率，利用频率与索拉力的关系求得索力；二是采用压磁传感器，在施工时直接安装在拉索锚头位置，实时监测索力的变化，其测量原理是利用压磁效应，在拉索有应力时，随着应力的变化拉索的磁导率发生变化；三是将加速度传感器安装在拉索上，其原理是当振子做加速度运动时，质

量块 $m$ 将受到与运动方向相反的惯性力 $F=ma$ 的作用而输出电信号，并经过 A/D 转换，生成数字信号，确定索力大小的变化。

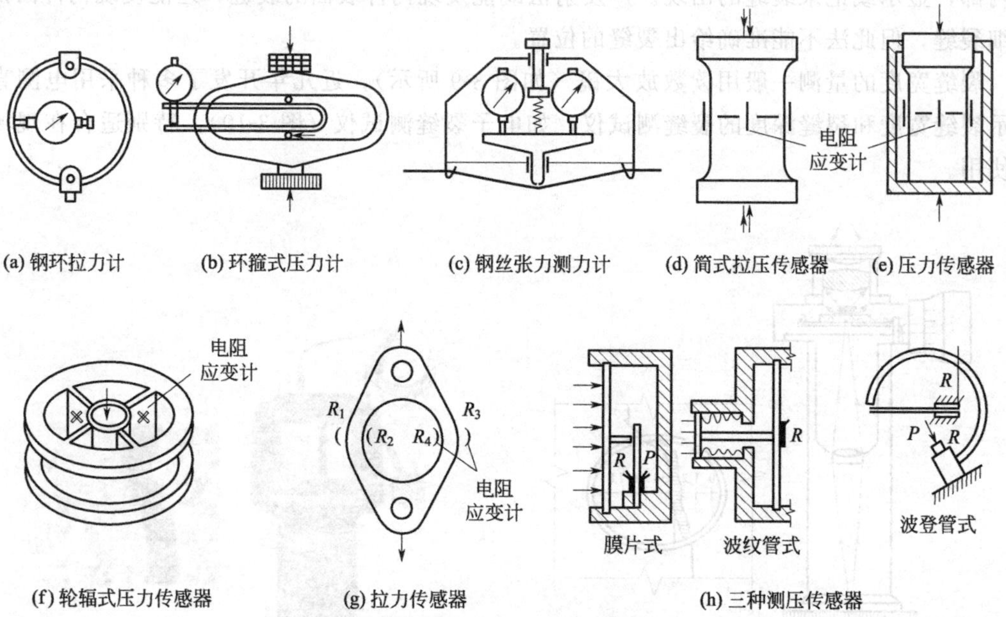

图 3-11　几种测力计及测力传感器

## 3.8 振动参量的量测

振幅、频率、相位及阻尼是结构动力试验中为获得结构的振型、自振频率、位移、速度和加速度等结构动力特性所需量测的基本参数，而且这些参数是随时间变化的。

振动量测设备的基本组成是传感器、放大器和显示记录设备三部分。振动量测中的传感器通常称为测振传感器或拾振器，它与静力试验中的传感器有所不同，所测数据是随机的，不是静止的。振动量测中的放大器不仅可将信号放大，还可将信号进行积分、微分和滤波等处理，可分别量测出振动参量中的位移、速度及加速度。显示记录部分是振动测量系统中的重要部分，在结构动力特性的研究中，不但需要量测振动参数的大小量级，还需要量测振动参数随时间历程变化的全部数据资料。

目前有各种规格的测振传感器和与之配套的放大器可供选用。根据被测对象的具体情况及各种传感器的性能特点，合理选择测振传感器是成功进行动力试验的关键，因此应较深入地了解和掌握有关测振传感器的工作原理与技术特性。

目前国内应用最多的测振传感器大部分是惯性式测振传感器，主要有磁电式速度传感器和压电式加速度传感器。

(1) 磁电式传感器

这种形式的传感器是基于电磁感应的原理制成的，特点是灵敏度高、性能稳定、输出阻抗低、频率响应范围有一定宽度。通过对质量弹簧系统参数的不同设计，可以使传感器既能量测非常微弱的振动，也能量测比较强的振动，是多年来工程振动测量最常用的测振传感器。

① 磁电式速度传感器。图3-12为一种典型的磁电式速度传感器，磁钢和壳体相固连安装在所测振动体上，并与振动体一起振动，芯轴与线圈组成传感器的可动系统并由弹簧片和壳体连接，可动系统就是传感器的惯性质量块，测振时惯性质量块和仪器壳体相对移动，因而线圈和磁钢也相对移动，从而产生感应电动势，根据电磁感应定律，感应电动势 $E$ 的大小为：

$$E = BLnv \tag{3-6}$$

式中 $B$——线圈所在磁钢间隙的磁感应强度；

$L$——匝线圈的平均长度；

$n$——线圈匝数；

$v$——线圈相对于磁钢的运动速度，即所测振动物体的振动速度。

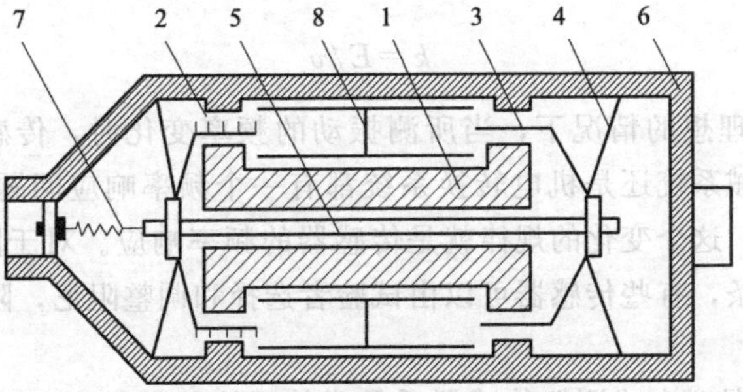


图3-12 磁电式速度传感器

1—磁钢；2—线圈；3—阻尼环；4—弹簧片；5—芯轴；6—外壳；7—输出线；8—铝架

从式(3-6)可以看出，对于确定的仪器系统 $B$、$L$、$n$ 均为常量。所以感应电动势 $E$ 也就是测振传感器的输出电压是与所测振动的速度成正比的。对于这种类型的测振传感器，惯性质量块的位移反映所测振动的位移，而传感器输出的电压与振动速度成正比，所以也称为惯性式速度传感器。

② 摆式测振传感器。建筑工程中经常需要测10Hz以下甚至1Hz以下的低频振动，这时常采用摆式测振传感器，这种类型的传感器将质量弹簧系统设计成转动的形式，因而可以获得更低的仪器固有频率。图3-13是典型的摆式测振传感器，根据所测振动是垂直方向还是水平方向，摆式测振传感器有垂直摆、倒立摆和水平摆等几种形式，摆式测振传感器也是磁电式传感器，它与差动式测振传感器的分析方法是一样的，输出电压也与振动速度成正比。

③ 磁电式测振传感器的主要技术指标

a. 固有频率 $f_0$。指传感器质量弹簧系统本身的固有频率，是传感器的一个重要参数，它与传感器的频率响应有很大关系。固有频率决定于质量块 $m$ 的质量大小和弹簧刚度 $K$。对于差动式测振传感器：

$$f_0 = \frac{1}{2\pi}\sqrt{\frac{K}{m}} \tag{3-7}$$

b. 灵敏度 $k$。即传感器的测振方向感受到一个单位振动速度时，传感器的输出电压。$k$ 的单位通常是 $mV/(cm \cdot s)^{-1}$。

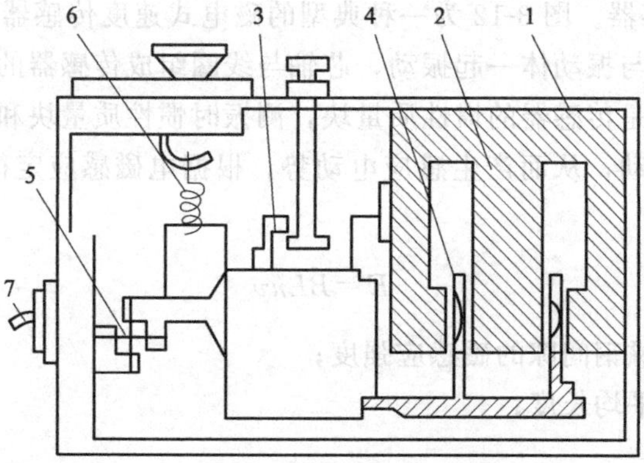


图 3-13 摆式测振传感器

1—外壳；2—磁钢；3—重锤；4—线圈；5—十字簧片；6—弹簧；7—输出线

$$k=E/v$$

c. 频率响应。在理想的情况下，当所测振动的频率变化时，传感器的灵敏度不改变，但无论是传感器的机械系统还是机电转换系统都有一个频率响应问题。所以灵敏度 $k$ 随所测频率不同有所变化，这个变化的规律就是传感器的频率响应。对于阻尼值固定的传感器，频率响应曲线只有一条，有些传感器可以由试验者选择和调整阻尼，阻尼不同传感器的频率响应曲线也不同。

d. 阻尼系数。就是磁电式测振传感器质量弹簧系统的阻尼比，阻尼比的大小与频率响应有很大关系，通常磁电式测振传感器的阻尼比设计为 0.5～0.7。

如上所述，磁电式测振传感器的输出电压与所测振动的速度是成正比的，要求得到振动的位移或加速度可以通过积分电路或微分电路来实现。

(2) 压电式加速度传感器

从物理学可知，一些晶体受到压力并产生机械形变时，会在它们相应的两个表面上出现异号电荷，当外力去掉后，又重新回到不带电状态，这种现象称为压电效应。压电晶体受到外力产生的电荷 $Q$ 由下式表示

$$Q=G\sigma A \tag{3-8}$$

式中 $G$——晶体的压电常数；

$\sigma$——晶体的压强；

$A$——晶体的工作面积。

在压电材料中，石英晶体是较好的一种，它具有高稳定性、高力学强度和能在很宽的温度范围内使用的特点，但灵敏度较低。在计量仪器上用得最多的是压电陶瓷材料，如钛酸钡、锆钛酸铅等。它们经过人工极化处理而具有压电性质，采用良好的陶瓷配制工艺可以得到高的压电灵敏度和很宽的工作温度，而且易于制成所需形状。

压电式加速度传感器是一种利用晶体的压电效应把振动加速度转换成电荷量的机电换能装置。这种传感器具有动态范围大（可达 $10^5g$），频率范围宽、重量轻、体积小等特点。因此被广泛应用于振动测量的各个领域，尤其在宽带随机振动和瞬态冲击等场合，几乎是唯一合适的测试传感器。

压电式加速度传感器的结构原理如图 3-14 所示，压电晶体片上的质量块 $m$，用硬弹簧将它们夹紧在基座上。传感器的力学模型如图 3-15 所示，质量弹簧系统的弹簧刚度 $K$ 由硬弹簧的刚度 $K_1$ 和晶体的刚度 $K_2$ 组成，因此 $K=K_1+K_2$。阻尼系数 $\beta=\beta_1+\beta_2$。在压电式加速度传感器内，质量块的质量 $m$ 较小，阻尼系数也较小，而刚度 $K$ 很大，因而弹簧系统的固有频率 $\omega_m=\sqrt{\dfrac{K}{m}}$ 很高，根据用途可达几千赫，高的甚至可达 100～200kHz。

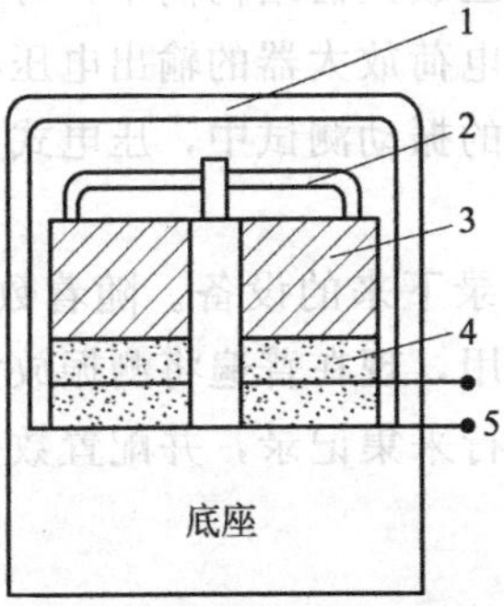


图 3-14 压电式加速度传感器的结构原理

1—外壳；2—硬弹簧；3—质量块；4—压电晶体；5—输出端

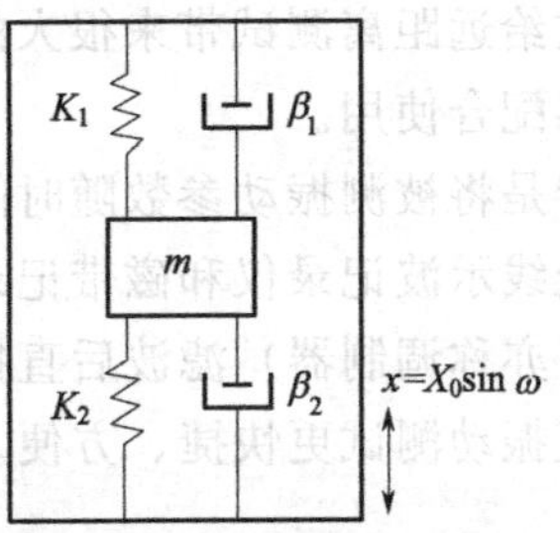


图 3-15 压电式传感器的力学模型

由前面的分析可知，当被测物体的频率 $\omega$ 远小于 $\omega_0$ 时，质量块相对于仪器外壳的位移就反映所测振动的加速度值。

压电式加速度传感器根据压电晶体片的受力状态不同有各种不同形式，如图 3-16 所示。

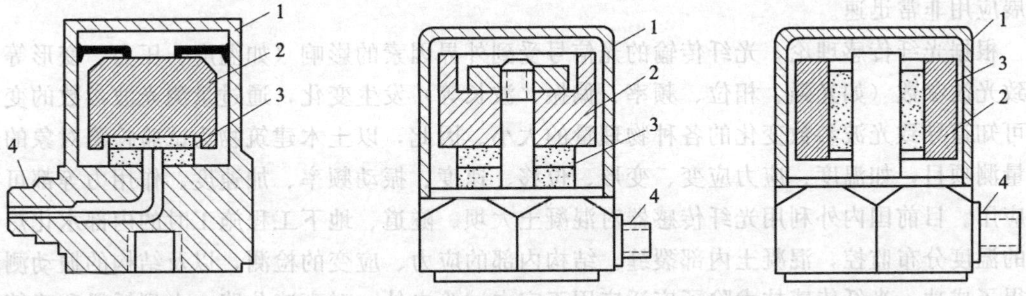


图 3-16 各种不同形式的压电式加速度传感器

1—外壳；2—质量块；3—压电晶体；4—输出接头

压电式加速度传感器的主要技术指标有灵敏度、安装谐振频率、频率响应、横向灵敏度比和幅值范围（动态范围）等。使用时根据其使用说明书上的技术指标加以选择。

除上述惯性式传感器外，还有非接触式传感器和相对式传感器，它们的转换原理都是磁电式。非接触式传感器是借振动体和传感器之间的间隙随振动而变化致使磁阻发生变化，当被测物体为非导磁材料时，须在测点处贴一导磁材料，其灵敏度与传感器和振动体之间的间距、振动体的尺寸以及导磁性等有关，量测的精度不很高，可用在不允许把传感器装在振动体上的情况，如高速旋转轴或振动体本身质量小，装上传感器后传感器的附加质量对它影响很大等情况。相对式传感器能测量两个振动物体之间的相对运动。使用时，将其外壳和顶杆分别固定在被测的两个振动体上，当然，如将其外壳固定在不动的地面上，便可测振动体的绝对运动。

(3) 测振放大器和记录仪器

测振放大器是振动测试系统中的信号放大系统，它的输入特性须与传感器的输出特性相匹配，而它的输出特性又必须满足记录及显示设备的要求，选用时还要注意其频率范围。常用的测振放大器有电压放大器和电荷放大器两种：电压放大器结构简单，可靠性好，但当它和压电式传感器联用时，对导线的电容变化极敏感；电荷放大器的输出电压与导线电容量的变化无关，这给远距离测试带来很大的方便。在目前的振动测试中，压电式加速度传感器常与电荷放大器配合使用。

记录仪器是将被测振动参数随时间变化的过程记录下来的设备。随着数字技术的发展，过去常用的光线示波记录仪和磁带记录仪等已很少采用，现在普遍将测振放大器的输出信号通过滤波器（亦称调制器）滤波后直接输入计算机进行采集记录，并配置数据分析软件进行实时处理，使振动测试更快捷、方便。

## 3.9 光纤传感技术应用

自1970年光纤技术开发以来，主要应用于远距离光纤通信，其主要特点是高清晰、大容量、传送速度快。由过去的电模拟信号传送变换为数字信号传送，这使得光通信技术获得突破性发展。光纤技术应用于土木建筑工程检测是20世纪80年代中期开始的，主要得益于光纤传感器的开发和成功研制，可以说这是土木工程结构试验检测技术的一场革命，国内外发展应用非常迅速。

根据光纤传感理论，光纤传输的光信号受到外界因素的影响（如温度、压力、变形等），导致光波参数（如光强、相位、频率、偏振、波长等）发生变化，通过量测光波参数的变化即可知道导致光波参数变化的各种物理量的大小。因此，以土木建筑物为试验检测对象的众多量测项目，如温度、应力应变、变形、位移、速度、振动频率、加速度、作用力等都可得以应用。目前国内外利用光纤传感器对混凝土大坝、隧道、地下工程施工时的内部水化热引起的温度分布监控，混凝土内部裂缝，结构内部的应力、应变的检测，以及结构的振动测量取得了成功。光纤传感技术除了广泛应用于室内试验之外，对高速公路、大型桥梁和建筑物等的野外检测更显优势，与传统的电测技术相比较，有以下突出优点：

① 光纤传感器体积小，重量轻，结构简单，安装方便，埋入土木工程结构内部几乎不受温、湿度和绝缘不良的影响；

② 光纤传感器的应用场合，其信号回路不受电气设备和雷电等电磁场的干扰；

③ 光缆容量大，可以实现多通道多用途测量，可以省去大量导线的配置和接线的麻烦，省力、省事；

④ 灵敏度和精度高；

⑤ 以光纤技术为基础的数字化信号适合高速远距离传送信息，可以实现对超高层建筑物和超大跨度桥梁的远距离量测和安全健康监测。

根据可以调制的物理参数，光纤传感器可分为应变型、位移型、加速度型等。目前已得到广泛应用的光纤传感器主要有应变型和加速度型，包括光纤光栅应变传感器和光纤光栅加速度传感器。图 3-17 为光栅信号分析仪。

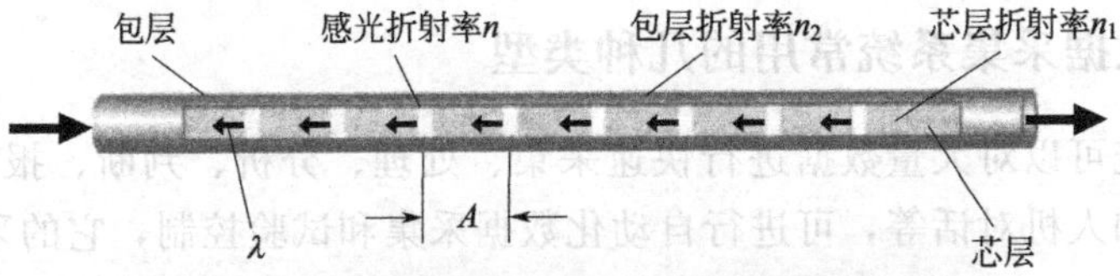

图 3-17　光栅信号分析仪

# 3.10 数据采集

## 3.10.1　数据采集系统的组成

通常，数据采集系统的硬件由三个部分组成：传感器部分、数据采集仪部分和计算机（控制器）部分。

传感器部分包括前面所提到各种电测传感器，它们的作用是感受各种物理变量，如力、线位移、角位移、应变和温度等，并把这些物理量转变为电信号。一般情况下，传感器输出的电信号可以直接输入数据采集仪；如果某些传感器的输出信号不能满足数据采集仪的输入要求，还要加上放大器等。

数据采集仪部分包括：①与各种传感器相对应的接线模块和多路开关，其作用是与传感器连接，并对各个传感器数据进行扫描采集；②A/D 转换器，对扫描得到的模拟量进行 A/D 转换，转换成数字量；③主机，其作用是按照事先设置的指令或计算机发给的指令来控制整个数据采集仪，进行数据采集；④储存器，可以存放指令、数据等；⑤其他辅助部件。数据采集仪的作用是对所有的传感器通道进行扫描，把扫描得到的电信号进行 A/D 转换成为数字量，再根据传感器特性对数据进行传感器系数换算（如把电压数换算成应变或温度等），然后将这些数据传送给计算机，或者将这些数据存入磁盘，打印输出。

计算机部分的主要作用是作为整个数据采集系统的控制器，控制整个数据采集过程。在采集过程中，通过数据采集程序的运行，计算机对数据采集仪进行控制。采集数据还可以通过计算机进行处理，实时打印输出和显示图像并存入磁盘文件。此外，计算机还可用于试验结束后的数据处理。

### 3.10.2 数据采集系统常用的几种类型

数据采集系统可以对大量数据进行快速采集、处理、分析、判断、报警、直读、绘图、储存、试验控制和人机对话等，可进行自动化数据采集和试验控制，它的采样速度可高达每秒几万个数据或更多。目前国内外数据采集系统的种类很多，按其系统组成的模式大致可分为以下几种。

(1) 大型专用系统

将采集、分析和处理功能融为一体，具有专门化、多功能和高档次的特点。

(2) 分散式系统

由智能化前端机、主控计算机或微机系统、数据通信及接口等组成，其特点是前端可靠近测点，消除了长导线引起的误差，并且稳定性好、传输距离远、通道多。

(3) 小型专用系统

这种系统以单片机为核心，小型、便携、用途单一、操作方便、价格低，适用于现场试验时的测量。

(4) 组合式系统

这是一种以数据采集仪和微型计算机为中心，按试验要求进行配置组合成的数据采集系统，它适用性广，价格便宜、是一种比较容易普及的系统。

图 3-18 所示是以数据采集仪为主配置的组合式数据采集系统组成示意，它是一种组合式系统，可满足不同的试验要求。传感器部分中，可根据试验任务，只把要用的传感器接入系统。传感器与系统连接时，可以按传感器输出的形式进行分类，分别与采集仪中相应的测量模块连接。例如，应变计和应变式传感器与应变测量多路开关连接；热电偶温度计与热电偶测温多路开关连接；热敏电阻温度计和其他传感器可与相应的多路开关连接。此数据采集仪部分的主机具有与计算机高级语言相类似的命令系统，可进行设置、测量、扫描、触发、转换计算、存储和子程序调用等操作，还具有时钟、报警、定速等功能。此数据采集仪部分具有各种不同的功能模块，例如积分式电压表模块用于 A/D 转换，高速电压表用于动力试

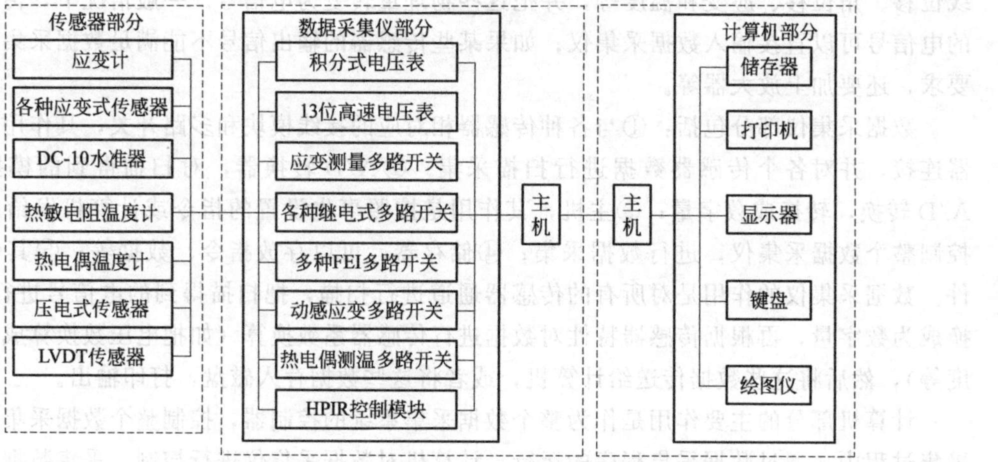


图 3-18 组合式数据采集系统组成示意

验的 A/D 转换，控制模块用于控制盘驱动器、打印机和其他仪器，各种多路开关模块用于与各种传感器连成测量电路，执行扫描和传输各种电信号等。这些模块都是插件式的，可以根据数据采集任务的需要进行组装，把所需用的模块插入主机或扩充箱的槽内。图 3-18 中配置的计算机部分，可以进行实时控制数据采集，也可以使采集仪主机独立进行数据采集。进行实时控制数据采集时，通过数据采集程序的运行，计算机向数据采集仪发出采集数据的指令；数据采集仪对指定的通道进行扫描，对电信号进行 A/D 转换和系数换算，然后把这些数据存入输出缓冲区；计算机再把数据从数据采集仪读入计算机内存，对数据进行计算处理，实时打印输出和显示图像，存入磁盘文件。

## 复习思考题

3-1　结构试验量测技术主要包括哪些内容?

3-2　量测仪表主要由哪几部分组成?

3-3　量测仪表的主要技术指标有哪些？其含义是什么?

3-4　试验反应参数的量测方法有哪几种?

3-5　简述电阻应变计的工作原理，说明利用电阻应变计为什么能测量应变?

# 第4章 土木工程结构的静载试验

## 4.1 静载试验的准备与现场组织

结构静载试验又称为静力荷载试验，其目的是通过对试验结构或构件直接施加荷载作用，采集试验数据，认识并掌握结构的力学性能。

试验前的准备包括试验规划和试验准备两方面的内容。在整个试验过程中，这两项工作时间长、工作量大，内容也最繁杂。准备工作的好坏直接影响试验结果。因此，每一阶段、每一细节都必须认真、周密地进行。具体内容包括以下几项。

(1) 调查研究、收集资料

准备工作首先要把握信息，这就要调查研究、收集资料，充分了解本项试验的任务和要求，明确目的，使规划试验时心中有数，以便确定试验的性质和规模，试验的形式、数量和种类，正确地进行试验设计。生产性试验的调查研究主要是向有关设计、施工和使用单位或人员收集资料。设计方面包括设计图纸、计算书和设计依据的原始资料（如工程地质资料、气象资料和生产工艺资料等）；施工方面包括施工日志、材料性能试验报告、施工记录和隐蔽工程验收记录等；使用方面主要是使用过程、超载情况或事故经过等。研究性试验的调查研究主要是向有关科研单位和情报检索部门以及必要的设计和施工单位收集与本试验有关的历史（如国内外有无做过类似的试验、采用的方法及结果等）、现状（如已有哪些理论、假设和设计，施工技术水平及材料、技术状况等）和将来发展的要求（如生产、生活和科学技术发展的趋势与要求等）。

(2) 试验大纲和试验方案的制订

编制试验大纲和试验方案是结构静载试验的一个关键环节。试验大纲是在调查研究成果的基础上，为获得预期效果而准确控制整个试验进程的纲领性文件；而试验方案则是在试验大纲指导下具体实施结构试验的设计文件。试验大纲的内容一般包括以下内容。

① 概述。即简要介绍为确定试验目的和内容所进行的调查研究，文献综述和已有的试验研究成果，提出试验的依据及目的、意义，试验采用的标准和依据，试验的基本要求等，必要时还应有理论分析和计算。

② 加载方案与设备。包括荷载种类及数量，加载设备装置，荷载图式及加载制度等。

③ 测试方案和内容。也称为观测设计，主要说明观测项目，测点布置，测量所用的仪器仪表的选择、标定、安装方法及性能指标，量测顺序规定和补偿仪表的设置等。

④ 试件设计及制作工艺。包括设计依据及理论分析和计算，说明主要试验参数，列表给出试件的规格和数量，绘制试件制作施工图，给出预埋传感元件技术要求，提出对材料性能的基本力学性能指标，说明关键制作及安装工艺要求。对鉴定试验也应阐明原设计、施工及使用情况等。试验数量按结构或材质的变异性与研究项目间的相关条件，按数理统计规律求得，宜少不宜多。一般鉴定性试验为避免尺寸效应，根据加载设备能力和试验经费情况，应尽量接近实体。

⑤ 试件安装与就位。包括就位的形式（正位、卧位或反位）、支承装置、边界条件模拟、保证侧向稳定的措施和安装就位的方法及机具等。

⑥ 辅助试验。包括材料物理力学性能的试验和某些探索性小试件或小模型、节点试验等。应列出试验内容，阐明试验目的、要求、试验种类、试验个数、试件尺寸、制作要求和试验方法等。

⑦ 试验进度计划。包括试验开始时间、完成时间及中间过渡安排。

⑧ 试验组织管理。包括相关技术档案资料和原始记录管理人员的组织分工、任务落实、工作检查、指挥调度程序以及必要的交底和培训工作等。

⑨ 安全措施。包括人身和设备、仪器仪表等方面的安全防护措施。

⑩ 附录。包括所需器材、仪表、设备及原材料总量，经费清单，观测记录表格，加载设备、量测仪表的率定结果报告和其他必要文件、规定等。记录表格设计应遵循记录内容全面、方便使用的原则。其内容除了记录观测数据外，还应有测点编号、仪表编号、试验时间、记录人签名等栏目。

整个试验的准备必须充分，规划必须细致、全面。每项工作及每个步骤必须十分明确。要防止盲目追求试验次数多、仪表数量多、观测内容多和不切实际地提高量测精度等，以免给试验带来混乱和浪费，甚至使试验失效或发生安全事故。

(3) 试件准备

试件准备包括试件的设计、制作、验收及有关测点的处理等。除生产鉴定性试验外，试验对象不一定就是研究任务中的具体结构或构件。根据试验的目的和要求可对试件进行设计与制作。在设计制作时应考虑到试件安装、固定及加载量测的需要，在试件上作必要的构造处理，如钢筋混凝土试件支承点预埋钢垫板、局部截面加设分布筋等，平面结构侧向稳定支撑点配件安装、倾斜面上加载面增设凸肩以及吊环等，都不要疏漏。试件制作工艺必须严格按照施工规范进行，并做详细记录，按要求留足材料力学性能试验试件，并及时编号。在试验之前，应对照设计图纸仔细检查试件，测量各部分实际尺寸、构造情况、施工质量、存在缺陷（如混凝土的蜂窝麻面、裂纹，木材的疵病，钢结构的焊缝缺陷、锈蚀等）、结构变形和安装质量，钢筋混凝土还应检查钢筋位置、保护层的厚度和钢筋的锈蚀情况等。这些情况都将对试验结果有重要影响，应做详细记录存档。检查、考察试件之后，尚应进行表面处理，例如去除或修补一些有碍试验观测的缺陷，以及在钢筋混凝土表面刷白、分区画格等。刷白的目的是便于观测裂缝；分区画格则是为了荷载与测点准确定位、记录裂缝的发生和发展过程以及描述试件的破坏形态。观测裂缝的区格宽度一般取5～20cm，必要时也可缩小。此外，为方便操作，有些测点的布置和处理（如手持式应变计、杠杆应变计、百分表应变计脚标的固定，钢结构表面测点的去锈以及应变计的粘贴、接线和材性非破损检测等）也应在这个阶段进行。

(4) 材料物理力学性能测定

结构材料的物理力学性能指标对结构性能有直接影响，是结构计算的重要依据。试验中的荷载分级、试验结构的承载能力和工作状况的判断与估计、试验后数据处理与分析等都需要在正式试验之前对结构材料的实际物理力学性能进行测定。测定项目通常有强度、变形性能、弹性模量、泊松比、应力-应变关系等。测定的方法有直接测定法和间接测定法两种。直接测定法就是在制作结构或构件时留下小试件，按有关标准方法在材料试验机上测定。

(5) 试验设备与试验场地的准备

试验之前，应对试验应用的加载设备和量测仪表进行检查、修整和率定，以保证达到试验要求。率定必须有报告，以供资料整理或使用过程中修正。在试件进场之前，试验场地应加以清理和安排，包括水、电、交通的布置和清除不必要的杂物，集中安排好试验使用的物品。必要时，应做场地平面设计，架设或准备好试验中的防风、防雨和防晒设施，避免对荷载和量测造成影响。现场试验的支承点地基承载力应经局部验算和处理，下沉量不宜太大，保证结构作用力的正确传递和试验工作顺利进行。

(6) 试件安装就位

按照试验大纲的规定和试件设计要求，在各项准备工作就绪后即可将试件安装就位，保证试件在试验全过程都能按计划确定的条件工作。避免因安装错误而产生附加应力或出现安全事故，是安装就位的中心问题。简支结构的两支点应在同一水平面上，高差不宜超过1/50的试件跨度。试件、支座、支墩和台座之间应密合稳固，为此常采用砂浆进行坐缝处理。超静定结构包括四边支承和四角支承。板的各支座应保持均匀接触，最好采用可调支座。若带测定支座反力测力计，应调节至该支座所承受的试件重量为止，也可采用砂浆坐浆或湿砂调节。安装扭转试件时应注意扭转中心与支座转动中心的一致，可用钢垫板等加垫调节。嵌固支承时应上紧夹具，不得有任何松动或滑移可能。卧位试验时试件应平放在水平滚轮或平车上，以减轻试验时试件水平位移的摩阻力，同时也防止试件侧向下挠。试件吊装时，平面结构应防止平面外弯曲、扭曲等变形发生；细长杆件的吊点应适当加密，避免弯曲过大；钢筋混凝土结构在吊装就位过程中应保证不出现裂缝，尤其是抗裂试验结构，必要时应附加夹具提高试件刚度。

(7) 加载设备和量测仪表安装

安装加载设备时应根据加载设备的特点按照大纲设计要求进行。有的与试件就位同时进行，如支承机构；有的则在加载阶段加上许多加载设备。大多数是在试件就位后安装，要求安装固定牢靠，保证荷载模拟正确和试验安全。仪表安装位置按观测设计确定。安装后应及时把仪表号、测点号、位置和连接仪器上的通道号一并记入记录表中。调试过程中如有变更，记录亦应及时相应改动，以防混淆。接触式仪表还应有保护措施，例如加带悬挂，以防振动时掉落损坏。

(8) 试验控制特征值的计算

根据材料物理力学性能试验数据和设计计算图式计算出各个荷载阶段的荷载值和各特征部位的内力、变形值等，作为试验时控制与比较的依据。这是避免试验盲目性的一项重要工作，对试验与分析都具有重要意义。

## 4.2 静载试验仪器

静载试验中使用的仪器、仪表和设备可分为加载设备、测试元件和仪表、放大仪和记录仪等。试验中观测的物理量为力、位移、应变、温度、裂缝宽度与分布、破坏或失稳形态等。

### 4.2.1 静载试验加载设备

合理设计试验加载方案，正确使用加载设备完成试验，是结构静载试验中的一个基本环节。一般而言，所谓“静力”是指试验过程中试验结构的反应不包含任何惯性作用和加速度的影响。加载设备和利用加载设备所施加的试验荷载必须满足下列基本要求：

(1) 试验荷载的作用方式必须是使试验结构或构件产生预期的内力和变形的方式。例如，在梁的弯曲试验中，试验研究的主要目的是确定弯矩和剪力对梁受力性能的影响，加载设备在梁平面内的偏心导致的扭矩不是试验所期望的内力，应尽量消除。

(2) 加载设备产生的荷载应能够以足够的精度进行控制和测量。在试验过程中，加载设备对试件所施加的荷载应能够保持稳定，不产生振动，不受环境温度、湿度等因素的影响，加载设备的性能也不随加载时间而变化。

(3) 加载设备或装置不应参与结构工作，不改变结构或构件的受力状态。结构试验时，加载设备和被试验结构或构件形成一个试验结构系统，在这个系统中，加载设备子系统和被试结构子系统之间的关系应十分明确。

(4) 加载设备本身应有足够的强度和刚度。加载设备各部件的连接应安全可靠，并不随被试验结构或构件的状态变化而改变，以保证整个试验过程的安全。

一般有两类方法对结构施加静力荷载。一类方法是利用重力加载；另一类方法是利用液压或机械装置加载。

### 4.2.2 试验装置的支座设计

根据结构试验目的，有两种不同的设计思路：一种是被试结构或构件的支座和边界条件尽可能与实际结构一致，以使结构性能得到真实的模拟；另一种是被试结构或构件的边界条件尽可能理想化，使受力条件明确并与结构设计所采用的计算简图一致，以便对被试验结构的力学性能进行正确的分析。在研究性试验中，支座一般按后一种思路设计。下面介绍铰支座的设计。

在结构设计中，常见的支座或边界条件为简支边界或固定边界。在结构试验中，简支边界条件采用铰支座实现，铰支座有以下几种类型。

(1) 活动铰支座

活动铰支座容许架设在支座上的构件自由转动和在一个方向上移动。它提供一个竖向支座反力，不能传递弯矩，也不能传递水平力。活动铰支座如图4-1所示。

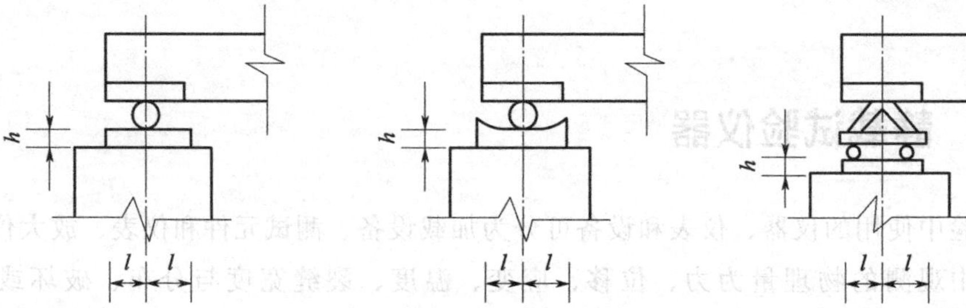


图 4-1　活动铰支座

（2）固定铰支座

固定铰支座容许架设在支座上的构件自由转动但不能移动，如图 4-2 所示。在理论上，固定铰支座应能承受水平力，但在梁类构件的试验中，只要一个支座为活动铰支座，另一支座的水平力通常很小而可以忽略不计。在连续梁的静载试验中，只有一个支座为固定铰支座，其余支座均为活动铰支座，为了避免试件制作误差和支座安装误差引起支座的初始沉降，连续梁的铰支座高度还应可调。

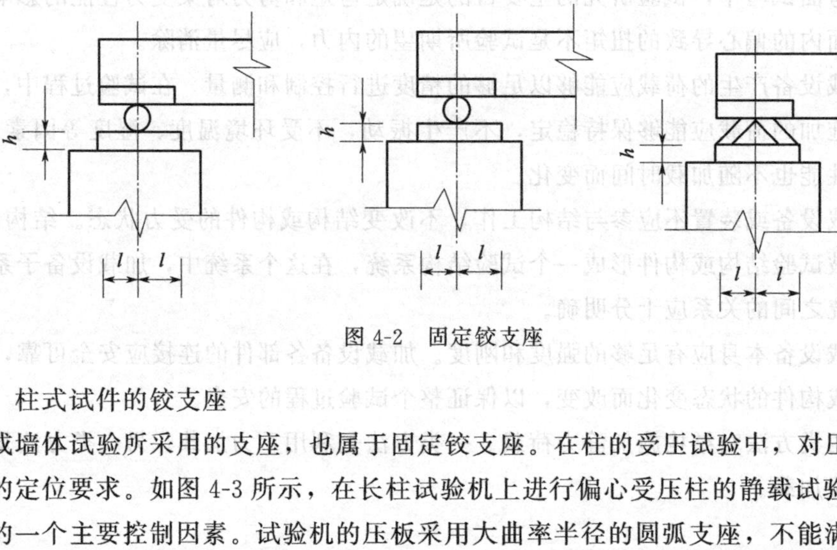


图 4-2　固定铰支座

（3）柱式试件的铰支座

柱或墙体试验所采用的支座，也属于固定铰支座。在柱的受压试验中，对压力作用点有比较高的定位要求。如图 4-3 所示，在长柱试验机上进行偏心受压柱的静载试验，偏心距是试验中的一个主要控制因素。试验机的压板采用大曲率半径的圆弧支座，不能满足柱式试件的定位精度要求，因此在试验机的压板上还要安装铰支座。

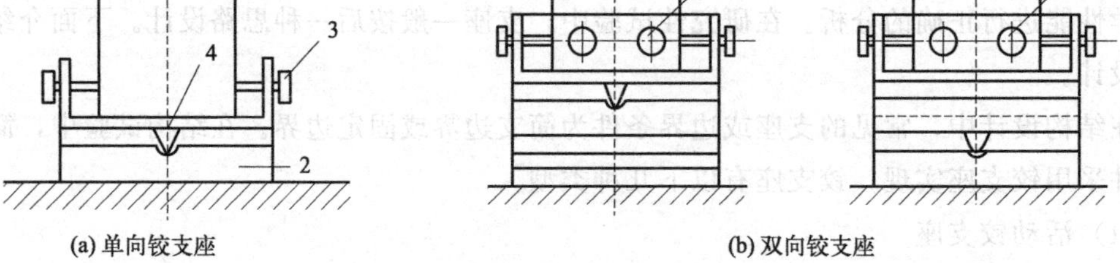


(a) 单向铰支座　　(b) 双向铰支座

图 4-3　柱式试件的铰支座

1—试件；2—支座；3—调整螺钉；4—刀口

### 4.2.3 试验台座和反力刚架

结构实验室的试验台座和反力刚架，一般按结构试验的通用性要求设计，以满足不同的结构试验要求。结构实验室常采用地槽式反力台座和螺孔式反力台座。

## 4.3 静载试验的方法

### 4.3.1 加载和观测方案

结构静载试验可分为短期荷载试验和长期荷载试验。在短期荷载试验中，又可分为单调加载静载试验和反复加载静载试验。反复加载静载试验常用来近似模拟地震对结构的反复作用，因此将其归入结构抗震试验的内容。本节主要讨论单调加载静载试验。

单调加载静载试验主要用于模拟结构承受静荷载作用下，观测和研究结构及构件的强度、刚度、裂缝、稳定性等基本性能和破坏机制。对于超静定结构，还研究复杂受力部位的应力分布规律、结构构件之间的传力机理、塑性内力重分布等方面的结构性能。

#### 4.3.1.1 静载试验的加载制度

加载制度是指试验实施过程中荷载施加的程序或步骤。从试验实施的进程来看，加载制度也可以认为是施加的荷载与时间的关系。

加载制度的设计与试验观测的要求有关，同时受到试验采用的加载设备和仪器仪表的限制。结构试验过程中需要观测记录各种数据，有些试验数据必须使试件保持在某一个受力状态时才能有效的采集。例如，钢筋混凝土结构或构件的试验中，需要观测截面开裂的荷载及开裂部位、裂缝宽度及裂缝的分布等。这些观测信息大多靠人工采集。理论上讲，可以采用连续加载的设备和连续自动采集所有观测数据的测量仪器，或者说，可采用连续动力加载的方法来进行结构静载试验。但这样对试验设备的要求大幅度提高，增加试验成本，特别是与空间形态有关的信息，只能依靠高分辨率的图像采集设备来获取，目前一般不采用这种方式进行静载试验。

图4-4给出一个典型的单调静载试验加载程序。试验采用分级加载制度，先分级加载到试验大纲规定的试验荷载值，满载状态停留一段时间，观测变形的发展，然后分级卸载。空载状态停留一段时间，再分级加载至破坏。也可以将图4-4的前一段加载程序作为预加载试验程序，第二段加载程序为主要试验程序。即正式试验是从零开始，分级加载直到结构破坏。

在分级加载制度中，每一级荷载增量的大小和分级的数量，应根据试验目的和试件类型来确定。对于混凝土结构，试验荷载应按下列规定分级加载和卸载。

(1) 根据试件的受力特点和要求，计算试件的使用状态短期试验荷载值（以下简称为短期荷载值）。在达到短期荷载值以前，每级加载值不宜大于短期荷载值的20%；超过短期荷载值后，每级荷载值不宜大于短期荷载值的10%。

(2) 为了较准确地获得开裂荷载，对于研究性试验，加载到达开裂荷载计算值的90%

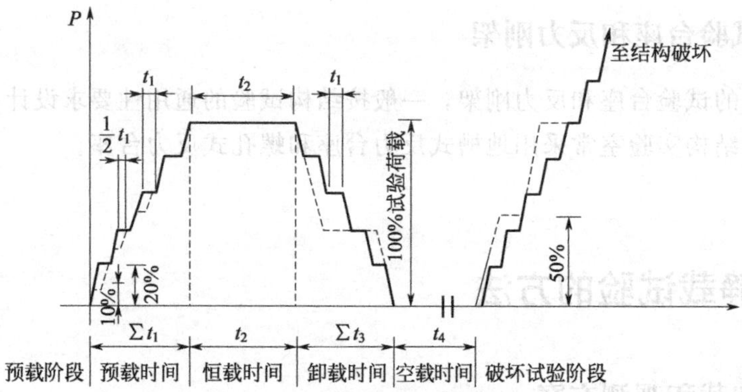

图 4-4 单调静载试验的加载程序

后，每级加载值不宜大于短期荷载值的 5%；对于检验性试验，荷载接近抗裂检验荷载时，每级荷载不宜大于该荷载值的 5%；裂缝出现后，仍按第（1）条的要求加载。

(3) 对于研究性试验，加载到达承载力试验荷载计算值的 90%以后，每级加载值不宜大于短期荷载值的 5%；对于检验性试验，加载接近承载力检验荷载时，每级荷载不宜大于承载力检验荷载设计值的 5%。

(4) 每级卸载值可取为短期荷载值的 20%～30%；每级荷载卸载后在构件上的剩余值宜与加载时的某一荷载值对应，以便在同一荷载值下进行测试数据的比较。

结构的试验荷载分级，可参照混凝土结构的试验荷载分级制订加载程序。钢结构相对简单一些，因为在常规的静力荷载试验中，钢结构没有开裂和裂缝观测的内容。

在混凝土结构的分级加载制度中，应按统一的标准来选取每级加载或卸载的荷载持续时间，因为在荷载持续时间内，结构或构件的变形和裂缝可能持续变化。因此，应在测量数据相对稳定后才能施加下一级荷载。具体操作可按下列规定执行：

(1) 每级荷载加载或卸载后的持续时间不少于 10min，且宜相等。

(2) 如果试验要求得到结构或构件的正常使用极限状态的性能指标，如变形和裂缝宽度，在使用状态短期试验荷载作用下的持续时间不少于 30min。

(3) 对于预应力混凝土结构或构件，在开裂试验荷载计算值作用下的持续时间宜适当延长。

(4) 在现场对混凝土结构进行试验时，对新型结构或构件、大跨结构或其他重要结构，在使用状态短期荷载作用下的持续时间不宜少于 12h。

结构构件受荷载作用后的残余变形是揭示结构受力性能的重要指标之一，因此在结构试验中，还应观测结构卸载后的残余变形，以获得结构变形恢复能力的数据。全部荷载卸除后，应经历一段空载时间。在这段时间内，测量结构变形恢复的数据。空载时间的长度，一般为上述使用状态短期试验荷载持续时间的 1.5 倍。

当结构上有多个荷载作用时，加载程序应规定加载顺序。例如，如图 4-5 所示的 2 层框架结构静载试验，先施加作用在框架梁和柱上的竖向荷载，再按比例施加作用在框架节点的水平荷载。根据试验目的和要求，1 层和 2 层水平荷载之间的比例可按实际结构承受风荷载作用或水平地震作用的情况计算。应当指出的是，这里所说的比例有两层意思：其一是两个荷载值之间的比例；其二是加载或卸载的过程也应保持这个比例。

在正式进行荷载试验前，为确保试验达到预期的目的，可以先进行预载试验。预载试验

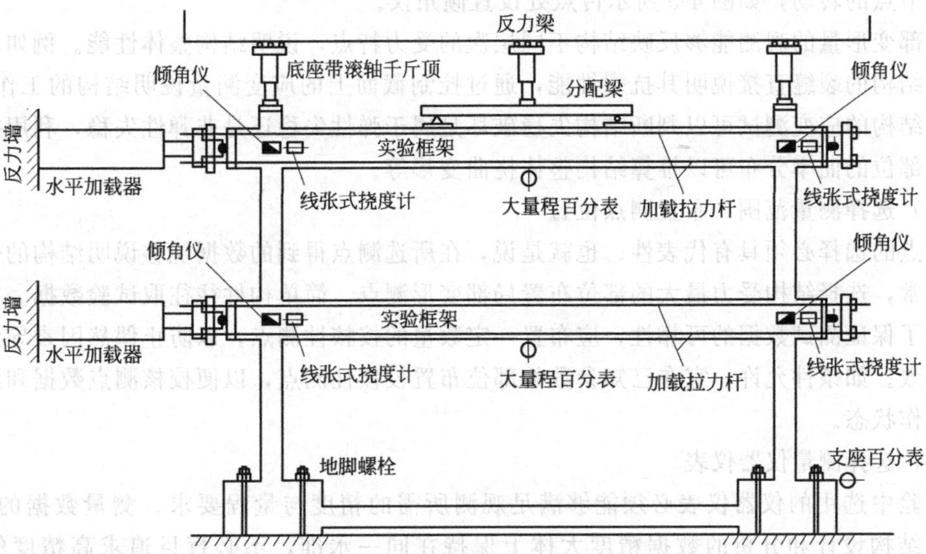


图 4-5 2层框架结构静载试验

的目的是使结构进入正常的工作状态，特别是对尚未投入使用的新结构或构件，如木结构在制造时其结合部位可能存在缝隙，经过预载可使缝隙密实。混凝土结构经过预载后，可在一定程度上消除初始的非弹性变形。此外，在预载实施过程中，可以对试验加载设备及装置、测量仪器仪表、试验组织安排等进行全面检查，及时发现存在的问题，使正式试验得以可靠地完成。

预载试验所用的荷载，一般是分级荷载的1～2级。由于混凝土结构构件抗裂试验的结果离散性较大，预载值应严格控制不使结构开裂。预载时的加载值，不宜超过该试件开裂试验荷载计算值的70%。

在确定使用状态短期试验荷载值时，应考虑结构自重和加载辅助装置重量，将结构自重和加载辅助装置重量在第一级荷载中扣除。此外，还应控制加载辅助装置的重量不超过短期荷载值的20%。

#### 4.3.1.2 试验观测方案设计

按照试验的目的和要求，试验观测方案应包括以下内容。

(1) 确定观测项目

在结构静力荷载试验中测量的项目，包括荷载（力）、位移、转角、应变、裂缝分布与裂缝宽度。在受温度影响的静载试验中，还应考虑温度的测量。

在确定试验的观测项目时，首先应该考虑整体变形。因为结构的整体变形最能反映其工作的全貌，结构任何部位的异常变形或局部破坏，都能在结构整体变形中得到不同程度的反映。例如，在一榀屋架的静载试验中，通过挠度曲线的测量，可以知道屋架的刚度变化情况，从挠度曲线的对称性和发展趋势，可以判断屋架受力是否正常，是否发生局部破坏。在生产性试验中，往往只需要测量结构所受的荷载以及荷载作用下的整体变形，就可以对结构是否满足设计要求作出判断。

转角的测量也是静载试验中的重要观测项目。在有些受力条件下，可以利用位移测量数据计算结构或构件的转角，但有时必须采用转角测量仪器测量结构某一局部的转角，例如框架结构节点的转动，如图 4-5 所示传点处设置倾角仪。

局部变形量的观测能够反映结构不同层次的受力特点，说明结构整体性能。例如，钢筋混凝土结构的裂缝直接说明其抗裂性能，通过控制截面上的应变测量说明结构的工作状态，通过钢结构的应变测试可以判断结构失稳破坏是属于弹性失稳还是非弹性失稳，利用挠曲构件各个部位的曲率分布可以推算结构整体挠曲变形等。

(2) 选择测量范围，布置测点位置

测点的选择必须具有代表性。也就是说，在所选测点得到的数据能够说明结构的受力性能。通常，选择结构受力最大的部位布置局部变形测点。简单构件往往取试验数据。

为了保证测试数据的可靠性，应布置一定数量的校核性测点，以防止偶然因素导致测点数据失效。如条件允许，宜在已知参数的部位布置校核性测点，以便校核测点数据和测试系统的工作状态。

(3) 选择测量仪器仪表

试验中选用的仪器仪表必须能够满足观测所需的精度与量程要求。测量数据的精度，可以与结构设计和分析的数据精度大体上保持在同一水准，不必盲目追求高精度的测试手段。因为精密的测量仪器对使用条件和环境一般有更高的要求，增加了测试的复杂程度。测试仪器应有足够的量程，尽量避免因仪器仪表量程不足在试验过程中重新安装调整的情况出现。

现场或室外试验时，由于仪器所处条件和环境复杂，影响因素较多，电测方法的适应性不如机测方法，但测点较多时，电测方法的处理能力更强。在现场试验或实验室内进行结构试验时，可优先考虑采用先进的测试仪器。现代测试仪器，具有自动采集、存储测试数据的功能，可加快试验进程，减少测试过程中的人为错误。

为了消除试验观测误差，可以同时选择控制测点或校核测点，以便用不同的测试方法进行对比。

## 4.3.2 混凝土梁结构单调静力荷载试验

### 4.3.2.1 加载方案

单向板和梁是受弯构件中的典型构件，也是建筑中的基本承重构件。预制板和梁等受弯构件一般都是简支的，在试验安装时都采用正位试验，如图 4-6，一端采用铰支座，另一端采用滚动支座。要求支座符合规定的边界条件，并在试验过程中保持牢固和稳定。为了保证构件与支承面的紧密接触，在支墩与钢板、钢板与构件之间应用砂浆找平。由于板的宽度较大，要防止支承面产生翘曲。

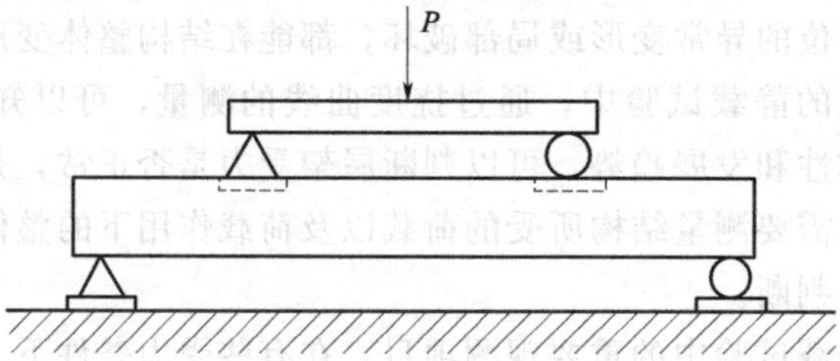


图 4-6 简支梁静载试验加载方法

板一般承受均布荷载。试验加载时应均匀施加荷载。当用重物直接加载时，应在板面上划分区格，表示出荷载安放的位置并堆放成垛，每垛之间应留有间隙，避免因构件受载弯曲后由于重物间相互作用产生起拱现象，致使荷载传递不明确或改变试件受载后的工作状态。图 4-7 为简支梁试验等效荷载加载图示。

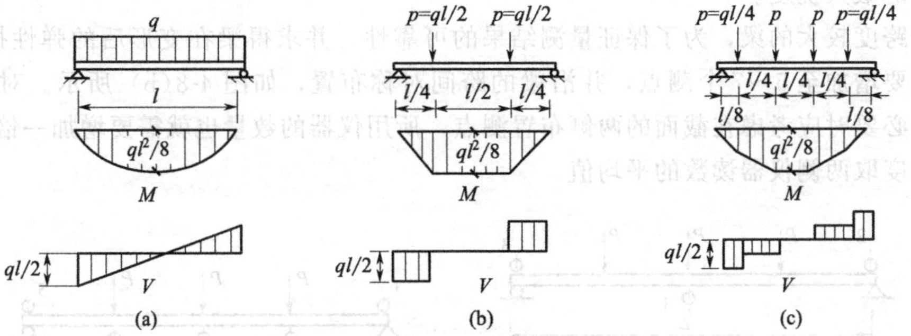


图 4-7 简支梁试验等效荷载加载图示

梁所受的荷载较大，当施加集中荷载时，通常用液压加载器通过分配梁施加几个集中力，或用液压加载系统控制多台加载器直接加载。当荷载要求不大时，也可以用杠杆重力加载。

构件试验的荷载图式，应符合设计规定和结构实际受载情况。当试验条件受限制时，可采用控制截面（或部位）上与产生某一相同作用效应的等效荷载进行加载，但应考虑等效荷载对结构构件试验结果的影响。

在受弯构件试验中，经常是用几个集中荷载来代替均布荷载，如图 4-7(b) 所示。采用在跨度四分点加两个集中荷载的方式来代替均布荷载，并取试验梁的跨中弯矩等于设计弯矩时的荷载作为梁的试验荷载，这时支座截面的最大剪力也可以达到均布荷载梁的剪力设计值。如能采用四个等距集中荷载来进行加载试验，则将得到更为满意的结果，如图 4-7(c) 所示。试验设计时，应根据试验目的和试验要求确定适当的加载方式。例如，对于吊车梁的试验，由于其主要荷载是吊车轮压所产生的集中荷载，试验时的加载图式要按弯矩和剪力最不利的组合来决定集中荷载的作用位置，分别进行试验。

4.3.2.2 量测方案

混凝土梁板构件的检验性试验，一般只测定构件的承载力、抗裂度和各级荷载作用下的挠度及裂缝开展情况；检验性试验一般不测量应力。对于研究性试验，除了承载力、挠度、抗裂度和裂缝量测外，还要量测构件某些部位的应变，以分析构件中该部位的应力大小和分布规律。

(1) 挠度测量

梁的挠度值是量测数据中最能反映其总体工作性能的一项指标，因为梁任何部位的异常变形或局部破坏（开裂）都将通过挠度或在挠度曲线中反映出来。对于梁式结构最主要的是测定跨中最大挠度值及梁的弹性挠度曲线。

为了得到梁的实际挠度值，试验时必须考虑支座沉陷的影响。对于图 4-8(a) 所示的梁，在试验时由于荷载的作用，其两个端点处的支座常常会有沉陷，以致使梁产生刚体位移。因此，如果跨中的挠度是相对地面进行测定的话，则同时还必须测定梁两端支承面相对同一地面的沉陷值，所以最少要布置 3 个测点。

由于支座承受的巨大作用力将或多或少地引起周围地基的局部沉陷，安装仪器的架子必须离开支墩有一定距离。但在永久性的混凝土试验台座上进行试验时，上述地基沉陷可以不予考虑。此时两端部的测点，可以测量梁端相对于支座的压缩变形，从而可以比较准确地测得梁跨中的最大挠度。

对于跨度较大的梁，为了保证量测结果的可靠性，并求得梁在变形后的弹性挠度曲线，则相应地要增加至 5～7 个测点，并沿梁的跨间对称布置，如图 4-8(b) 所示。对于宽度较大的梁，必要时应考虑在截面的两侧布置测点，所用仪器的数量也就需要增加一倍，此时各截面的挠度取两侧仪器读数的平均值。

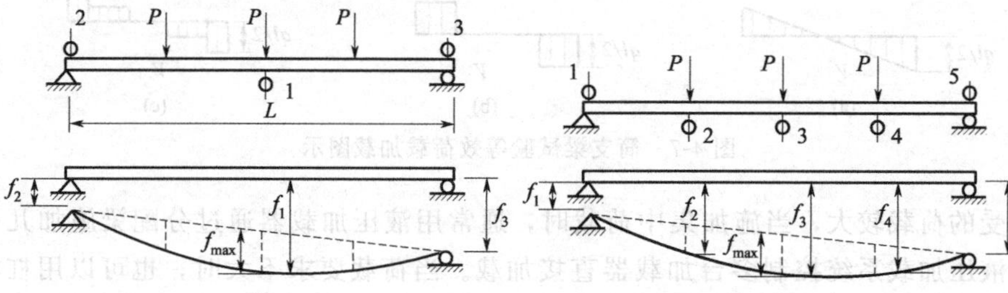


图 4-8　梁的挠度测点布置

对于测定梁平面外的水平挠曲，可按上述原则进行布点。

对于宽度较大的单向板，一般均需在板宽的两侧布点。当有纵肋时，挠度测点可按测量梁挠度的原则布置于肋下。对于肋形板的局部挠曲，则可相对于板肋来进行测定。

(2) 应变测量

梁属于受弯构件。要量测由于弯曲产生的应变，一般在梁承受正负弯矩最大的截面或弯矩有突变的截面上布置测点。对于变截面的梁，则应在抗弯控制截面（即在截面较弱而弯矩值较大的截面）上布置测点。有时也需在截面突然变化的位置上布置测点。

如果只要求测量弯矩引起的最大应力，则只需在该截面上下边缘纤维处安装应变计即可。为了减小误差，上下纤维上的仪表应设在梁截面的对称轴上，如图 4-9(a) 所示，或是在对称轴的两侧各设一个仪表，以求取它的平均应变量。对于混凝土梁，由于材料的非弹性性质，梁截面上的应力分布往往是不规则的。为了求得截面上应力分布的规律和确定中性轴的位置，一般沿截面高度至少需要布置 5 个测点。如图 4-9(b)，如果梁的截面高度较大时，还应沿截面高度增加测点数量。测点越多，则中性轴位置越能测得准确，截面上应力分布的规律也越清楚。应变测点沿截面高度的布置可以是等距离的，也可以是不等距而外密里疏的，以便比较准确地测得截面上较大的应变。对于布置在靠近中性轴位置处的仪表，虽然由

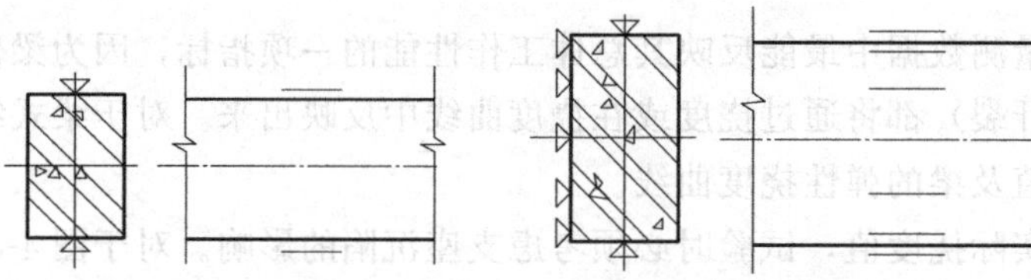

(a) 截面上下缘　　(b) 测量中性轴的位置和应变分布

图 4-9　梁正截面应变分布的测点布置

于应变读数值较小，相对误差可能很大，以致不起任何效用，但是在受拉区混凝土开裂以后，却可以通过该测点读数值的变化来量测中性轴位置的上升与变动。

① 弯曲应力测量。在梁的纯弯曲区域内，梁的截面上仅有正应力产生，故在该处截面上，可仅布置单向的应变测点（图 4-10 截面 Ⅰ—Ⅰ）。

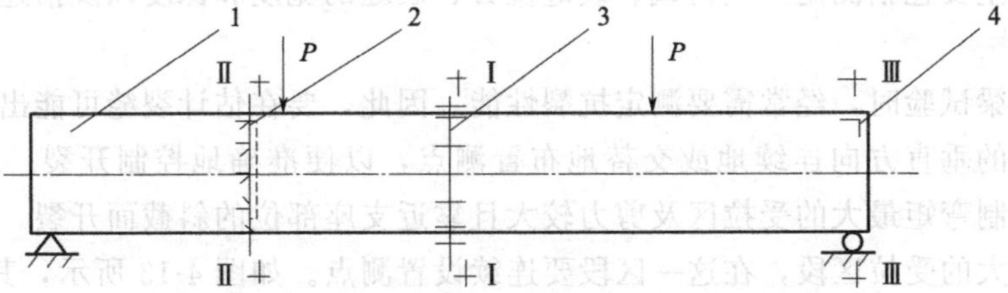


图 4-10 钢筋混凝土梁测量应变的测点布置

1—试件；2—剪应力与主应力的应变网络测点（平面应变）；3—纯弯区域内正应力的单向应变测点；4—梁端零应力区校核点

混凝土梁受拉区的混凝土，开裂后将退出工作，此时布置在混凝土受拉区的电阻应变计将失去其量测的作用。为进一步考察截面的受拉性能，在受拉区的钢筋上也应布置测点以便量测钢筋的应变，由此可获得梁截面上内力重分布的规律。

② 平面应力测量。梁截面在荷载作用下存在正应力和剪应力，为了求得该截面上的最大主应力及剪应力的分布规律，需要布置直角应变网络，以便通过 3 个方向上应变的测定，求得最大主应力值及作用方向。测点布置如图 4-10 所示。

抗剪测点应设在剪应力较大的部位。对于薄壁截面的简支梁，除支座附近的中性轴处产生剪应力较大外，还可能在腹板与翼缘的交接处产生较大的剪应力或主应力，这些部位也应布置测点。当要求测量沿长度方向梁的剪应力或主应力的变化规律时，则在梁长度方向宜分布较多的剪应力测点。有时为测定沿截面高度方向剪应力变化，还需沿截面高度方向设置测点。

③ 箍筋和弯起钢筋的应力测量。对于混凝土梁来说，为研究梁的抗剪强度，除了混凝土表面需要布置测点外，通常还在梁的弯起钢筋和箍筋上布置应变测点，如图 4-11 所示。

④ 翼缘与孔边应力测量。对于翼缘较宽较薄的 T 形梁，其翼缘部分一般不能全部参加工作，即受力不均匀。这时应该沿翼缘宽度布置测点，测定翼缘上应力分布情况，如图 4-12 所示。

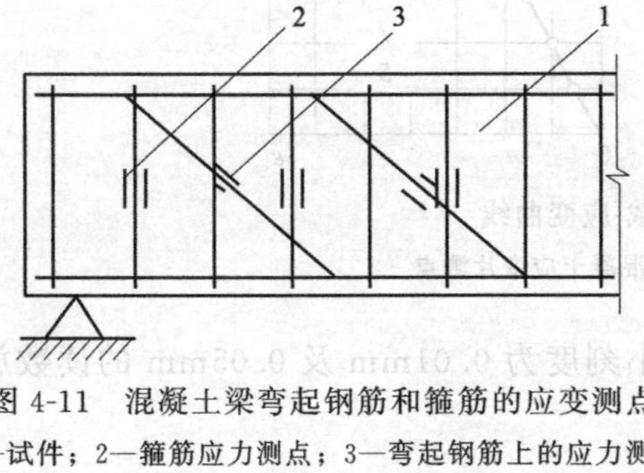


图 4-11 混凝土梁弯起钢筋和箍筋的应变测点

1—试件；2—箍筋应力测点；3—弯起钢筋上的应力测点

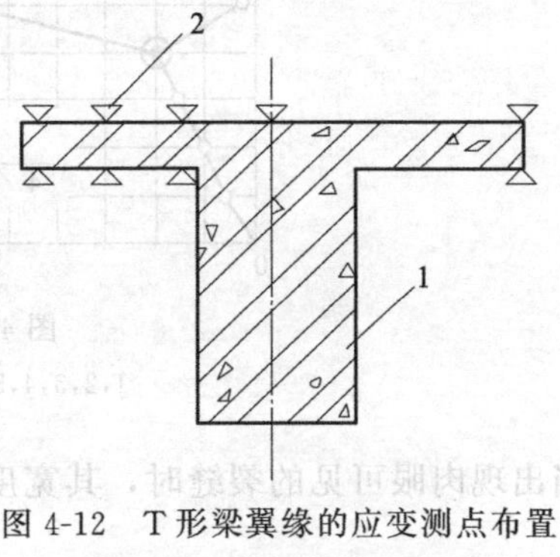


图 4-12 T 形梁翼缘的应变测点布置

1—试件；2—翼缘上应变测点

⑤ 校核测点。为了校核试验量测的正确性，便于在整理试验结果时进行误差修正，还经常在梁的端部凸角上的零应力处布置少量测点，以检验整个量测过程和量测结果是否正确（图 4-12）。

（3）裂缝量测

裂缝量测主要包括测定开裂荷载、裂缝位置、裂缝的宽度和深度以及描述裂缝的发展和分布。

在混凝土梁试验时，经常需要测定抗裂性能。因此，要在估计裂缝可能出现的截面或区域内，沿裂缝的垂直方向连续地或交替地布置测点，以便准确地控制开裂。对于混凝土构件，主要是控制弯矩最大的受拉区及剪力较大且靠近支座部位的斜截面开裂。一般垂直裂缝产生在弯矩最大的受拉区段，在这一区段要连续设置测点。如图 4-13 所示，其中 1～7 为混凝土应变片测点。这时选用手持式应变仪量测最为方便，各测点的间距按选用仪器的标距决定。如果采用其他类型的应变仪（如千分表、杠杆应变仪或电阻应变计），为防止由于各仪器标距的不连续性，使裂缝正好出现在两个仪器的间隙内，故经常将仪器交错布置。当裂缝未出现前，仪器的读数是逐渐变化的。如果构件在某级荷载作用下初始开裂，则跨越裂缝测点的仪器读数将会有较大的跃变，此时相邻测点仪器读数可能变小，有时甚至会出现负值。图 4-14 给出的荷载（$P$）-应变（$\varepsilon$）曲线表明了 4 号和 5 号测点产生突然转折的现象，4 号测点的应变减小，而 5 号测点的应变增加，表明 5 号测点处混凝土已经开裂。至于裂缝的宽度，则可根据裂缝出现前后 5 号测点两级荷载间仪器读数差值来计算。

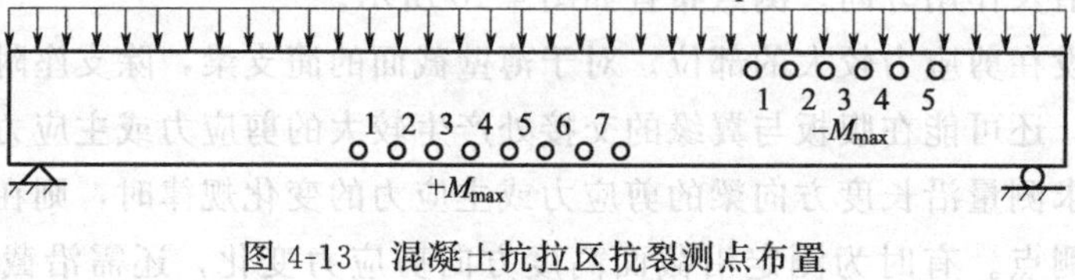


图 4-13　混凝土抗拉区抗裂测点布置

1,2,3,4,5,6,7—混凝土应变片测点

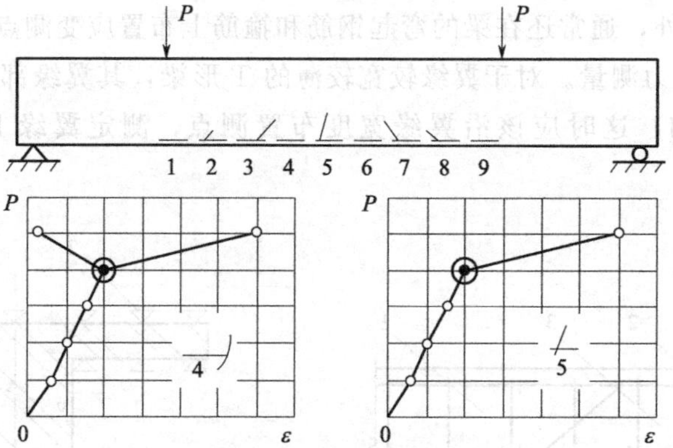


图 4-14　梁荷载-应变曲线

1,2,3,4,5,6,7,8,9—混凝土应变片测点

当出现肉眼可见的裂缝时，其宽度可用最小刻度为 0.01mm 及 0.05mm 的读数放大镜测量。

斜截面上的主拉应力裂缝，经常出现在剪力较大的区段内。由于混凝土梁的斜裂缝与水平轴成45°左右的角度，则仪器标距方向应与裂缝方向垂直［图4-15(a)］。有时为了进行分析，在测定斜裂缝的同时，也可同时设置测量主应力或剪应力的应变，如图4-15(b) 所示。

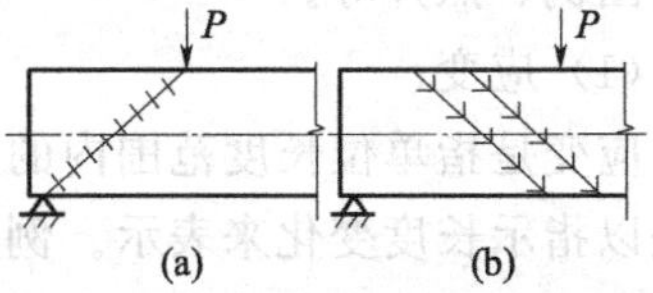

图4-15　混凝土斜截面裂缝测点布置

每一构件中测定裂缝宽度的裂缝数目，一般不少于3条，包括第一条出现的裂缝以及开裂最大的裂缝，取其中最大值为最大裂缝宽度值。凡选用测量裂缝宽度的部位，应在试件上标明并编号。各级荷载下的裂缝宽度数据，则记在相应的记录表格上。

每级荷载下出现的裂缝，均必须在试件上标明，即在裂缝的尾端注出荷载级别或荷载数量。以后每加一级荷载若裂缝长度有新的扩展，需在新裂缝的尾端注明相应的荷载。由于卸载后裂缝可能闭合，所以应紧靠裂缝的边缘1～3mm处平行画出裂缝的位置和走向。

试验完毕后，根据上述标注在试件上的裂缝，绘出裂缝展开图。

## 4.4　数据采集与整理

试验量测数据包括在准备阶段和正式试验阶段采集到的全部数据。经过试验直接得到的各项原始数据，包括仪表阅读的记录、试验情况记录等，是分析试验结果的依据。

试验资料的整理和分析过程就是将原始数据系统化的过程。即经过计算绘成图表和曲线，或用方程表达式准确而直观地反映出结构的性能及其规律，用以检验结构的质量和验证设计计算的理论或导出新的结论。因此这一工作是极为重要的，必须将这些数据和情况进行科学的整理、分析和计算，以说明和解答试验前所提出的问题。

试验原始资料是研究和分析试验结果以及解决某些有争议问题的重要事实依据，因此试验原始资料首先应保持完整性、科学性和严肃性，不得随意更改，这也是加强技术立法、实行科学管理的重要方面。所有原始资料均应由试验人、测读人、记录人、校核人和项目负责人审核、签字方可备存。

试验得出的各种数据，应经过运算、换算，统一计量单位。其中有一部分属于控制读数，如最大挠度控制点、最大侧移控制点及控制截面的应变读数等，这类数据应在试验时当场整理，及时通报，以便掌握和控制试验的全过程。大量数据的整理须在试验后进行，整理中应算出各级试验荷载作用下的仪表读数、算出递增值和累积值，注意读数值的反常情况。如有仪表指示值与理论计算值相差很大，甚至有正负号颠倒的情况，要注意对这些现象出现的规律性进行分析；应判断出其原因是试验结构本身性能有突变（如发生裂缝、节点松动、支座沉降或局部应力已达极限等），还是出于仪表本身安装不当而造成。在没有足够的根据和理由判断出原因以前，绝不能轻易地舍弃任何数据，因为很有可能就在这些“反常”的读数和现象中包含着尚未被认知的因素。

### 4.4.1　试验数据的采集内容

试验数据的采集内容应包括应变、位移等实测数据及裂缝图、变形图、破坏形态的说明以及图例、照片等。

(1) 应变

应变是指单位长度范围内的伸长或缩短。在结构试验中，相当一部分仪器的量测结果，都是以指示长度变化来表示。例如，测得单位长度内的伸长量就可以导出应变；又如，结构试验中需要测定荷载或作用力的大小时，就需要借助仪器将力变换为仪器中某一部件相对于另一部件的位移进而导出力的大小。这种方法在测力计及各种传感器中得到广泛应用。

测量构件表面（或材料表面）的纤维应变是结构试验测试的一项重要内容。结构的位移、应力、力、转角等，都可以由应变通过已知函数关系式导出。

(2) 位移

① 线位移。线位移反映结构的整体状况。结构在局部区域的屈服变形、混凝土局部范围的开裂以及钢筋与混凝土之间的局部黏结、滑移等变形性能，都可在荷载-位移曲线上得到反映，因此线位移测定对分析结构性能是至关重要的。

② 角位移。角位移主要是测量受力结构的节点、截面或支座截面等的转动角度。

(3) 裂缝

采用普通型应变片粘贴在构件（钢筋混凝土）受拉区，可以测定构件开裂时的荷载值。由于混凝土开裂后裂缝不断开展、应变急剧增长会使应变片因超过应变量程而失效，这时可用肉眼观察到裂缝的走向和宽度，也可采用裂纹扩展片、粉刷涂层和使用放大镜等方法进行测量。

(4) 温度

大体积混凝土养护时的内部温度，各类构件表面温度等都是经常要求量测的物理量。

## 4.4.2 试验数据的整理、分析及性能评定

试验研究的任务和目的不同，试验结果的分析和评定方式也会有所不同。为了探索结构内在的某种规律，或者检验某一计算理论的准确性或适用性，均需对试验结果进行综合分析，找出各变量之间的相互关系，并与理论计算对比，总结出数据、图形或数学表达式作为试验研究结论。为检验结构构件的某项功能，则应根据对其进行试验的结果、依照国家现行标准规范的要求作出评定。

对实测数据进行整理，一般均应算出各级荷载作用下仪表读数的递增值和累计值。必要时，还应进行换算和修正，然后用曲线或图表表达。

在原始记录数据整理过程中，应特别注意读数及读数差值的反常情况，如仪表指示值与理论计算值相差很大，甚至有正负号颠倒的情况，这时应对出现这些现象的规律性进行分析，并判断其原因所在。一般可能有两个方面的原因：一方面由于试验结构本身发生裂缝、节点松动、支座沉降或局部应力达到屈服极限而引起数据突变；另一方面也可能是由于测试仪表工作不正常所造成。凡不属于差错或主观造成的仪表读数突变都不能轻易舍弃，待以后分析时再作判断处理。下面对实测的常见数据分析如下。

#### 4.4.2.1 变形量测的试验结果整理

简支梁、板、屋架、桁架等结构构件的挠度，应当是构件本身的挠曲值，因此应扣除试验时的支座沉降。另外，仪表的零读数是在结构构件和试验装置安装后才读取的，因此在构件挠度值中应加上构件自重和试验装置重力产生的挠度值。

（1）短期挠度值

确定各级试验荷载作用下的短期挠度实测值时，应考虑支座沉降、自重、加载设备重力和加载图式改变的影响。按下式计算为

$$a_{s,i}^{o}=(a_{g,i}^{o}+a_{g}^{c})\phi,a_{g,i}^{o}=u_{m,i}^{o}-\frac{1}{2}(u_{s,i}^{l}+u_{s,i}^{r}),a_{g}^{c}=\frac{M_{g}}{M_{b}}a_{b}^{o} \tag{4-1}$$

式中 $a_{s,i}^{o}$——经修正后的第 $i$ 级试验荷载产生的构件跨中短期挠度实测值；

$a_{g,i}^{o}$——消除支座沉降后的第 $i$ 级外加荷载产生的构件跨中短期挠度实测值；

$a_{g}^{c}$——梁板构件自重和加载设备重力产生的跨中挠度值；

$u_{m,i}^{o}$——第 $i$ 级外加试验荷载产生的构件跨中位移实测值（包括支座沉降）；

$u_{s,i}^{l}$、$u_{s,i}^{r}$——第 $i$ 级外加荷载作用下构件左、右端支座沉降实测值；

$M_{g}$——构件自重和加载设备重力产生的跨中弯矩值；

$M_{b}$、$a_{b}^{o}$——从外加试验荷载开始至构件出现裂缝的前一级荷载为止的加载值产生的跨中弯矩值、跨中挠度实测值；

$\phi$——用等效荷载代替实际均布荷载进行试验时，加载图式修正系数。

（2）长期挠度值

当试验结构构件需要作长期挠度值分析时，可按下式近似估算其长期挠度值为

$$a_{l}^{s}=\frac{M_{l}(\theta-1)+M_{s}}{M_{s}}a_{s}^{o} \tag{4-2}$$

式中 $a_{l}^{s}$——构件长期挠度值；

$a_{s}^{o}$——在正常使用试验荷载下构件短期挠度实测值；

$M_{l}$——按荷载长期效应组合计算的弯矩值；

$M_{s}$——按荷载短期效应组合计算的弯矩值；

$\theta$——考虑荷载长期效应组合对挠度增大的影响系数，按《混凝土结构设计规范》（GB 50010）的规定采用。

（3）变形校验系数

在研究性试验中，还需要将理论变形的计算结果与试验实测结果进行比较，计算出结构构件的变形校验系数

$$\xi_{a}=\frac{a_{s,i}^{c}}{a_{s,i}^{o}} \tag{4-3}$$

式中 $\xi_{a}$——结构构件的变形校验系数；

$a_{s,i}^{c}$——在第 $i$ 级试验荷载下的构件短期挠度计算值；

$a_{s,i}^{o}$——在第 $i$ 级试验荷载下的构件短期挠度实测值。

$\xi_{a}$ 值反映了按刚度理论的计算结果与试验结果的符合程度。$\xi_{a}=1$，表示符合良好；$\xi_{a}>1$，表示计算结果比试验结果大，偏于安全；$\xi_{a}<1$，表示计算结果比试验结果小，偏于不安全。

最后应根据试验目的绘制有关变形曲线。结构构件的各种变形曲线，可以形象而直观地反映荷载、时间等与变形的关系，是评价结构性能的重要依据，也是衡量试验结果是否正确

的一种方法。因此在进行变形量测的试验结果整理时，应按需绘制的主要变形曲线有：①荷载-挠度曲线；②各级荷载作用下结构构件的挠曲曲线；③正常使用试验荷载作用下的挠度-时间关系曲线；④截面或支座的荷载-转角曲线；⑤其他及必要的说明等。

#### 4.4.2.2 抗裂试验与裂缝量测的试验结果整理

在检验性试验中，对钢筋混凝土结构应按以下两种情况计算抗裂检验系数实测值。

① 在荷载短期效应组合下的构件的抗裂检验系数实测值，按下式计算为

$$\gamma_{cr,s}^{o}=\frac{S_{cr}^{o}}{S_{s}} \tag{4-4}$$

式中 $\gamma_{cr,s}^{o}$——在荷载的短期效应组合下，构件的抗裂检验系数实测值；

$S_{cr}^{o}$——构件的开裂内力实测值，根据构件开裂荷载实测值（包括自重）求得，不同力的表示方法：开裂轴向力 $N_{cr}^{o}$、开裂弯矩 $M_{cr}^{o}$、开裂剪力 $V_{cr}^{o}$、开裂扭矩 $T_{cr}^{o}$；

$S_{s}$——按荷载的短期效应组合计算的内力值（包括自重）。

② 对于裂缝控制等级为二级的结构构件，还应计算荷载长期效应组合下的抗裂检验系数实测值

$$\gamma_{cr,l}^{o}=\frac{S_{cr}^{o}}{S_{l}} \tag{4-5}$$

式中 $\gamma_{cr,l}^{o}$——荷载的长期效应组合下，构件的抗裂检验系数实测值；

$S_{cr}^{o}$——构件的开裂内力实测值，根据构件开裂荷载实测值（包括自重）求得；

$S_{l}$——按荷载的长期效应组合计算的设计值（包括自重）。

③ 对于科研性试验，还需要将理论计算结果与试验结果进行比较，计算出结构构件的抗裂校验系数为

$$\xi_{cr}=\frac{S_{cr}^{c}}{S_{cr}^{o}} \tag{4-6}$$

式中 $\xi_{cr}$——结构构件的抗裂校验系数；

$S_{cr}^{c}$——结构构件开裂内力计算值；

$S_{cr}^{o}$——结构构件开裂内力实测值。

对于需要做裂缝宽度检验的结构构件，还应给出正常使用荷载下的最大裂缝宽度和最大裂缝所在位置以及裂缝展开图。当有试验目的要求时，还应绘制各级试验荷载作用下的裂缝发生、发展及其分布状态的展开图，统计出正常使用试验荷载作用下的裂缝宽度平均值和裂缝间距平均值，并对裂缝的种类作出描述和说明。

#### 4.4.2.3 承载力试验的结果整理

(1) 承载力极限状态

在一定的受力状态和工作条件下，结构构件所能承受的最大内力，称为结构构件的承载力。以混凝土结构为例进行承载力试验时，在加载或持载过程中出现下列破坏标志之一时，

即认为已达到承载力极限状态。

① 结构构件受力情况为轴心受拉、偏心受拉、受弯、大偏心受压时，其标志是：

a. 受拉主筋应力达到屈服强度、受拉应变达到0.01。

b. 受拉主筋拉断。

c. 受拉主筋处最大垂直裂缝宽度达到1.5mm。

d. 挠度达到跨度的1/50，对悬臂结构挠度达到悬臂长的1/25。

e. 受压区混凝土压坏。

f. 锚固破坏或主筋端部混凝土滑移达0.2mm。

② 结构构件受力情况为轴心受压或小偏心受压时，其标志是：

a. 混凝土受压破坏。

b. 受压主筋应力达到屈服强度。

③ 结构构件受力情况为剪弯时，其标志是：

a. 箍筋或弯起钢筋或斜截面内的纵向受拉主筋应力达到屈服强度。

b. 斜裂缝端部受压区混凝土剪压破坏。

c. 沿斜截面混凝土斜向受压破坏。

d. 沿斜截面撕裂形成斜拉破坏。

e. 箍筋或弯起钢筋与斜裂缝交会处的斜裂缝宽度达到1.5mm。

f. 锚固破坏或主筋端部混凝土滑移达0.2mm。

从以上标志可以看出，结构构件的破坏主要取决于结构受力情况、配筋率大小、钢筋种类和混凝土强度等级。

(2) 实测承载力

进行承载力试验时，在加载过程中出现破坏标志的时间往往有先有后，对此应取首先达到某一破坏标志的最小荷载作为试验构件的实测破坏荷载。破坏荷载，在试验构件中产生的内力，就是试验构件所能承受的最大内力，故称试验结构构件的实测承载力。

① 对于检验性试验，应按下式计算构件承载力检验系数实测值

$$\gamma_u^o=\frac{S_u^o}{S} \tag{4-7}$$

式中 $\gamma_u^o$——构件的承载力检验系数实测值；

$S_u^o$——构件的承载力实测值（包括自重），根据构件的极限荷载实测值求得，不同力的表示方法：极限轴力 $N_u^o$、极限弯矩 $M_u^o$、极限剪力 $V_u^o$、极限扭矩 $T_u^o$ 等实测值；

$S$——荷载短期效应组合设计值（取结构重要性系数为1时），设计轴向力用 $N$ 表示、弯矩用 $M$ 表示、剪力用 $V$ 表示、扭矩用 $T$ 表示等，一般应由设计文件给出。

② 对于研究性试验，需要将理论计算结果与试验结果进行比较。此时，应按下式计算结构构件的承载力校验系数

$$\xi_u=\frac{R(f_c^o,f_s^o,a^o,\cdots)}{S_u^o} \tag{4-8}$$

式中 $\xi_u$——结构构件的承载力校验系数；

$R(f_c^o, f_s^o, a^o, \cdots)$——按材料实测强度和构件几何参数实测值确定的构件承载力计算值，按《混凝土结构设计规范》(GB 50010) 规定计算；

$f_c^o$——混凝土强度实测值；

$f_s^o$——钢材强度实测值；

$a^o$——结构构件几何参数实测值。

$\xi_u$ 值反映了承载力的理论计算结果与试验结果的符合程度。$\xi_u=1$，说明符合程度高；$\xi_u<1$ 说明计算结果比试验结果小，偏于安全；$\xi_u>1$，说明计算结果比试验结果大，偏于不安全。

在研究性试验中，需要将试验构件的实测应变转换为应力时，应采用该构件实测的弹性模量或变形模量。当构件处于弹性阶段时，可用材料的实测弹性模量换算；当构件处于弹塑性阶段后，应采用与试验构件应变状态相一致的材料实测变形模量换算；也可以根据应变值，在实测的应力-应变曲线上直接查出应力。

试验结构构件的破坏状态标志，应理解为在规定的荷载下持续时间到达后的状态。因此，在加载过程中或在持续时间内达到破坏标志时，不能取此级的荷载值，而应取前一级的荷载值作为试验构件的破坏荷载实测值。另外，试验构件的破坏过程和破坏特征是反映结构性能的重要资料，也是确定承载力的依据，因此，在整理承载力试验结果时，应详细而准确地加以描述，并注意如下资料的整理和分析。

a. 各级试验荷载作用下试验构件控制截面上的应力、应变分布。

b. 试验构件控制截面上最大应力（应变）-荷载关系曲线。

c. 试验构件的混凝土极限应变、钢筋的极限应变。

d. 试验构件复杂应力区的剪应力、主应力和主应力方向。

e. 试验构件破坏过程和破坏特征分析，并辅以必要的图示和照片。

### 4.4.3 试验曲线与图表绘制

图表绘制的方法是将在各级荷载作用下取得的读数按一定坐标系绘制成曲线，这样看起来一目了然，既能充分表达其内在规律，也有助于进一步用统计方法找出数学表达式。

适当选择坐标系有助于确切地表达试验结果。直角坐标系只能表示两个变量间的关系；遇到变量不止两个时，可采用“无量纲变量”作为坐标来表达。

选择试验曲线时，尽可能用比较简单的曲线形式，并应使曲线通过较多的试验点，或使曲线两边的点数相差不多。一般靠近坐标系中间的数据点可靠性更好些，两端的数据可靠性稍差些。下面对常用试验曲线的特征作简要说明。

(1) 荷载 ($F$)-变形 ($\varepsilon$) 曲线

荷载-变形曲线有结构构件的整体变形曲线、控制节点或截面上的荷载转角曲线、铰支座和滑动支座的荷载侧移曲线以及荷载时间曲线、荷载挠度曲线、反复荷载作用下的荷载位移滞回曲线等。这些曲线的共同特征，可归纳为图 4-16 所示的情况：曲线“1”说明结构处于弹性工作阶段；曲线“2”则表现出结构的弹性和弹塑性工作性质，这是钢筋混凝土结构试验的常见现象，即在加载过程中结构出现裂缝或局部破坏，将在变形曲线上形成转折点($A$、$B$)；曲线“3”为非弹性变形曲线，是卸载后非弹性变形恢复过程中出现的现象，该变形不能回到坐标原点，而留有一定的残余变形。荷载-变形曲线能够充分反映出结构实际工作的全过程及基本性质，在整体结构的挠度曲线以及支座侧移图中都会有相应显示。

变形-时间曲线可表明结构在某一恒定荷载作用下变形随时间增长的规律。变形稳定的快慢程度与结构材料及结构形式等有关，如果变形不能稳定，说明结构有问题：它可能是钢结构的局部构件达到极限，也可能是钢筋混凝土结构的钢筋发生滑动等，具体情况应作进一步分析。

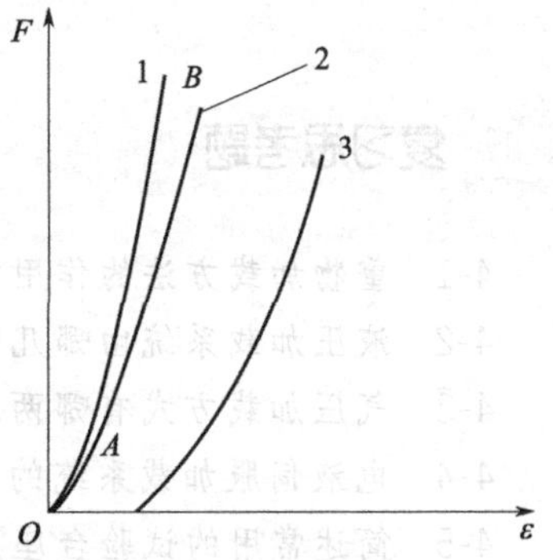

图 4-16 荷载-变形曲线基本特征

(2) 荷载-应变曲线

图 4-17 为钢筋混凝土受弯构件试验及其各荷载-应变曲线，要求测定控制截面上的内力变化及其与荷载的关系、主筋的荷载应变及箍筋应力（应变）和剪力的关系等。其中，图 4-17(a) 中 1～6 为混凝土应变测点号；1′～4′为箍筋测点号。

在绘制截面应变图时选取控制截面，沿其高度布置测点，用一定的比例尺将某一级荷载下的各测点的应变值连接起来，即为截面应变图。对于非弹性材料则应按材料的应力-应变曲线查取相应应力值。这样，通过应力-应变关系可分别计算受压区和受拉区的合力值及其作用位置。若对某测点描绘各级荷载下的应变图，则可以看出该点应变变化的全过程。

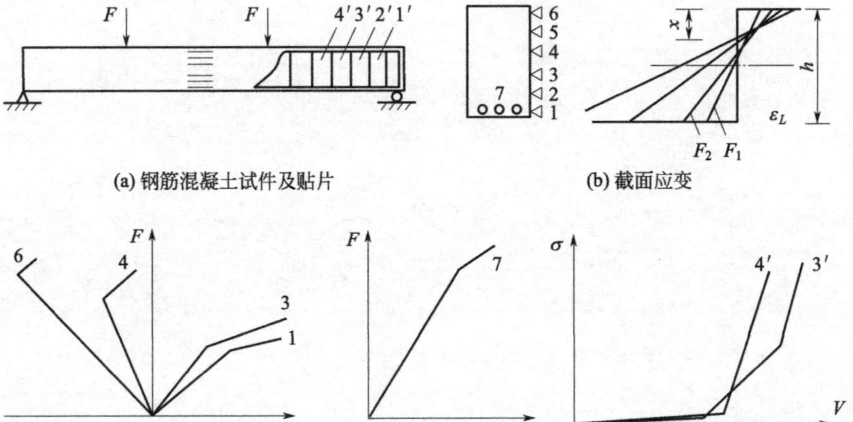

图 4-17 钢筋混凝土受弯构件试验及其各荷载-应变曲线

图 4-17(b) 可以确定其中性轴位置，即受压区的高度 $x$；图 4-17(c) 是跨中截面上混凝土应变与荷载关系曲线；图 4-17(d) 为钢筋应变曲线；图 4-17(e) 是箍筋应力与剪力的关系曲线。

(3) 构件裂缝及破坏特征图

试验过程中，应在构件上按裂缝开展面画出裂缝开展过程，并标注出现裂缝时的荷载等级及裂缝的走向和宽度。待试验结束后，用方格纸按比例描绘裂缝和破坏特征，必要时应照相记录。

根据试验研究的结构类型、荷载性质及变形特点等，还可绘出一些其他的特征曲线，如超静定结构的荷载反力曲线、某些特定节点上的局部挤压和滑移曲线等。

## 复习思考题

4-1 重物加载方法的作用方式及其特点、要求是什么？

4-2 液压加载系统由哪几部分组成？电液伺服加载的关键技术及其优点是什么？

4-3 气压加载方式有哪两种？哪些结构适合采用气压加载？

4-4 电液伺服加载系统的工作原理是什么？与普通液压加载有何区别？

4-5 简述常用的试验台座及其特点。

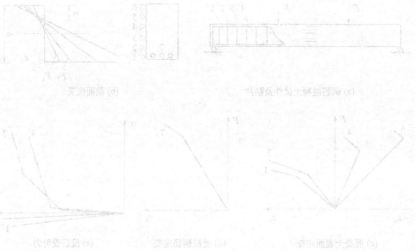

# 第5章 土木工程结构的动载试验

## 5.1 概述

各种类型的土木工程结构（房屋建筑、桥梁等），在实际使用过程中除了受静荷载作用外，常常还受各种动荷载作用，因此在工程结构中经常有许多动荷载引起的振动问题对结构安全和产品质量产生不利影响，需要通过试验检测寻求解决办法。解决工程振动问题，通常采用结构动力分析和试验研究两种方法进行。结构动载试验就是通过试验方法对各类受动荷载作用的结构进行动力性能试验研究。随着结构动力加载设备和振动测试技术的发展，结构的动力加载试验研究和现场实测已成为人们研究结构振动问题的重要手段。动力加载试验和实测工程结构在动荷载下的振动影响，主要解决以下问题：

（1）实测工程结构物在实际动荷载下的振动反应（振幅、频率、加速度、动应力等）。通过量测得到的数据和资料，用来研究由于受振动影响的结构是否安全可靠。

① 实测动力机器作用下的厂房结构振动；

② 实测在车辆移动荷载作用下的桥梁振动；

③ 实测在风荷载作用下高层建筑或高耸构筑物（电视塔、输电铁塔、斜拉桥和悬索桥的索塔等）所引起的风振反应；

④ 实测大雨对斜拉桥的斜拉索产生的雨振对索塔的振动反应；

⑤ 实测爆炸产生的瞬时冲击荷载对结构引起的振动影响。

（2）采用各种类型的激振手段，对原型结构或模型结构进行动力特性试验。主要测量工程结构物的自振频率、阻尼系数和振型等。动力性能参数亦称自振特性参数或振动模态参数，这是研究结构动力设计和抗风性能的基本参数。

① 在实际结构中，动荷载作用影响在很大程度上取决于结构的自振周期。为了判定动荷载作用的影响大小，必须了解各类结构的自振周期。据调查，对于不同类型的工程结构在同一动荷载作用下，其动力反应相差几倍甚至十几倍。为此，国内外专家对各类结构自振特性的实测和研究十分重视。

② 通过结构动力性能加载试验和工程实测，了解结构的自振频率，可以避免动荷载作用所产生的干扰力与结构发生共振现象，以及对仪器设备的生产和人体健康所产生的不利影响。根据实测结果可以采取必要的措施进行隔振或减振。

③ 结构受动力作用后，结构受损开裂使其刚度发生变化，刚度的减弱使结构的自振周

期变长，阻尼增大。由此，可以通过实测结构自身动力特性的变化来识别结构的损伤程度，为结构的可靠度诊断提供依据。

(3) 工程结构或构件（桥梁、行车梁等）的疲劳试验，用以研究和实测移动荷载及重复荷载作用下的结构疲劳强度。

动载试验与静载试验比较，动载试验具有一定的特殊性。首先，造成结构振动的动荷载是随时间而改变的，其中有些是确定性振动，例如机器设备产生的振动，可以根据机器转速用确定函数来描述其有规律的振动。而在很多实际情况下遇到的振动属于随机振动，即不确定性振动。对于确定性振动和随机振动从量测到数据分析处理，其方法和难易程度都有较大差别。其次是结构在动荷载作用下的反应与结构本身动力特性有密切关系，动荷载产生的动力效应，有时远远大于相应的静力效应，甚至一个不大的动荷载就可能使结构遭受严重破坏。因此，结构的动载试验要比静载试验复杂得多。

## 5.2 工程结构动力特性的试验测定

工程结构的动力特性又称结构的自振特性，是反映结构本身所固有的动态参数，主要包括结构的自振频率、阻尼系数和振型等一些基本参数。这些特性是由结构的组成形式、质量分布、结构刚度、材料性质、构造连接方式等因素决定，而与外荷载无关。

工程结构的动力特性可以根据结构动力学的原理计算得到，但由于实际结构的组成形式、刚度、质量分布和材料性质等因素不同，经过计算得出的理论值有一定误差，因此结构的动力特性参数需要通过试验测定。为此，采用试验手段研究各种结构物的动力特性越来越受到关注和重视。由于建筑物的结构形式各异，其动力特性相差很大，所采用试验方法和仪器设备也不完全相同，其试验结果会出现较大差异。但因为结构动力特性试验一般不会破坏结构，通常可以在实际结构上进行多次反复试验，以获得可靠的试验结果。

用试验方法实测结构的自振特性，就要设法对结构激振，使结构产生振动，再根据试验仪器记录到的振动波形图进行分析计算即可得到。

结构动力性能试验的激振方法主要有人工激振法和环境随机振动法。人工激振法又可分为自由振动法和强迫振动法。

### 5.2.1 人工激振法测定结构动力特性

#### 5.2.1.1 自由振动法

指在试验中采用初位移或初速度的突卸或突加荷载的方法，使结构受冲击荷载作用而产生有阻尼的自由振动。在现场试验中可用反冲激振器对结构产生冲击荷载；在工业厂房中可以通过锻锤、冲床、行车刹车等使厂房产生自由振动；在桥梁上则可用载重汽车越过障碍物或紧急刹车产生冲击荷载；在实验室内进行模型试验时可用锤击法使模型产生自由振动。

试验时一般将测振传感器布置在结构可能产生最大振幅的部位，但要避开某些杆件可能产生的局部振动。

图 5-1 表示各类型自由振动时的振动记录图例。图 5-1(a) 是突卸荷载产生的自由振动

记录；图 5-1(b) 是撞击荷载位置与测震器布置较远时的振动记录；图 5-1(c) 是吊车刹车时的制动力引起的厂房自由振动图形；图 5-1(d) 是结构作整体激振时，其组成构件也作振动，它们之间频率相差较大，从而形成两种波形合成的自由振动图。

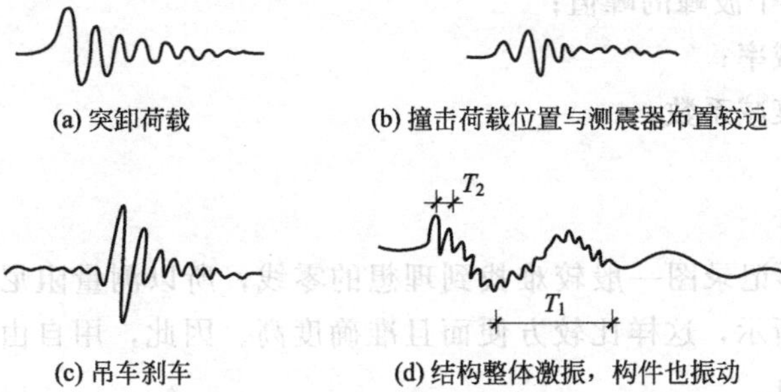


(a) 突卸荷载　(b) 撞击荷载位置与测震器布置较远

(c) 吊车刹车　(d) 结构整体激振，构件也振动

图 5-1　各种类型的自由振动记录

(1) 自振频率的测定

从实测得到的有阻尼的结构自由振动图上，可以根据时间信号直接量测振动波形的周期，如图 5-2，为了消除荷载影响，起始的第一、第二个波不同。同时，为了提高精确度，可以取若干个波的总时间除以波的数量得出平均数作为基本周期 $T$。其倒数就是基本频率，即 $f=1/T$。

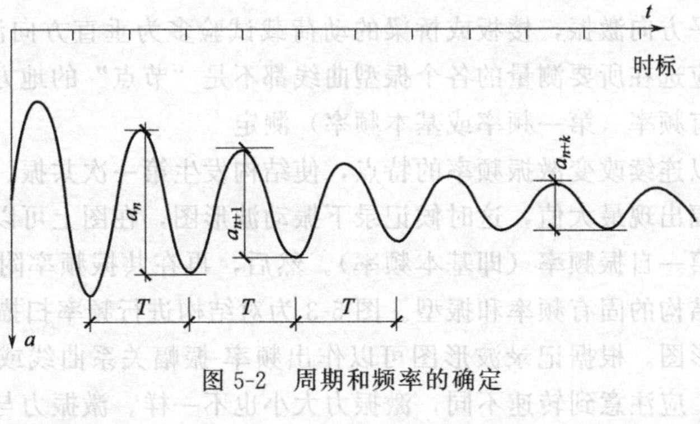


图 5-2　周期和频率的确定

(2) 结构的阻尼特性测定

结构的阻尼特性用对数衰减率或阻尼比来表示。根据动力学公式，在有阻尼的自由振动中，相邻两个振幅按指数曲线规律衰减，二者之比为常数，即

$$\frac{a_{n+1}}{a_n}=e^{-\gamma T} \tag{5-1}$$

对上式两边取对数，则对数衰减率 $\lambda$ 为

$$\lambda=\gamma T=\ln\frac{a_n}{a_{n+1}} \tag{5-2}$$

在实际工程中，常采用平均对数衰减率，在实测振动图中量取 $k$ 个周期进行计算，即

$$\lambda_{平均}=\frac{1}{k}\ln\frac{a_n}{a_{n+k}} \tag{5-3}$$

阻尼比
$$\xi=\frac{\lambda}{2\pi} \tag{5-4}$$

式中 $a_n$——第 $n$ 个波峰的峰值；

$a_{n+k}$——第 $n+k$ 个波峰的峰值；

$\lambda$——对数衰减率；

$\gamma$——波曲线衰减系数；

$T$——周期；

$\xi$——阻尼比。

由于实测振动波形记录图一般较难找到理想的零线，所以测量阻尼时，可采用波形的峰-峰量法，如图 5-2 所示，这样比较方便而且准确度高。因此，用自由振动法得到的周期和阻尼系数均比较准确。

5.2.1.2 强迫振动法

强迫振动法亦称共振法。一般采用惯性式机械离心激振器对结构施加周期性的简谐振动，使结构产生简谐强迫振动。由结构动力学可知，当干扰力的频率与结构本身自振频率相等时，结构就出现共振。利用共振现象即可测定结构的自振特性。

试验时，应将激振器牢牢地固定在结构上，不让其跳动，否则会影响试验结果。激振器的激振方向和安装位置要根据所测试结构的情况和试验目的而定。一般说来，整体建筑物的动荷载试验多为水平方向激振，楼板或桥梁的动荷载试验多为垂直方向激振。要特别注意，激振器的安装位置应选在所要测量的各个振型曲线都不是“节点”的地方。

(1) 结构的固有频率（第一频率或基本频率）测定

利用激振器可以连续改变激振频率的特点，使结构发生第一次共振、第二次共振……至结构产生共振时振幅出现最大值，这时候记录下振动波形图，在图上可以找到最大振幅对应的频率就是结构的第一自振频率（即基本频率）。然后，再在共振频率附近进行稳定的激振试验，仔细地测定结构的固有频率和振型。图 5-3 为对结构进行频率扫描激振时所得到的发生共振时的记录波形图。根据记录波形图可以作出频率-振幅关系曲线或称共振曲线。当采用偏心式激振器时，应注意到转速不同，激振力大小也不一样。激振力与激振器转速的平方成正比。为了准确地定出共振曲线，应把振幅折算为单位激振力作用下的振幅，即振幅除以相应的激振力；或把振幅换算为在相同激振力作用下的振幅，即 $A/\omega^2$（$A$ 为振幅，$\omega^2$ 为激振器的圆频率）。

以 $\frac{A}{\omega^2}$ 为纵坐标，$\omega$ 为横坐标，作出共振曲线，如图 5-4，曲线上振幅最大峰值所对应的频率即为结构的固有频率（或称基本频率）。基本频率是结构动力特性最重要的参数。

(2) 由共振曲线确定结构的阻尼系数和阻尼比

按照结构动力学原理，采用半功率法 $\left(\frac{\sqrt{2}}{2}\text{，即 } 0.707 \text{ 法}\right)$ 由共振曲线图求得结构的阻尼系数和阻尼比。具体做法如下：

如图 5-4 所示，在共振曲线的纵坐标最大值 $y_{max}$ 的 0.707 倍处作一水平线与共振曲线相交于 $A$ 和 $B$ 两点，其对应横坐标 $\omega_1$ 和 $\omega_2$，则半功率点带宽为
$$\Delta\omega=\omega_2-\omega_1 \tag{5-5}$$

阻尼系数
$$\beta=\frac{\Delta\omega}{2}=\frac{\omega_2-\omega_1}{2} \tag{5-6}$$

阻尼比
$$\xi=\frac{\beta}{\omega} \tag{5-7}$$

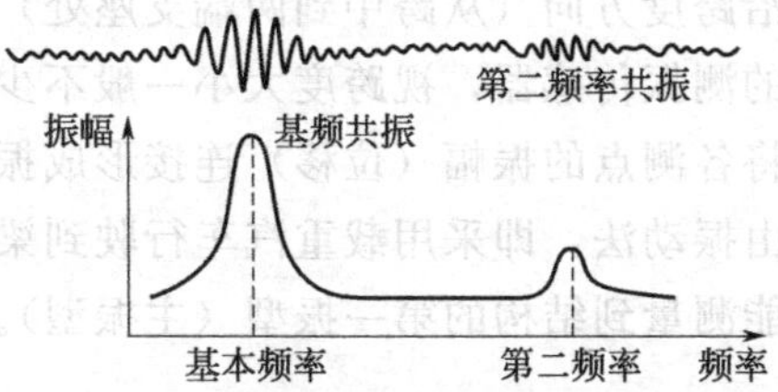


图 5-3　共振时的振动图形和共振曲线

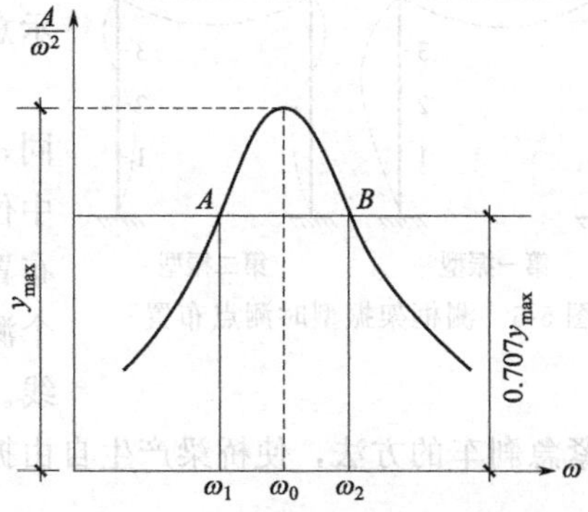


图 5-4　由共振曲线求阻尼系数和阻尼比

(3) 结构的振型测量

结构振动时，结构上各点的位移、速度和加速度都是时间和空间的函数。由结构动力学可知，当结构按某一固有频率振动时，各点的位移之间呈现一定的比例关系。如果这时沿结构各点将其位移连接起来，形成一定形式的曲线，则称为结构按此频率振动的振动型式，亦称对应该频率时的结构振型。对应于基本频率、第二频率、第三频率分别有基本振型（第一振型）、第二振型、第三振型。

采用共振法测量结构振型是最常用的基本试验方法。为了易于得到所需要的振型，在结构上布置激振器或施加激振力时，要使激振力作用在振型曲线上位移最大的部位。为此在试验前需要通过理论计算，对可能产生的振型要心中有数。然后确定激振力的作用点，即安装激振器的位置。对于测点的数量和布置原则，视结构形式而定，要求能获得完整的振型曲线即可。对整体结构如高层建筑试验时，沿结构高度的每个楼层或跨度方向连续布置水平或垂直方向的测振传感器。当激振器使结构发生共振时，同时记录下结构各部位的振动图，通过比较各点的振幅和相位，即可给出该频率的振型图。图 5-5 为共振法测量某多层建筑物的振

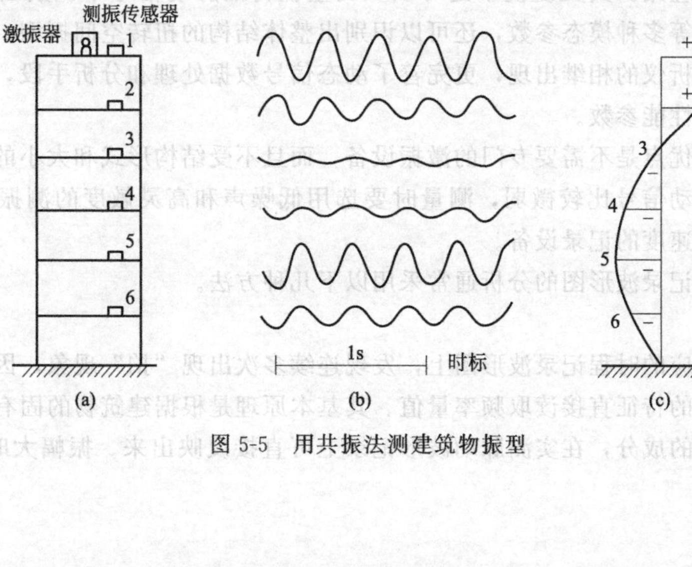


图 5-5　用共振法测建筑物振型

型。图 5-5(a) 为测振传感器的布置；图 5-5(b) 为共振时记录下的振动波形图；图 5-5(c) 为建筑物的振型曲线。必须注意，绘制振型曲线时要根据相位，规定位移的正负值。

对于框架结构，激振器布置在框架横梁的中间（如图 5-6 所示），测振传感器布置在梁和柱子的中间、柱端及 1/4 处，这样便能较好地测出框架结构的振型曲线。图 5-6 为第一振型和第二振型示意。

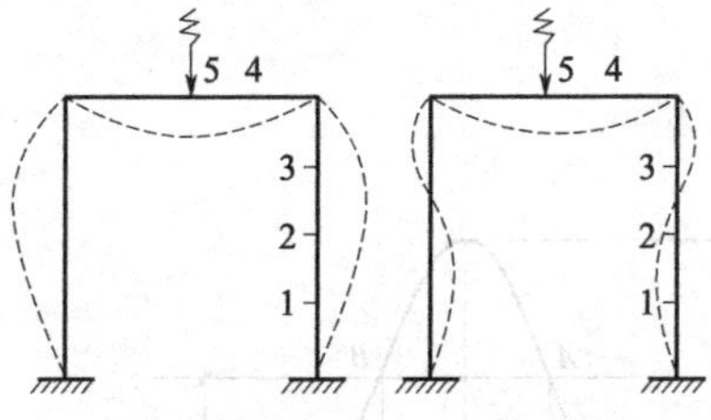


图 5-6 测框架振型时测点布置

对于桥梁结构的振型测量方法与上述方法基本相同，桥梁结构多数为梁、板结构，激振器一般布置在跨中位置，测点沿跨度方向（从跨中到两端支座处）连续布置垂直方向的测振传感器，视跨度大小一般不少于五个测点，以便将各测点的振幅（位移）连接形成振型曲线。亦可用自由振动法，即采用载重汽车行驶到梁跨中位置紧急刹车的方法，使桥梁产生自由振动，这只能测量到结构的第一振型（主振型）。

### 5.2.2 环境随机振动法测量结构动力特性

环境随机振动法又称为脉动法，即利用脉动来测量和分析结构动力特性的方法。人们在试验观测中发现，建筑物由于受外界环境的干扰而经常处于微小且不规则的振动之中，其振幅一般在 0.01mm 以下，这种环境随机振动称为脉动。

建筑物或桥梁的脉动与地面脉动、风动或气压变化有关，特别是受火车和机动车辆行驶、机器设备开动等所产生的扰动，以及大风或其他冲击波的影响尤为显著，其脉动周期为 0.1～0.8s。由于任何时候都存在着环境随机振动，而由此引起建筑物或桥梁结构的脉动是经常存在的。其脉动源不论是风动还是地面脉动，都是不规则的和不确定的变量，在随机理论中称此变量为随机过程，它无法用一个确定的时间函数来描述。由于脉动源是一个随机过程，因此所产生的建筑物或桥梁结构的脉动也必然是一个随机过程。大量试验证明，建筑物或桥梁的脉动有一个重要性质，它能明显地反映出其本身的固有频率和其他自振特性，所以采用脉动法测量和分析结构动力特性成为目前最常用的试验方法。我国在 20 世纪 50 年代就开始应用此方法，但由于受测量仪器和分析手段的限制，一般只能获得第一振型及频率。20 世纪 70 年代以后，随着计算机技术的发展和动态信号处理机的应用，使这一方法获得了突破性进展和更广泛应用。其关键技术是可以从测量获得的脉动信号中识别出结构的固有频率、阻尼比、振型等多种模态参数，还可以识别出整体结构的扭转空间振型。同时，一些专用计算机和频谱分析仪的相继出现，更完善了动态信号数据处理和分析手段，可以进一步获得比较完整的动力性能参数。

采用脉动法的优点是不需要专门的激振设备，而且不受结构形式和大小的限制，适用于各种结构。由于脉动信号比较微弱，测量时要选用低噪声和高灵敏度的测振传感器和放大器，并配有足够快速度的记录设备。

脉动法测量的记录波形图的分析通常采用以下几种方法。

(1) 主谐量法

从结构脉动反应的时程记录波形图上，发现连续多次出现“拍”现象，因此根据这一现象可以按照“拍”的特征直接读取频率量值。其基本原理是根据建筑物的固有频率的谐量是脉动信号中最主要的成分，在实测脉动波形记录上可直接反映出来。振幅大时，“拍”现象尤为明显，其波形光滑处的频率总是多次重复出现，这就充分反映了结构的某种频率特性。如果建筑物各部位在同一频率处的相位和振幅符合振型规律，那么就可以确定该频率就是建筑物的固有频率。通常基本频率出现的机会最多，比较容易确定。对一些较高的建筑物、斜拉桥或悬索桥的索塔，有时第二、第三频率也可能出现，但相对基本频率出现的次数少。一般记录的时间要长一些，分析结果的可靠性就大一些。在记录比较规则的部分，确定是某一固有频率后，就可分析出频率所对应的振型。

拓展阅读

### 主谐量法应用实例

上海外滩某大厦是新中国成立前建成的一幢高层建筑，主楼为 18 层，顶楼最高处为 25 层，建筑立面和平面形状如图 5-7（a），整个结构大致是对称的。由于建造历史已久，为了检查其结构的安全性，专门对该建筑物进行了动力特性的实测和分析。

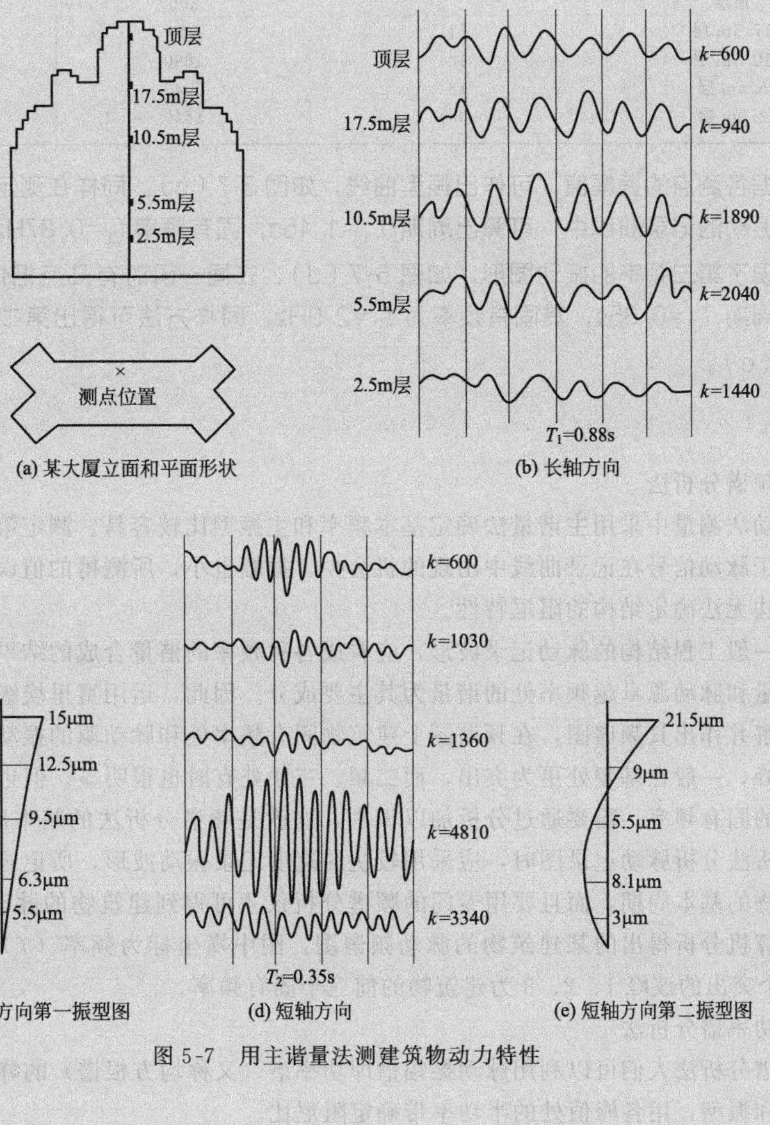


图 5-7 用主谐量法测建筑物动力特性

① 测点布置见图 5-7（a），主要在大楼的楼梯处安放测点，使用 501 测震器测量水平振动。测点位于 2.5m 层、5.5m 层、10.5m 层、17.5m 层和顶层。

② 大楼固有频率和振型实测结果见图 5-7(b)~(e)。其中，图 5-7（b）为脉动记录图中大楼长轴方向的水平振动波形。从时标线可以读出脉动周期为 $T_1=0.88s$，即固有频率 $f_1=\frac{1}{0.88}=1.14Hz$，并可读出某一瞬时各测点记录图上的振幅值，根据各点测量通道的放大倍数值（由仪器标定结果得出），即可算出各测点的振幅值（详见表 5-1）。

**表 5-1 各测点的振幅计算值**

| 测点 | 记录图上各测点同一时刻的振幅值/mm | 放大倍数 $k$ | 振幅计算值/μm |
|---|---|---|---|
| 顶层 | 9 | 600 | 15 |
| 17.5m 层 | 11 | 940 | 12.5 |
| 10.5m 层 | 18 | 1890 | 9.5 |
| 5.5m 层 | 13 | 2040 | 6.3 |
| 2.5m 层 | 8 | 1440 | 5.5 |

根据各测点的振幅值，可作出振型曲线，如图 5-7（c）。同样在测定建筑物短轴方向水平振动的记录曲线中，可算出周期 $T_1=1.15s$，固有频率 $f_1=0.87Hz$。记录图中有一段出现了第二频率的振动图形，如图 5-7（d），在同一瞬时有几点相位差 180°，读取第二周期 $T_2=0.35s$，其固有频率为 $f_2=2.9Hz$。同样方法可得出第二振型曲线，如图 5-7（e）。

（2）频谱分析法

在脉动法测量中采用主谐量法确定基本频率和主振型比较容易。测定第二频率及相应振型时，由于脉动信号在记录曲线中出现的机会少，振幅也小，所测得的值误差较大，而且运用主谐量法无法确定结构的阻尼特性。

对于一般工程结构的脉动记录波形，应看成各种频率的谐量合成的结果，而建筑物固有频率的谐量和脉动源卓越频率处的谐量为其主要成分。因此，运用富里埃级数积分方法将脉动信号分解并作出其频谱图，在频谱图上建筑物固有频率处和脉动源的振动频率处必然出现突出的波峰，一般在基频处更为突出，而二频、三频处有时也很明显，但也不是所有波峰都是建筑物的固有频率，需要通过分析加以识别，这就是频谱分析法的基本原理。但要注意，用频谱分析法分析脉动记录图时，应采用较快的速度记录振动波形，所记录曲线的长度要远大于建筑物的基本周期，而且要用专门的频谱分析仪才可得到建筑物的脉动频谱图。图 5-8 为专用计算机分析得出的某建筑物的脉动频谱图。图中横坐标为频率（$f$），纵坐标为振幅（$A$）。三个突出的波峰 1、2、3 为建筑物的前三个固有频率。

（3）功率谱分析法

从频谱分析法人们可以利用脉动振幅谱即功率谱（又称均方根谱）的峰值确定建筑物的固有频率和振型，用各峰值处的半功率带确定阻尼比。

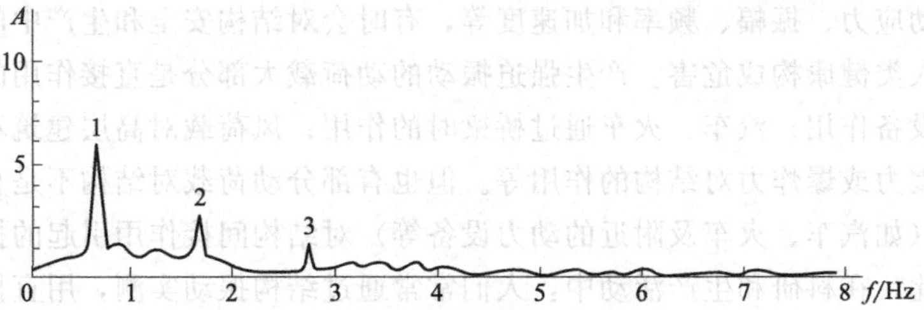

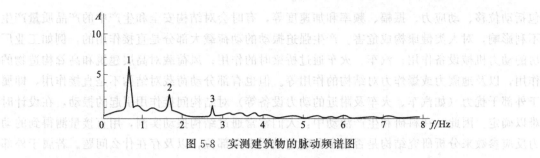

图 5-8 实测建筑物的脉动频谱图

将建筑物各测点处实测所得到的记录信号输入到傅里叶信号分析仪进行数据处理，就可以得到各测点的脉动振幅谱$\sqrt{G_g(f)}$曲线（图 5-9）。然后根据振幅谱曲线的峰值点对应的频率确定各阶固有频率 $f_i$。由于脉动源是由多种情况产生，所以实测到的振幅谱曲线上的所有峰值并不都是系统整体振动的固有频率，这就要对各测点振幅谱曲线综合分析加以识别，单凭一条曲线判断不了。一般说来，如果各测点的振幅谱曲线上都有某频率的峰值，而且幅值和相位也符合振型规律，这就可以确定为该系统的固有频率。

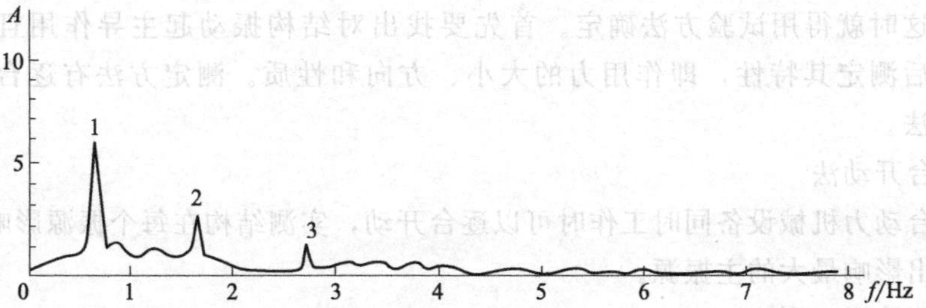


图 5-9 脉动振幅谱曲线

根据振幅谱曲线上各峰值处半功率带宽确定系统的阻尼比 $\xi_i$

$$\xi_i=\frac{\Delta f_i}{2f_i} \qquad (i=1,2,3,\cdots) \tag{5-8}$$

一般对阻尼比 $\xi_i$ 要准确测量比较困难，要求信号分析仪的频率分辨率高，尤其对阻尼和振动频率比小的振动系统。如果分辨率不高，误差会更大。

由振幅谱曲线的峰值还可以确定固有振型幅值的相对大小，但不能确定振型幅值的正负号。为此可以选择某一有代表性的测点，例如将建筑物顶层的信号作为标准，再将各测点信号分别与标准信号作互谱分析，求出各个互谱密度函数的相频特性 $\theta_{kg}(f)$。若 $\theta_{kg}(f)=0$ 说明两点同相位，若 $\theta_{kg}(f)=\pm\pi$ 说明两点相位相反。这样就可以确定振型幅值的正负号了。

以上仅是对建筑物脉动进行功率谱分析方法的简要叙述，要准确获得结构的实际动力特性参数，问题还有很多，具体操作时应参考专门的文献资料。特别是新的振动模态参数识别技术（或称试验模态分析法）的发展和应用，为快速而准确地确定结构的动力特性开辟了新途径。

## 5.3 工程结构的动力反应试验测定

工程结构一般在动荷载持续作用下会产生强迫振动。强迫振动所引起的结构动力反应，包括动位移、动应力、振幅、频率和加速度等，有时会对结构安全和生产中的产品质量产生不利影响，对人类健康构成危害。产生强迫振动的动荷载大部分是直接作用的，例如工业厂房的动力机械设备作用；汽车、火车通过桥梁时的作用；风荷载对高层建筑和高耸构造物的作用，以及地震力或爆炸力对结构的作用等。但也有部分动荷载对结构不是直接作用，即属于外部干扰力（如汽车、火车及附近的动力设备等）对结构间接作用引起的振动，在设计时难以确定。因此，在科研和生产活动中，人们常常通过结构振动实测，用直接量测得到的动力反应参数来分析研究结构是否安全和确定最不安全部位，以及存在什么问题。若属于外部干扰力引起的振动，亦可通过实测数据查明影响最大的主振源在何处。根据这些实测结果，对结构的工作状态作出评价，并对结构的正常使用提出建议和拟定解决方案。

### 5.3.1 寻找主振源的试验测定

引起结构动力反应的动荷载常常是很复杂的，许多情况下是由多个振源产生的。若是直接作用在结构上的动力设备，可以根据动力设备本身的参数（如转速等）进行动荷载特性计算。但在很多场合下，属于外界干扰力间接作用引起的振动反应不可能用计算方法得到，这时就得用试验方法确定。首先要找出对结构振动起主导作用且危害最大的主振源，然后测定其特性，即作用力的大小、方向和性质。测定方法有逐台开动法和实测波形识别法。

（1）逐台开动法

当有多台动力机械设备同时工作时可以逐台开动，实测结构在每个振源影响下的振动反应，从中找出影响最大的主振源。

（2）实测波形识别法

根据不同振源将会引起规律不同的强迫振动这一特点，其实测振动波形一定有明显的不同特征（图 5-10 所示）。因此可采用波形识别法判定振源的性质，作为探测主振源的参考依据。

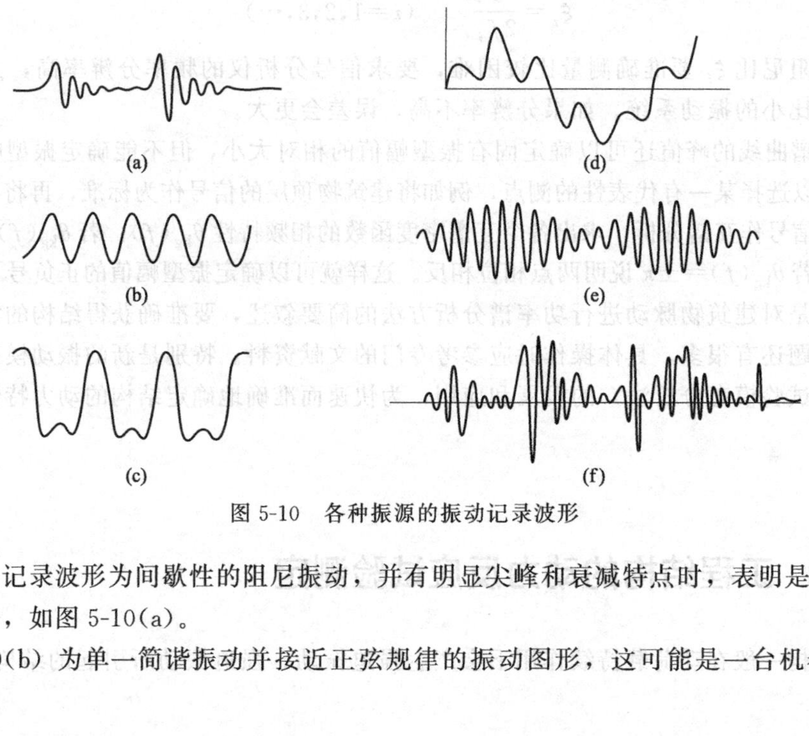


图 5-10　各种振源的振动记录波形

当振动记录波形为间歇性的阻尼振动，并有明显尖峰和衰减特点时，表明是冲击性振源引起的振动，如图 5-10(a)。

图 5-10(b) 为单一简谐振动并接近正弦规律的振动图形，这可能是一台机器或多台转

速相同的机器所产生的振动。

图 5-10(c) 是两个频率相差 2 倍的简谐振源引起的合成振动图形。图 5-10(d) 为三个简谐振源引起的更为复杂的合成振动图形。振动图形符合“拍振”规律时，振幅周期性地由小变大，又由大变小，如图 5-10(e) 所示。这表明有可能是两个频率相近的简谐振源共同作用；也有可能只有一个振源，但其频率与结构的固有频率接近。

图 5-10(f) 是属于随机振动一类的记录图形，可能是由随机性动荷载引起的，例如液体或气体的压力脉冲。

根据实测记录波形图再进行频谱分析，可作为进一步判断主振源的依据，在频谱图上可以清楚地识别出合成振动是由哪些频率成分组成的，哪一个频率成分具有较大的振幅，从而判断哪一个振源是主振源。

**拓展阅读**

寻找主振源实例

某工厂为钢筋混凝土框架，高 17.50m，上面有一个重 3000kN 的化工容器（图 5-11）。此框架建成投产后即发现水平横向振动很大，人站在上面就能明显地感觉到，但框架本身及其周围并无大的动力设备。振动从何而来一时看不出，于是以探测主振源为目的进行了实测。在框架顶部、中部和地面设置了测振传感器，实测振动记录见图 5-12。可以看出框架顶部 17.50m、8.0m 处，±0.00m 处的振动记录图的形式是一样的，不同的是顶部振动幅度大，人感觉明显；地面振动幅度小，人感觉不到，只能用仪器测出；所记录的振动明显是一个“拍振”。这种振动是由两个频率值接近的简谐振动合成的结果。运用分析“拍振”的方法可得出，组成“拍振”的两个分振动的频率分别是 2.09Hz 和 2.28Hz，相当于 125.4 次/min 和 136.8 次/min。经过调查，原来距此框架 30 多米处是该厂压缩机车间，此车间有 6 台大型卧式压缩机，其中 4 台为 136 转/min，2 台为 125 转/min。因此可以确定出振源即该厂压缩机。

确定主振源后，根据实测振幅和框架顶层的化工容器的重量，进一步可推算振动产生的加速度和惯性力。

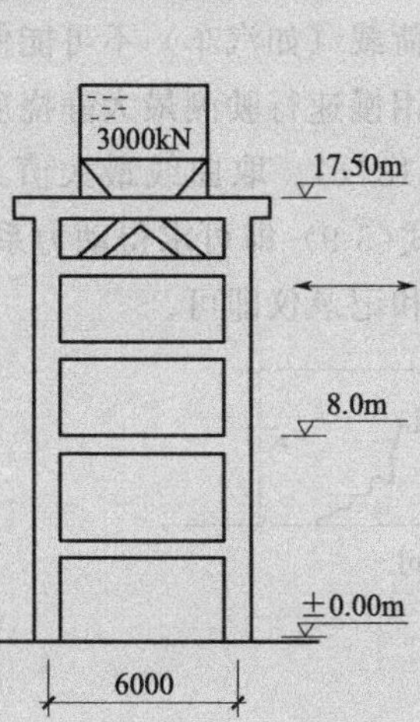


图 5-11 钢筋混凝土框架简图

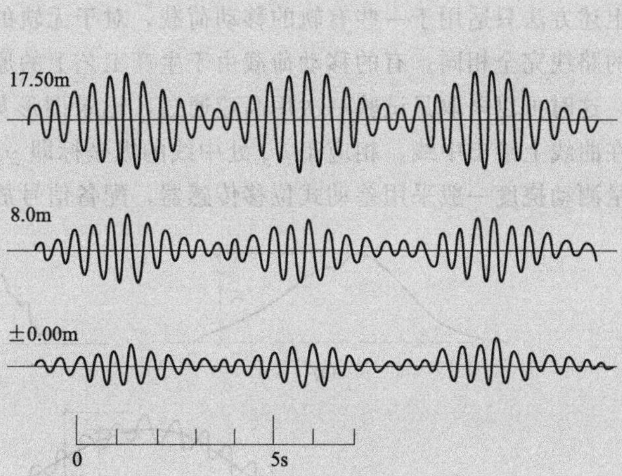


图 5-12 实测框架振动记录图

### 5.3.2 结构动态参数的量测

对结构动态参数的量测就是在现场实测结构的动力反应。在生产实践中经常会遇到，很多是在特定条件下进行的。一般根据动荷载作用时结构产生振动的影响范围，选择振动影响最大的特定部位布置测点，记录下实测振动波形，分析其振动产生的影响是否有害。例如现在高层建筑逐年增多，高层建筑建造时需要打桩，打桩时所产生的冲击荷载对周围建筑的振动影响很大。特别是住户密集地区，住户的不安全感极为强烈。有些旧建筑由于年久失修，墙体振开裂，地基下沉，房屋摇晃，显得不安全。这就需要在打桩影响范围内的建筑布置测点，实测打桩对周围建筑物的振动影响。根据实测结果，采取必要的措施，消除影响。为了校核结构强度应将测点布置在最危险的部位。若是测定振动对精密仪器和产品生产工艺的影响，则需要将测点布置在精密仪器的基座处和产品生产工艺的关键部位；如果是测定机器运转时（如织布机和振动筛等）所产生的振动频率对操作人员身体健康的影响，则必须将测点布置在操作人员经常处的位置上。根据实测结果，参照国家相关标准作出结论。

### 5.3.3 工程结构动力系数的试验测定

承受移动荷载的结构如吊车梁、桥梁等，常常要测定其动力系数，以判定结构的工作情况。

移动荷载作用于结构上所产生的动挠度，往往比静荷载作用时产生的挠度大。动挠度和静挠度的比值称为动力系数。结构动力系数一般用试验方法实测确定。为了求得动力系数，先使移动荷载以最慢的速度驶过结构，测得挠度，如图 5-13(a)。然后使移动荷载按某种速度驶过，这时结构产生最大挠度（实际测试中采取以各种不同速度驶过，找出产生最大挠度的某一速度），如图 5-13(b)。从图上量得最大静挠度（$y_j$）和最大动挠度（$y_d$），即可求得动力系数 $\mu$。

$$\mu=\frac{y_j}{y_d} \tag{5-9}$$

上述方法只适用于一些有轨的移动荷载，对于无轨的移动荷载（如汽车）不可能使两次行驶的路线完全相同。有的移动荷载由于生产工艺上的原因，用慢速行驶测最大静挠度也有困难，这时可以采取只试验一次用高速通过，记录图形如图 5-13(c)。取曲线最大值为 $y_d$，同时在曲线上绘出中线，相应于 $y_d$ 处中线的纵坐标即 $y_j$。按式(5-9) 即可求得动力系数。

量测动挠度一般采用差动式位移传感器，配备信号放大器和记录仪即可。

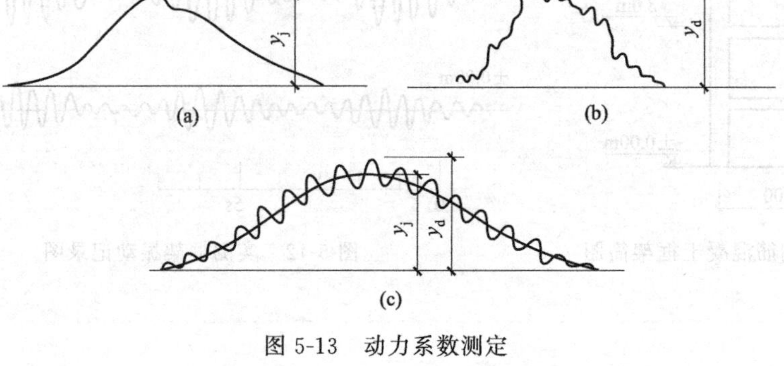


图 5-13 动力系数测定

### 5.3.4　工程结构动应力的试验测定

关于动应力的测定方法，可以在结构上粘贴电阻应变片，采用动态应变仪直接测量。

## 5.4　工程结构疲劳试验

### 5.4.1　概述

工程结构中存在着许多疲劳现象，如桥梁、吊车梁、直接承受悬挂吊车作用的屋架和其他主要承受重复荷载作用的构件等，其特点都是受重复荷载作用。这些结构物或构件在重复荷载作用下达到破坏时的强度比其在静荷载作用下破坏时的强度要低得多，这种现象称为疲劳。结构疲劳试验的目的就是要了解在重复荷载作用下结构的性能及其变化规律。

疲劳问题涉及的范围比较广，对某一种结构物而言，它包含材料的疲劳和结构构件的疲劳。如钢筋混凝土结构中有钢筋的疲劳、混凝土的疲劳和组成构件的疲劳等。目前疲劳理论研究正在不断发展，疲劳试验也因目的要求不同而采取不同的方法。这方面国内外试验研究资料很多，但目前尚无标准化的统一试验方法。

近年来，国内外对钢结构构件特别是钢筋混凝土构件的疲劳性能的研究比较重视，其原因在于：

(1) 普遍采用极限强度设计和高强材料，以致许多结构构件在高应力状态下工作；

(2) 正在扩大钢筋混凝土构件在各种重复荷载作用下的应用范围，如吊车梁、桥梁、轨枕、海洋石油平台、压力机架、压力容器等；

(3) 使用荷载作用下采用允许截面受拉开裂设计；

(4) 为使重复荷载作用下构件具有良好的使用性能，改进设计方法，防止重复荷载导致构件出现过大的垂直裂缝和提前出现斜裂缝。

疲劳试验一般均在专门的结构疲劳试验机上进行，并通过脉冲千斤顶对结构构件施加重复荷载，也有的采用偏心轮式激振设备。目前，国内对疲劳试验还是采取对构件施加等幅匀速脉动荷载，借以模拟结构构件在使用阶段不断反复加载和卸载的受力状态，其荷载示意如图 5-14 所示。

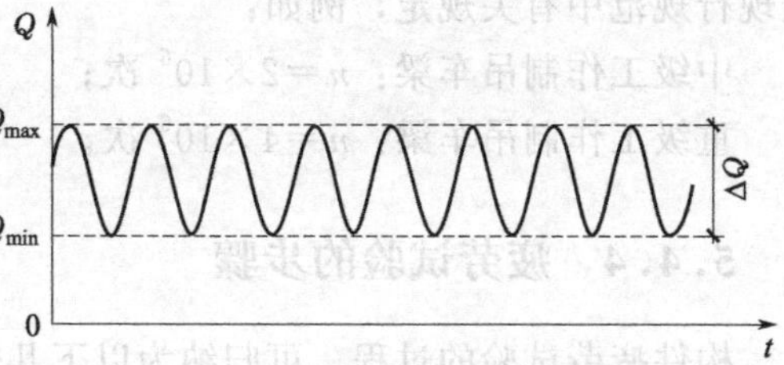

图 5-14　疲劳试验荷载示意图

下面以钢筋混凝土结构为例介绍疲劳试验的主要内容和方法。

### 5.4.2　疲劳试验项目

(1) 对于鉴定性疲劳试验，在控制疲劳次数内应取得下述有关数据，同时应满足现行设计规范的要求。

① 抗裂性及开裂荷载；

② 裂缝宽度及其发展；

③ 最大挠度及其变化幅度；

④ 疲劳强度。

(2) 对于研究性的疲劳试验，按研究目的和要求而定。如果是正截面的疲劳性能，一般应包括：

① 各阶段截面应力分布状况，中和轴变化规律；

② 抗裂性及开裂荷载；

③ 裂缝宽度、长度、间距及其发展；

④ 最大挠度及其变化规律；

⑤ 疲劳强度的确定；

⑥ 破坏特征分析。

### 5.4.3 疲劳试验荷载

(1) 疲劳试验荷载取值

疲劳试验的上限荷载 $Q_{max}$ 是根据构件在最大标准荷载最不利组合下产生的弯矩计算而得，荷载下限 $Q_{min}$ 根据疲劳试验设备的要求而定。如 AMSLER 脉冲试验机取用的最小荷载不得小于脉冲千斤顶最大动负荷的 3%。

(2) 疲劳试验荷载频率

疲劳试验荷载在单位时间内重复作用次数（即荷载频率）会影响材料的塑性变形和徐变，另外，频率过高时对疲劳试验附属设施带来的问题也较多。目前，国内外尚无统一的荷载频率规定，主要依据疲劳试验机的性能而定。

荷载频率不应使构件及荷载架发生共振，同时应使构件在试验时与实际工作时的受力状态一致，为此荷载频率 $\theta$ 与构件固有频率 $\omega$ 之比应满足下列条件：

$$\frac{\theta}{\omega}<0.5 \text{ 或 } \frac{\theta}{\omega}>1.3$$

(3) 疲劳试验的控制次数 ($n$)

构件经受下列控制次数的疲劳荷载作用后，抗裂性（即裂缝宽度）、刚度、强度必须满足现行规范中有关规定，例如：

中级工作制吊车梁：$n=2\times10^6$ 次；

重级工作制吊车梁：$n=4\times10^6$ 次。

### 5.4.4 疲劳试验的步骤

构件疲劳试验的过程，可归纳为以下几个步骤：

(1) 疲劳试验前预加静载试验

对构件施加不大于上限荷载 20% 的预加静载 1～2 次，消除松动及接触不良，压牢构件并使仪表运转正常。

(2) 正式疲劳试验

第一步，先做疲劳前的静载试验，其目的主要是对比构件经受反复荷载后受力性能有何变化。荷载分级加到疲劳上限荷载，每级荷载可取上限荷载的 20%，临近开裂荷载时应适当加密，第一条裂缝出现后仍以20%的荷载施加，每级荷载加完后停歇10~15min，记取读数，加满后分两次或一次卸载。也可采取等变形加载方法。

第二步，进行疲劳试验，首先调节疲劳试验机上下限荷载，待示值稳定后读取第一次动载读数，以后每隔一定次数（如30万~50万次）读取数据。根据要求可在疲劳过程中进行静载试验（方法同上），完毕后重新启动疲劳试验机继续疲劳试验。

第三步，做破坏试验。达到要求的疲劳次数后进行破坏试验时有两种情况：一种是继续施加疲劳荷载直至破坏，得出承受荷载的次数；另一种是做静载破坏试验，这时方法同前，荷载分级可以加大。疲劳试验的步骤如图5-15所示。

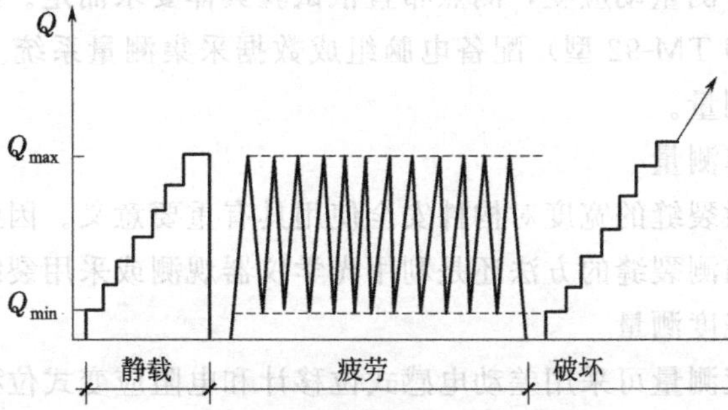


图5-15 疲劳试验步骤示意图

应该注意，不是所有疲劳试验都采取相同的试验步骤，随试验目的和要求的不同，可有多种形式。如带裂缝的疲劳试验，静载可不分级缓慢地加到第一条可见裂缝出现为止，然后开始疲劳试验（如图5-16）。还有在疲劳试验过程中变更荷载上限的情况(如图5-17)。提高疲劳荷载的上限，可以在达要求疲劳次数之前，也可在达到要求疲劳次数之后。

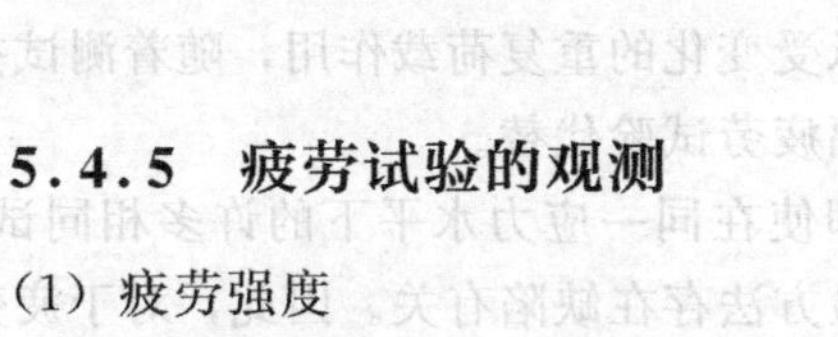

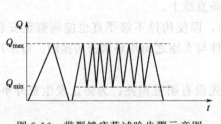


图5-16 带裂缝疲劳试验步骤示意图

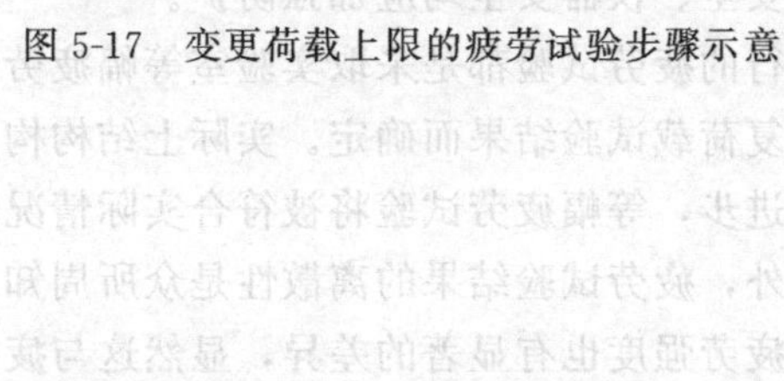

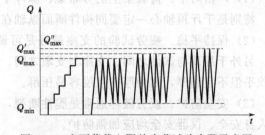


图5-17 变更荷载上限的疲劳试验步骤示意图

### 5.4.5 疲劳试验的观测

(1) 疲劳强度

构件所能承受疲劳荷载作用次数$n$，取决于最大应力值$\delta_{max}$（或最大荷载）及应力变化幅度$\rho$（或荷载变化幅度)，按设计要求取最大应力值$\delta_{max}$，疲劳应力比值$\rho=\delta_{min}/\delta_{max}$。依据此条件进行疲劳试验，在控制疲劳次数内，构件的强度、刚度、抗裂性应满足现行规范要求。

当进行研究性疲劳试验时，构件是以疲劳极限强度和疲劳极限荷载作为最大的疲劳承载能力。构件达到疲劳破坏时的荷载上限值为疲劳极限荷载。构件达到疲劳破坏时的应力最大值为疲劳极限强度。为了得到给定$\rho$值条件下的疲劳极限强度和疲劳极限荷载，一般采取的办法是：根据构件实际承载能力，取定最大应力值$\delta_{max}$做疲劳试验，求得疲劳破坏时荷载作用次数$n$，从$\delta_{max}$与$n$双对数直线关系中求得控制疲劳次数下的疲劳极限强度作为标准疲劳极限强度。它的统计值作为设计验算时疲劳强度取值的基本依据。

疲劳破坏的标志应根据相应规范的要求而定，对研究性的疲劳试验，有时为了分析和研究破坏的全过程及其特征，往往将破坏阶段延长至构件完全丧失承载能力。

(2) 疲劳试验的应变测量

一般采用电阻应变片测量动应变，测点布置依试验具体要求而定。测试方法为采用动态电阻应变仪（如 YD 型和 TM-92 型）配备电脑组成数据采集测量系统。这种方法简便且具有一定的精度，可多点测量。

(3) 疲劳试验的裂缝测量

裂缝的开始出现和微裂缝的宽度对构件安全使用具有重要意义。因此，裂缝测量在疲劳试验中也是重要的，目前测裂缝的方法还是利用光学仪器观测或采用裂缝自动测量仪等。

(4) 疲劳试验的动挠度测量

疲劳试验中的动挠度测量可采用差动电感式位移计和电阻应变式位移传感器等，如国产 CW-20 型差动电感式位移计（量程 20mm），配备动态应变放大器和电脑组成的测量系统，可直接读出最大荷载和最小荷载下的动挠度。

### 5.4.6 疲劳试验试件的安装要点与疲劳加载试验方法存在的缺陷

构件的疲劳试验不同于静载试验，它连续试验时间长，试验过程振动大，因此构件的安装就位以及相配合的安全措施尤为重要，否则将会产生严重后果。

(1) 严格对中。荷载架上的分布梁、脉冲千斤顶、试验构件、支座以及中间垫板都要对中。特别是千斤顶轴心一定要同构件断面纵轴在一条直线上。

(2) 保持平稳。疲劳试验的支座最好是可调的，即使构件不够平直也能调整至安装水平。另外千斤顶与试件之间、支座与支墩之间、构件与支座之间均要求密切接触。应采用砂浆找平但不宜铺厚，因为厚砂浆层容易压酥。

(3) 安全防护。疲劳破坏通常是脆性断裂，事先没有明显预兆。为防止发生意外事故，对人身安全、仪器安全均应加强防护。

现行的疲劳试验都是采取实验室等幅疲劳试验方法，即疲劳强度是以一定的最小值和最大值重复荷载试验结果而确定。实际上结构构件是承受变化的重复荷载作用，随着测试技术的不断进步，等幅疲劳试验将被符合实际情况的变幅疲劳试验代替。

另外，疲劳试验结果的离散性是众所周知的，即使在同一应力水平下的许多相同试件，它们的疲劳强度也有显著的差异，显然这与疲劳试验方法存在缺陷有关。因此，对于疲劳试验结果的处理，大都是采用数理统计的方法进行分析。

各国结构设计规范对构件在多次重复荷载作用下的疲劳设计都是提出原则要求，而无详细的计算方法，有些国家则在有关文件中加以补充规定。目前，我国正在积极开展结构疲劳的研究工作，结构疲劳试验的试验技术、试验方法也在迅速发展。

## 复习思考题

5-1　工程结构的动力特性是指哪些参数？它与结构的哪些因素有关？

5-2　结构动力特性试验通常采用哪些方法？

5-3　采用自由振动法如何测得结构的自振频率和阻尼？

5-4　采用共振法如何测定结构的自振频率和阻尼？振型是如何确定的？

5-5　采用脉动法测量结构动力特性有哪些优点？脉动法的实测振动波形图通常采用哪些方法可以分析得出结构的动力特性？

5-6　工程结构的动力反应是指哪些参数？如何测定？测定这些动力反应参数有何意义？

5-7　结构的动力系数的概念是什么？如何测定？

5-8　结构疲劳试验的荷载值和荷载频率应如何确定？

# 第6章 工程结构现场非破损检测技术

## 6.1 工程结构物现场检测概述

### 6.1.1 工程结构物现场检测的目的和意义

工程结构物现场试验与检测大多数属于结构鉴定性检验性质。它具有直接为生产服务的目的，经常用来验证和鉴定结构的设计与施工质量；为处理工程质量事故和研究受灾结构提供技术依据；为使用已久的旧建筑物普查、剩余寿命鉴定以及结构维护或加固或改扩建提供合理的方案；为现场预制构件产品做检验合格与否的质量评定。

工程结构的设计与建造应遵循国家法规和科学规律，一旦违背，将殃及建筑物的使用寿命和结构安全。大量事故隐患调查表明，不同历史时期的建筑物都与当时的社会经济环境、政策法规、建筑造价和科技水平等因素有直接关系。除此以外，建筑物在使用中还会遇到各种偶发事件而遭受损伤，如地基的不均匀沉降、结构的温度变形、随意改变使用功能导致长期超载使用、工业事故，还有地震、台风、火灾、水灾等突发性灾害作用，这些多数是随机的，而且难以预测，设计更难考虑，这些偶发事件一旦发生，都会影响工程结构的使用寿命。

目前世界各国对于建筑物的使用寿命和灾害控制极为重视和关注。这主要因为现存的旧建筑物逐渐增多，很多已到了设计寿命期，结构存在不同程度的老化，抵御灾害的能力不断下降，有的则已进入了危险期，使用功能接近失效，由此而引发的建筑物破损、倒塌事故不断。因此，开展对建筑物的检测与可靠性评估及剩余寿命的预测，保证建筑物的安全使用，已成为当今世界亟待解决和最热门的研究课题之一。

对旧建筑物或受灾结构的检测鉴定也称为结构的可靠性诊断。可靠性诊断是指对结构的损伤程度和剩余抗力进行检测、试验、判断和分析研究并取得结论的全部过程。这里除了对受损伤结构的检测与鉴定的理论研究和对各种结构检测鉴定的标准与规范的编制研究以外，作为主要诊断手段的现场检测技术的开发和研究如何达到准确可靠，同样成了受关注的研究方向。

### 6.1.2　现场结构检测的特点和常用检测方法

现场结构检测由于试验对象明确，除了混凝土预制构件或钢构件的质量检验在加工厂或预制场地进行以外，大多数都在实际建筑物现场进行检测。这些结构经过试验检测后均要求能继续使用，所以这类试验一般都是非破坏性的，这是结构现场检测的主要特点。

现场结构检测的手段和方法很多，各自的特点和适用条件也不相同。到目前为止，还没有一种统一的方法能适用不同的结构类型和不同的检测目的，所以在选择检测方法、仪表和设备时，应根据建筑物的历史情况和试验目的要求，按国家有关检测技术和鉴定标准，从经济、试验结果的可靠程度和对原有结构可能造成的损坏程度等诸多方面因素综合比较。但必须强调，任何单一检测方法都不可取，对同一检测项目宜选择两种以上方法做对比试验，以增加检测结果的可信度。

结构的现场荷载试验能直接提供结构的性能指标与承载力数据，而且准确可靠。荷载试验分为两类：第一类是结构原位荷载试验，布置荷载和试验结果计算分析时，应符合计算简图并考虑相邻构件的影响，但一般不做破坏性试验；第二类是原型结构分离构件试验，即结构解体试验。取样时应注意安全，对结构造成的损伤应尽快修复。构件的试验支承条件与计算简图应一致。现场荷载试验的缺点是费工、费时、费用高，一般不多采用，除非特殊情况。关于现场结构荷载试验方法，前面所述的静载试验和动载试验方法均适用。表 6-1 为混凝土结构试验检测方法选用比较。

**表 6-1　混凝土结构试验检测方法的选用比较**

| 用途 | | 检测方法 | 精度 | 检测效率 | 简便性 | 经济性 | 发展前途 |
|---|---|---|---|---|---|---|---|
| 材料强度 | | 回弹法 | B | B | A | A | B |
| | | 超声法 | C | C | B | B | B |
| | | 拔出法 | B | C | B | B | B |
| | | 取芯法 | A | C | C | C | A |
| | | 综合法 | B | C | B | B | B |
| 内部检测 | 保护层厚度（钢筋位置） | 射线法 | B | C | B | C | B |
| | | 超声法 | C | C | C | B | B |
| | | 雷达法 | B | C | B | C | B |
| | 裂缝 | AE法 | B | B | B | B | A |
| | | 红外线法 | B | C | C | C | B |
| | | 超声法 | B | A | C | B | B |
| | 缺陷 | 超声法 | B | B | B | B | B |
| | | 红外线法 | B | C | C | B | B |
| | | 雷达法 | B | B | B | B | B |
| | 钢材锈蚀 | 自然电位法 | C | C | C | B | B |
| | | 射线法 | B | C | B | C | B |
| | | 电磁法 | B | B | A | A | A |

续表

| 用途 | 检测方法 | 精度 | 检测效率 | 简便性 | 经济性 | 发展前途 |
|---|---|---|---|---|---|---|
| 水泥含量及其他有害物质含量 | 化学分析法 | A | B | C | B | A |
| 结构性能与承载力 | 结构原位荷载试验 | A | B | B | B | A |
| | 原型结构分离构件试验 | A | C | C | C | B |

注：A—高；B—中；C—差。

非破损检测是在不破坏整体结构或构件的使用性能的情况下，检测结构或构件的材料力学性能、缺陷损伤和耐久性等参数，以对结构及构件的性能和质量状况作出定性和定量评定。

非破损检测的一个重要特点是对比性或相关性，即必须预先对具有被测结构同条件的试样进行检测，然后对试样进行破坏试验，建立非破损或微破损试验结果与破坏试验结果的对比或相关关系，才有可能对检测结果作出较为正确的判断。尽管这样，非破损检测毕竟是间接测定，受诸多不确定因素影响，所测结果仍未必十分可靠。因此，采用多种方法检测和进行综合比较，以提高检测结果的可靠性，是行之有效的办法。

### 6.1.3 混凝土结构现场检测部位的选择

采用非破损检测方法检测结构混凝土强度时，检测部位的选择应尽量避开构件顶部的弱区混凝土。梁、柱、墙板的检测部位应接近它们的中部，楼板宜在底部进行，如果一定要在板表面进行时，要除掉板表层混凝土约 10～20mm 厚。这主要是考虑现场结构混凝土的变异性和强度不均匀性，因为现场混凝土浇筑过程中粗骨料下沉，灰浆上升，加上混凝土流体状态的静压效应作用等因素的影响，发现构件低位处的混凝土强度最高，高位处的强度最低。图 6-1 给出了四种不同构件典型的相对强度分布的离散性，这四条曲线是通过大量的非破损检测方法检测结构混凝土强度结果总结出来的。图 6-2 和图 6-3 分别为墙板和梁的不同部位相对强度分布情况。因此，非破损检测部位的选择至关重要。

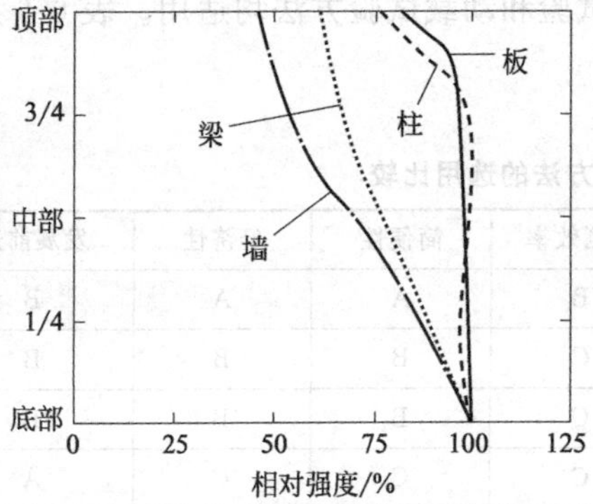


图 6-1 不同构件混凝土强度的变异性

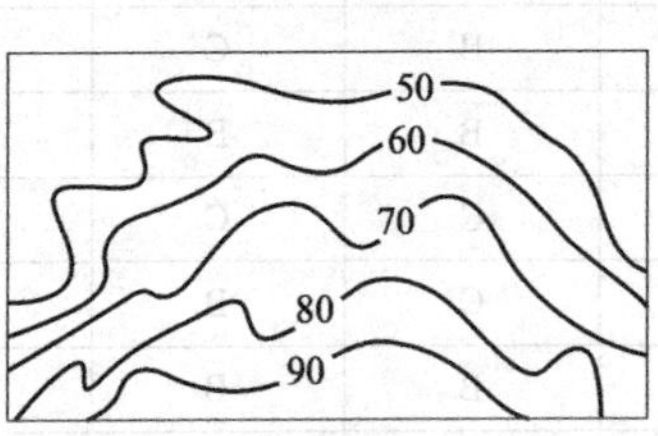


图 6-2 墙板的不同部位相对强度（单位：%）

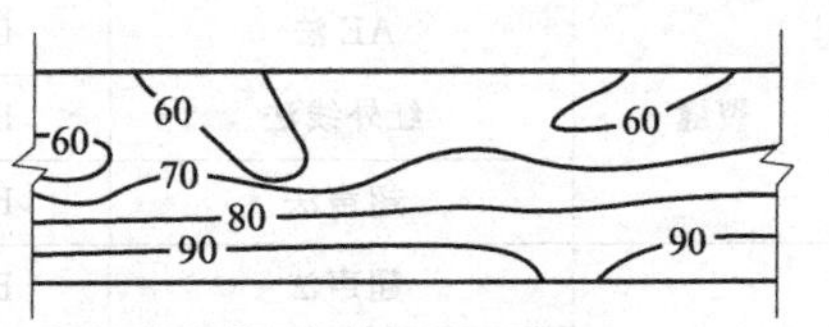


图 6-3 梁的不同部位相对强度（单位：%）

### 6.1.4 测点数量的确定

非破损检测方法其测点容易选择，允许选择的范围大。测点数量的合理选择和确定，主要以保证检测结构性能指标的可靠性为前提，其次根据试件的尺寸大小和构件数量多少，以及试验费用的支出等因素综合考虑。表6-2列出了以一个标准取芯试验作对比，各种试验方法的相对测点数量。为此，各国在制定相应规范和标准时，都明确规定了最少测点数量。

**表6-2　以一个标准取芯试验作对比，各种试验方法的相对测点数量**

| 试验方法 | 标准芯样 | 小直径芯样 | 回弹法 | 超声法 | 拔出法 | 贯入阻力法 |
|---|---|---|---|---|---|---|
| 测点数量 | 1 | 3 | 10 | 1 | 6 | 3 |

## 6.2　回弹法检测结构混凝土强度

### 6.2.1　回弹法的基本概念

人们通过试验发现，混凝土的强度与其表面硬度存在内在联系，通过测量混凝土表面硬度，可以用来推定混凝土抗压强度。1948年瑞士科学家史密特（E. Schmidt）发明了回弹仪，构造如图6-4。用回弹仪弹击混凝土表面时，根据仪器内部的重锤回弹能量的变化，反映混凝土表面的不同硬度，此法称之为回弹法。几十年来回弹法已成为结构混凝土强度检测中最常用的一种非破损检测方法。

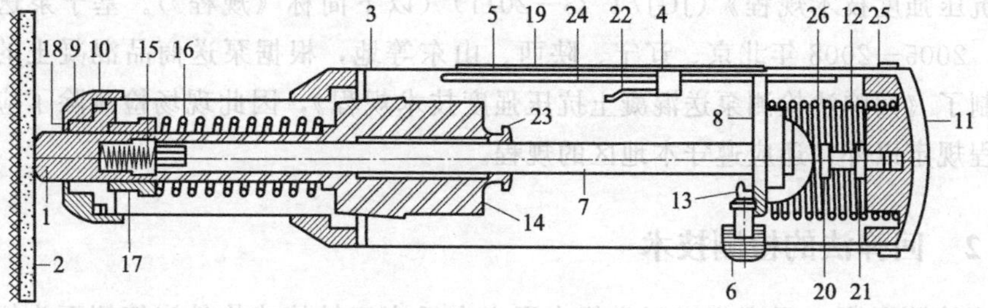


图6-4　回弹仪构造

1—冲杆；2—试验构件表面；3—套筒；4—指针；5—刻度尺；6—按钮；7—导杆；8—导向板；9—螺钉盖帽；10—卡环；11—后盖；12—压力弹簧；13—钩子；14—锤；15,26—弹簧；16—拉力弹簧；17—轴套；18—毡圈；19—透明护尺片；20—调整螺钉；21—固定螺钉；22—弹簧片；23—铜套；24—指针导杆；25—固定块

回弹法的基本原理是使用回弹仪的弹击拉簧驱动仪器内的弹击重锤，通过中心导杆弹击混凝土的表面，并测出重锤反弹的距离，以反弹距离与弹簧初始长度之比为回弹值$R$，由$R$与混凝土强度的相关关系来推定混凝土抗压强度。

按图6-5，回弹值$R$可用下式表示：

$$R=\frac{x}{l}\times 100\%$$

式中　$l$——弹击弹簧的初始拉伸长度；

$x$——重锤反弹位置或重锤回弹时弹簧拉伸长度。

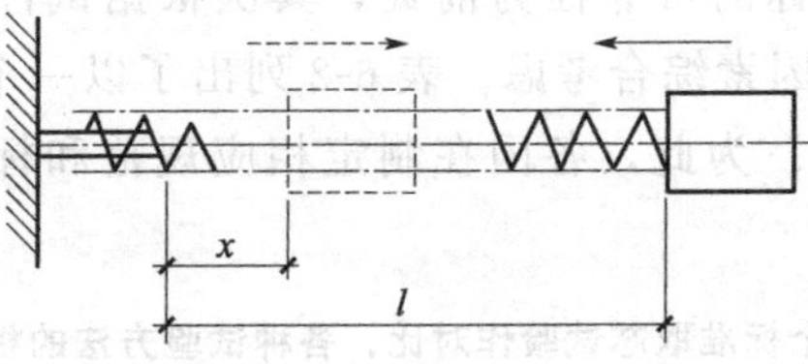


图 6-5 回弹原理示意图

目前，回弹法测定混凝土强度均采用试验归纳法，建立混凝土强度 $f_{cu}^{c}$ 与回弹值 $R$ 之间的一元回归方程，或建立混凝土强度 $f_{cu}^{c}$ 与回弹值 $R$ 及混凝土表面的碳化深度 $d$ 相关的二元回归方程。目前常用的有：

直线方程：$$f_{cu}^{c}=A+BR_{m}$$

抛物线方程：$$f_{cu}^{c}=A+BR_{m}+CR_{m}^{2}$$

二元方程：$$f_{cu}^{c}=AR_{m}^{B}\times 10^{Cd_{m}}$$

式中 $f_{cu}^{c}$——某测区混凝土的强度换算值；

$R_{m}$——测区平均回弹值；

$d_{m}$——测区平均碳化深度；

$A$，$B$，$C$——常数项，按原材料条件等因素不同而变化。

根据上述原理，世界各国都先后制定了适合本国的回弹法测试标准。我国从 1985 年颁布第一部标准以来技术上取得了很大进步，先后修订过 3 次，于 2011 年颁布了《回弹法检测混凝土抗压强度技术规程》（JGJ/T 23—2011）（以下简称《规程》）。基于泵送混凝土的广泛应用，2005—2008 年北京、辽宁、陕西、山东等地，根据泵送商品混凝土的特点，先后专门编制了《回弹法检测泵送混凝土抗压强度技术规程》，因此现场检测除了应遵守国家颁布的规程规定以外，还应遵守本地区的规程。

### 6.2.2 回弹法的检测技术

回弹法检测混凝土强度应以回弹仪水平方向垂直于结构或构件浇筑侧面为标准量测状态。测区的布置应符合《规程》规定，每一结构或构件测区数不少于 10 个，每个测区面积为 $(200\times 200)\text{mm}^2$，每一测区设 16 个回弹点，相邻两点的间距一般不小于 30mm，一个测点只允许回弹一次，最后从测区的 16 个回弹值中分别剔除 3 个最大值和 3 个最小值，取余下 10 个有效回弹值的平均值作为该测区的回弹值，即

$$R_{m}=\frac{\sum_{i=1}^{10}R_{i}}{10} \tag{6-1}$$

式中 $R_{m}$——测区平均回弹值，精确至 0.1；

$R_{i}$——第 $i$ 个测点的回弹值。

当回弹仪测试位置为非水平方向时，考虑不同测试角度，回弹值应按下列公式修正

$$R_{m}=R_{m\alpha}+R_{a\alpha} \tag{6-2}$$

式中 $R_{m\alpha}$——非水平状态检测时测区平均回弹值，精确至 0.1；

$R_{a\alpha}$——测试角度为 $\alpha$ 的回弹修正值，按表 6-3 采用。

表 6-3　不同测试角度 $\alpha$ 的回弹修正值 $R_{a\alpha}$

| $R_{a\alpha}$ | $\alpha$ 向上 | | | | $\alpha$ 向下 | | | |
|---|---|---|---|---|---|---|---|---|
| | +90° | +60° | +45° | +30° | −30° | −45° | −600° | −90° |
| 20 | −6.0 | −5.0 | −4.0 | −3.0 | +2.5 | +3.0 | +3.5 | +4.0 |
| 30 | −5.0 | −4.0 | −3.5 | −2.5 | +2.0 | −2.5 | +3.0 | +3.5 |
| 40 | −4.0 | −3.5 | −3.0 | −2.0 | +1.5 | +2.0 | +2.5 | +3.0 |
| 50 | −3.5 | −3.0 | −2.5 | −1.5 | +1.0 | +1.5 | +2.0 | +2.5 |

注：当 $R_{m\alpha}<20$ 或 $R_{m\alpha}>50$ 时，分布按表中 20 和 50 查表。

当测试面为浇筑方向的顶面或底面时，测得的回弹值按下列公式修正：

$$R_m=R_m^t+R_a^t \tag{6-3}$$

$$R_m=R_m^b+R_a^b \tag{6-4}$$

式中　$R_m^t$、$R_m^b$——水平方向检测混凝土浇筑顶面、底面时，测区的平均回弹值，精确至 0.1；

$R_a^t$、$R_a^b$——混凝土浇筑顶面、底面回弹值的修正值，按表 6-4 采用。

表 6-4　不同浇筑面的回弹修正值

| $R_m^t$ 或 $R_m^b$ | 顶面修正值 $R_a^t$ | 底面修正值 $R_a^b$ | $R_m^t$ 或 $R_m^b$ | 顶面修正值 $R_a^t$ | 顶面修正值 $R_a^b$ |
|---|---|---|---|---|---|
| 20 | +2.5 | −3.0 | 40 | +0.5 | −1.0 |
| 25 | +2.0 | −2.5 | 45 | 0 | −0.5 |
| 30 | +1.5 | −2.0 | 50 | 0 | 0 |
| 35 | +1.0 | −1.5 | | | |

注：当 $R_m^t$、$R_m^b<20$ 或 $R_m^t$、$R_m^b>50$ 时，分别按 20 和 50 查表。

测试时，如果回弹仪既处于非水平状态，同时又在浇筑顶面或底面，则应先进行角度修正，再进行顶面或底面修正。

应特别指出，回弹法混凝土表面碳化深度检测和测区强度修正至关重要，对测区强度影响很大。根据统计，当碳化深度为 1mm 时，强度要折减 5%～8%；当碳化深度大于等于 6mm 时，强度要折减 32%～40%。

碳化是混凝土表面受到大气中 $CO_2$ 的作用，使混凝土中未分解的 $Ca(OH)_2$ 逐步形成 $CaCO_3$ 而变硬，混凝土表面测试的回弹值偏高，因此应予以修正。近几年还发现掺加了粉煤灰、矿粉、外加剂和施工模板采用不同的涂模剂等不确定因素，也会加速混凝土表面碳化。检测发现新浇筑混凝土构件 3 个月到一年时间内，碳化深度达到 3～6mm。因此碳化对新老混凝土都存在。所以《规程》规定，每个构件碳化深度测点不少于 3 个，取其平均值。碳化深度检测方法按《规程》要求执行。当碳化深度值极差大于 2mm 时，应在每个测区分别测量。

根据各测区的平均回弹值及平均碳化深度即可按《规程》规定的方法查表确定各测区的混凝土强度。但要注意，当检测为泵送混凝土制作的结构或构件时要符合下列规定：

（1）当碳化深度不大于 2mm 时，每一测区混凝土应按表 6-5 所列值修正，如果本地区有专门规程，按本地规程执行；

（2）当碳化深度大于 2mm 时，可采用同条件试块或钻取混凝土芯样进行检测修正。

**表 6-5 泵送混凝土测区混凝土强度换算值的修正值**

| 碳化深度值/mm | 抗压强度值/MPa | | | | |
|---|---|---|---|---|---|
| 0.0、0.5、1.0 | $f_{cu}^{c}$ | <40.0 | 45.0 | 50.0 | 55.0~60.0 |
| | $K$ | +4.5 | +3.0 | +1.5 | 0.0 |
| 1.5、2.0 | $f_{cu}$ | <30.0 | 35.0 | 40.0~60.0 | |
| | $K$ | +3.0 | +1.5 | 0.0 | |

注：表中未列入的值可用内插法求得其修正值，精确至 0.1MPa。

### 6.2.3 结构或构件混凝土强度的计算与评定

(1) 结构或构件混凝土强度平均值和强度标准差计算

根据《规程》附表查得的测区混凝土强度换算值或换算值的修正值，求其结构或构件混凝土强度平均值。按下列公式计算：

$$m_{f_{cu}^c}=\frac{\sum_{i=1}^{n} f_{cu,i}^{c}}{n} \tag{6-5}$$

式中 $m_{f_{cu}^c}$——结构或构件混凝土强度平均值，MPa，精确至 0.1MPa；

$n$——样本容量对于单个测定构件，取一个构件的测区数，对于批量构件，取各抽检构件测区数之和。

结构或构件混凝土强度标准差计算方法如下：

当测区数不少于 10 个时，混凝土强度标准差为

$$S_{f_{cu}^c}=\sqrt{\frac{\sum_{i=1}^{n}(f_{cu,i}^{c})^2-n(m_{f_{cu}^c})^2}{n-1}} \tag{6-6}$$

式中 $S_{f_{cu}^c}$——结构或构件混凝土强度标准差，MPa，精确至 0.01MPa。

(2) 结构或构件混凝土强度推定值 $f_{cu,e}$ 的计算和确定

① 当构件测区数少于 10 个时

$$f_{cu,e}=f_{cu,min}^{c} \tag{6-7}$$

② 当构件的测区强度值中出现小于 10.0MPa 时，应按下式确定：

$$f_{cu,e}<10.0\text{MPa} \tag{6-8}$$

③ 当构件测区数不少于 10 个时，应按下式计算：

$$f_{cu,e}=m_{f_{cu}^c}-1.645S_{f_{cu}^c} \tag{6-9}$$

④ 当批量检测时，应按下式计算：

$$f_{cu,e}=m_{f_{cu}^c}-kS_{f_{cu}^c} \tag{6-10}$$

式中 $k$——推定系数，宜取 1.645。当需要进行推定强度区间时，可按国家现行有关标准的规定取值。

注：构件的混凝土强度推定值是指相应于强度换算值总体分布中保证率不低于95%的构件中混凝土抗压强度值。

⑤ 对按批量检测的构件，当该批构件混凝土强度标准差出现下列情况之一时，该批构件应全部按单个构件检测：

a. 当该批构件混凝土强度平均值小于25MPa、$S_{f_{cu}^{c}}$ 大于4.5MPa时；

b. 当该批构件混凝土强度平均值不小于25MPa且不大于60MPa、$S_{f_{cu}^{c}}$ 大于5.5MPa时。

## 6.3 超声法检测混凝土强度

结构混凝土的抗压强度 $f_{cu}$ 与超声波在混凝土中的传播速度之间的关系是超声脉冲检测混凝土强度方法的理论基础。

(1) 基本原理

超声波是通过专门的超声检测仪中高频电振荡激励仪器中的换能器的压电晶体产生，由压电效应产生的机械振动发出的声波在混凝土介质中的传播（图6-6所示）。传播速度与混凝土的密度有关。混凝土的强度愈高，相应声波传播速度快；反之，传播速度慢。经试验验证，这种传播速度与强度大小的相关性，可以采用统计方法与反映其相关规律的非线性数学模型来拟合，即通过试验建立混凝土强度与声速（$f_{cu}$-$v$）关系曲线，求得混凝土强度。也可通过经验公式得到 $f_{cu}$，例如指数函数方程式

$$f_{cu}^{c}=Ae^{Bv} \tag{6-11}$$

或幂函数方程

$$f_{cu}^{c}=Av^{B}$$

式中 $f_{cu}^{c}$——混凝土强度换算值，MPa；

$v$——超声波在混凝土中传播速度；

$A$，$B$——常数项。

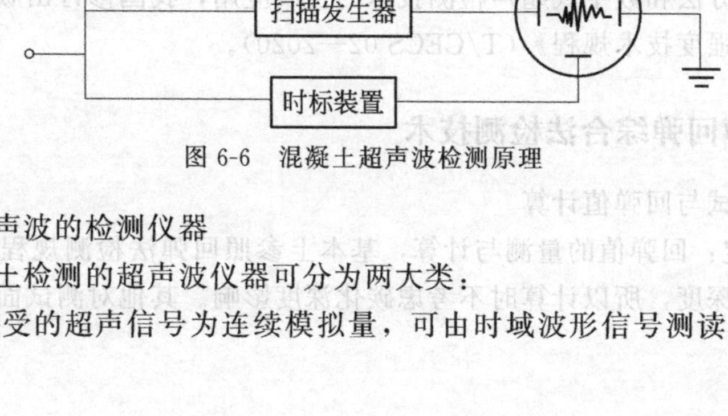

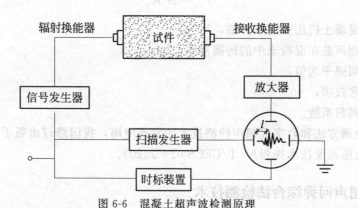


图6-6　混凝土超声波检测原理

(2) 混凝土超声波的检测仪器

目前用于混凝土检测的超声波仪器可分为两大类：

① 模拟式：接受的超声信号为连续模拟量，可由时域波形信号测读参数，现在已很少

采用。

② 数字式：接受的超声信号转换为离散数字量，具有采集、储存数字信号，测读声波参数和对数字信号处理的智能化功能。这是近几年发展起来的新技术，被广泛采用。

(3) 超声法检测混凝土强度的应用缺陷和综合法的开发应用

由于用超声法检测混凝土强度不确定影响因素较多，测试结果误差较大，所以目前单独采用超声法检测混凝土强度已很少应用，而广泛采用超声回弹综合法检测混凝土强度，可提高测试精度。下面介绍超声回弹综合法检测方法。

## 6.4 超声回弹综合法检测结构混凝土强度

### 6.4.1 超声回弹综合法基本原理

超声回弹综合法检测混凝土强度技术，实质上就是超声法与回弹法综合的测试方法，是建立在超声波在混凝土中的传播速度和混凝土表面硬度的回弹值与混凝土抗压强度之间的相关关系的基础上，以超声波声速值和回弹平均值综合反映混凝土抗压强度。

综合法优点是能使混凝土中的某些物理量在采用超声法和回弹法测试中产生的影响因素得到相互补偿。如综合法中混凝土碳化因素可不予修正，其原因是碳化深度较大的混凝土，由于其龄期长而内部含水量相应降低，使超声波声速稍有下降，可以抵消回弹值因碳化上升的影响。试验证明，用综合法的 $f_{cu}^{c}$-$\upsilon$-$R_m$ 相关关系推算混凝土抗压强度时，不需考虑碳化深度所造成的影响，而且其测量精度优于回弹法或超声法，减少了测试误差。

超声回弹综合法检测时，构件上每一测区的混凝土强度根据同一测区实测的超声波声速值 $\upsilon$ 及回弹平均值 $R_m$ 建立的关系测强曲线推定。其曲面形曲线回归方程所拟合的测强曲线比较符合三者之间的相关性

$$f_{cu}^{c}=a\upsilon^{b}R_{m}^{c} \tag{6-12}$$

式中 $f_{cu}^{c}$——混凝土抗压强度换算值，MPa；

$\upsilon$——超声波在混凝土中的传播速度，km/s；

$R_m$——回弹平均值；

$a$——常数项；

$b$，$c$——回归系数。

为了规范检测方法和数字式超声检测技术的发展应用，我国修订出版了《超声回弹综合法检测混凝土抗压强度技术规程》(T/CECS 02—2020)。

### 6.4.2 超声回弹综合法检测技术

(1) 回弹法测试与回弹值计算

《规程》中规定：回弹值的量测与计算，基本上参照回弹法检测规程，所不同的是不需测量混凝土的碳化深度，所以计算时不考虑碳化深度影响。其他对测试面和测试角度的计算修正方法相同。

（2）超声法测试与声速值计算

超声测点的布置应在回弹测试的同测区内。超声法宜优先采用对测法，测点布置如图 6-7 所示；或角测法，如图 6-8 所示。当被测结构或构件不具备对测和角测条件时，可采用单面平测（参照《规程》附录 B 方法），如图 6-9 所示。

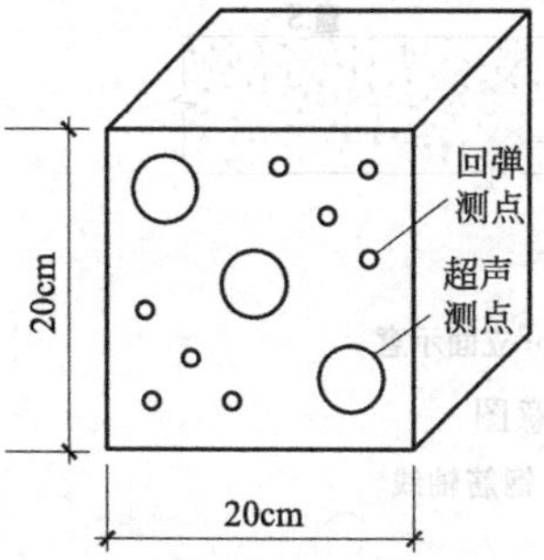


图 6-7　测点布置图（对测法）

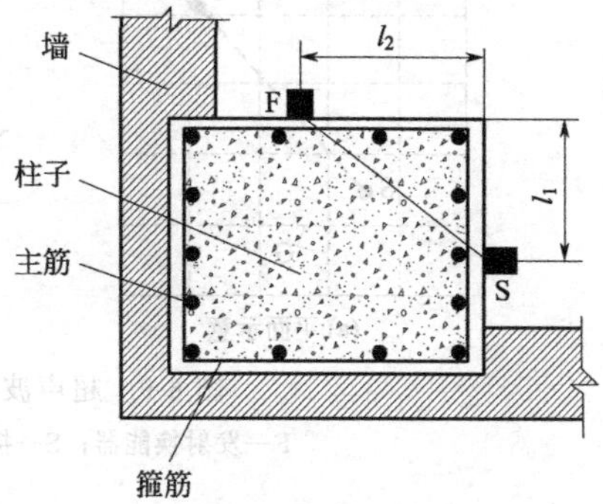


图 6-8　超声波示意图（角测法）

超声测试时，换能器辐射面应通过耦合剂（黄油或凡士林等）与混凝土测试面良好耦合。

① 当在混凝土浇筑方向的侧面对测时，测区混凝土中声速代表值应根据该测区中 3 个测点的混凝土中声速值，按下列公式计算：

$$\upsilon=\frac{1}{3}\sum_{i=1}^{3}\frac{l_i}{t_i-t_0} \tag{6-13}$$

$$l_i=\sqrt{l_{1i}^2+l_{2i}^2} \tag{6-14}$$

式中　$\upsilon$——测区混凝土中声速代表值，km/s，精确至 0.01；

$l_i$——第 $i$ 个测点的超声测距，mm，角测时测距按式(6-14）计算；

$l_{1i}$，$l_{2i}$——角测第 $i$ 个测点换能器与构件边缘的距离，mm；

$t_i$——第 $i$ 个测点混凝土中声时读数，μs，精确至 0.1μs；

$t_0$——声时初读数，μs。

② 当在试件混凝土的浇筑顶面或底面测试时，声速代表值应按下列公式修正：

$$\upsilon_a=\beta\upsilon \tag{6-15}$$

式中　$\upsilon_a$——修正后的测区混凝土中声速代表值，km/s；

$\beta$——超声测试面声速修正系数，在混凝土浇筑的顶面及底面对测或斜测时，$\beta=1.034$。

在混凝土浇筑的顶面和底面平测时，测区混凝土声速代表值应按《规程》附录 B 第 B.2 节要求计算和修正。

③ 超声波平测方法的应用及数据的计算和修正，分为两种情况：

第一种是被测部位只有一个表面可供检测时，采用平测方法，每个测区布置 3 个测点，换能器布置如图 6-9(a) 所示。布置超声平测点时，宜使发射和接收换能器的连线与附近钢筋成 40°～50°，超声测距 $l$ 宜采用 350～450mm。计算时宜采用同一构件的对测声速 $\upsilon_a$ 与平测声速 $\upsilon_p$ 之比求得修正系数对平测声速进行修正。当不具备对测与平测的对比条件时，宜选取有代表性的部位，以测距 $l$ 为 200mm、250mm、300mm、350mm、400mm、450mm、500mm，逐点测读相应声时值，用回归分析方法，求出直线方程 $l=a+bt$，以回归系数 $b$ 代替对测声速值，再对各平测声速值进行修正。

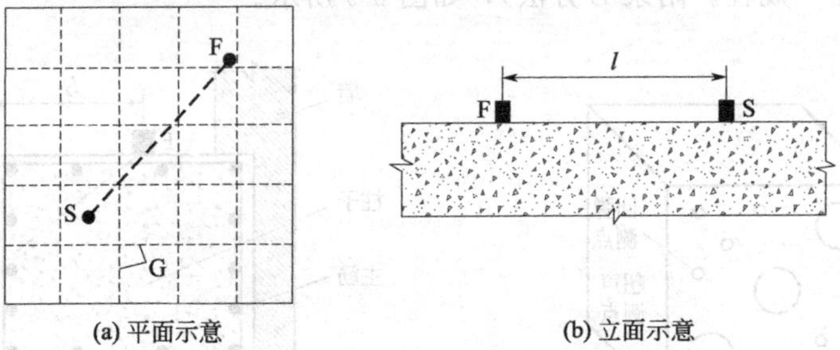


图 6-9　超声波单面平测法示意图

F—发射换能器；S—接收换能器；G—钢筋轴线

采用平测法修正后的混凝土声速代表值按以下公式计算：

$$v_a=\frac{\lambda}{3}\sum_{i=1}^{3}\frac{l_i}{t_i-t_0} \tag{6-16}$$

式中　$v_a$——修正后的平测时混凝土声速代表值，km/s；

$l_i$——平测第 $i$ 个测点的超声测距，mm；

$t_i$——平测第 $i$ 个测点的声时读数，μs；

$\lambda$——平测声速修正系数。

第二种是在构件浇筑顶面或底面平测时，可采用直线方程 $l=a+bt$ 求得平测数据，修正后混凝土中声速代表值按下列公式计算：

$$v=\frac{\lambda\beta}{3}\sum_{i=1}^{3}\frac{l_i}{t_i-t_0} \tag{6-17}$$

式中　$\beta$——超声测试面的声速修正系数，顶面平测 $\beta=1.05$，底面平测 $\beta=0.95$。

### 6.4.3　超声回弹综合法检测结构混凝土强度的推定

(1) 适用范围

综合法的强度换算方法适用于下列条件的普通混凝土。

① 混凝土用水泥应符合现行国家标准《通用硅酸盐水泥》(GB 175) 的要求；

② 混凝土用砂、石骨料应符合现行行业标准《普通混凝土用砂、石质量标准及检测方法》(JGJ 52) 的要求；

③ 可掺或不掺矿物掺合料、外加剂、粉煤灰、泵送剂；

④ 人工或一般机械搅拌的混凝土或泵送混凝土；

⑤ 自然养护；

⑥ 龄期 7～2000d，混凝土强度 6～70MPa。

(2) 测区混凝土抗压强度换算

应符合下列规定：

① 当不进行芯样修正时，测区的混凝土抗压强度宜采用专用测强曲线或地区测强曲线换算而得。

② 当进行芯样修正时，测区混凝土抗压强度可按下列公式计算：

当粗骨料为卵石时

$$f_{cu,i}^{c}=0.0056v_{ai}^{1.439}R_{ai}^{1.769}+\Delta_{cu,z} \tag{6-18}$$

当粗骨料为碎石时

$$f_{cu,i}^{c}=0.0162v_{ai}^{1.656}R_{ai}^{1.410}+\Delta_{cu,z} \tag{6-19}$$

式中　$f_{cu,i}^{c}$——构件第 $i$ 个测区混凝土抗压强度换算值，MPa，精确至 0.1MPa；

$v_{ai}$——第 $i$ 个测区声速代表值，精确至 0.01km/s；

$R_{ai}$——第 $i$ 个测区回弹代表值，精确至 0.1；

$\Delta_{cu,z}$——修正量，按标准 GB/T 50784—2013 附录 C 计算，当无修正时，$\Delta_{cu,z}=0$。

(3) 当采用对应样本修正量法时，修正量和相应的修正可按下列公式计算：

$$\Delta_{loc}=f_{cor,m}-f_{cu,r,m}^{c} \tag{6-20}$$

$$f_{cu,ai}^{c}=f_{cu,i}^{c}+\Delta_{loc} \tag{6-21}$$

式中　$\Delta_{loc}$——对应样本修正量，MPa；

$f_{cu,r,m}^{c}$——与芯样对应的测区换算强度平均值，MPa；

$f_{cor,m}$——芯样抗压强度平均值，MPa；

$f_{cu,i}^{c}$——修正前测区混凝土换算强度，MPa；

$f_{cu,ai}^{c}$——修正后测区混凝土换算强度，MPa。

(4) 当采用对应样本修正系数方法时，修正系数和相应的修正可按下列公式计算：

$$\eta_{loc}=f_{cor,m}/f_{cu,r,m}^{c} \tag{6-22}$$

$$f_{cu,ai}^{c}=\eta_{loc}\times f_{cu,i}^{c} \tag{6-23}$$

式中　$\eta_{loc}$——对应样本修正系数。

(5) 当采用对应修正法时，修正系数和相应的修正可按下列公式计算：

$$\eta=\frac{1}{n_{cor,r}}\sum_{i=1}^{n_{cor,r}}f_{cor,i}/f_{cu,r,i}^{c} \tag{6-24}$$

$$f_{cu,ai}^{c}=\eta f_{cu,i}^{c} \tag{6-25}$$

(6) 对单个构件混凝土抗压强度推定，应符合标准 GB/T 50784—2013 附录 A.3.6 条的要求，即可按本教材 6.2.3 相同方法计算和进行抗压强度推定。

## 6.5 钻芯法检测结构混凝土强度

### 6.5.1 钻芯法的基本概念

钻芯法是在结构混凝土上直接钻取芯样，将芯样加工后进行抗压强度试验。这种方法被公认为是一种较为直观可靠的检测混凝土强度的试验方法。

钻芯法试验需要专门的钻孔取芯钻机（图 6-10），由于钻芯时对结构有局部损伤，故属于半破损检验方法。芯样应具有代表性，并尽量在结构次要受力部位取芯。选择取芯位置时应特别注意避开主要受力钢筋、预埋件和管线的位置。取芯方法、操作技术、芯样加工要求、抗压试验和强度计算等均应遵循新修订颁布的国家行业标准《钻芯法检测混凝土强度技术规程》(JGJ/T 384—2016)。

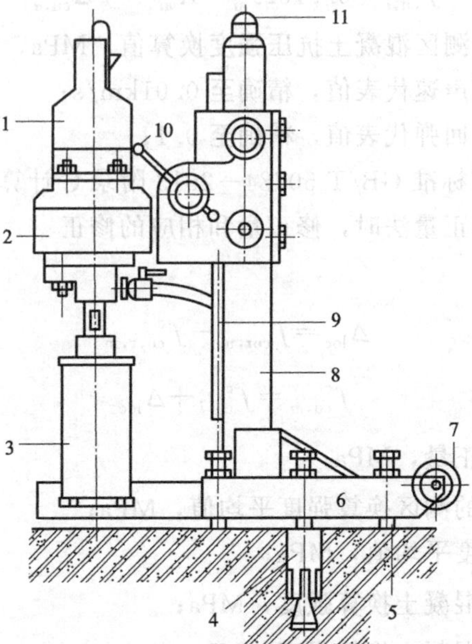


图 6-10　混凝土钻孔取芯钻机示意图

1—电动机；2—变速箱；3—钻头；4—膨胀螺栓；5—支撑螺钉；6—底座；7—行走轮；8—主柱；9—升降齿条；10—进钻手柄；11—堵盖

## 6.5.2　钻取芯样的技术要求

① 钻芯法适用于检测结构中强度不大于 80MPa 的普通混凝土强度（不宜小于 6MPa）。

② 钻取芯样前，应预先探测钢筋的位置，钻取的芯样内不应含有钢筋，尤其不允许含有与芯样轴线平行的纵向钢筋，以免影响芯样抗压强度。若是配筋较密的构件无法避开时，芯样内最多允许含有两根直径小于 6mm 的横向钢筋；直径小于 100mm 的小芯样试件只允许含有一根直径小于 10mm 的横向钢筋。

③ 单个构件检测时，其芯样数量不应少于 3 个。

④ 现行标准规定：抗压试验的芯样试件宜采用标准芯样试件。钻取标准芯样的试件公称直径一般不应小于骨料最大粒径的 3 倍，并以直径 100mm，高度 $h$ 与直径 $d$ 之比为 1 的芯样作为标准芯样。采用小直径芯样试件时，直径不应小于 70mm，且不得小于最大骨料粒径的 2 倍。芯样试件的数量，应根据检测批的容量确定。

⑤ 芯样端面应磨平，防止因不平整导致应力集中而影响实测强度。

⑥ 钻孔取芯后结构上留下的孔洞应及时采用高一级强度等级的不收缩混凝土进行修补。

## 6.5.3　芯样抗压试验和混凝土强度推定

芯样试件宜在被检测结构或构件混凝土干、湿度基本一致的条件下进行抗压试验。如结构工作条件比较干燥，芯样在受压前应在室内自然干燥 3d，以自然干燥状态进行试验。如结构工作条件比较潮湿，则芯样应在 20℃±5℃的清水中浸泡 40～48h，从水中取出后进行试验。芯样试件的混凝土强度换算值按下式计算：

$$f_{cu,cor}=\beta F_c/A \tag{6-26}$$

式中　$f_{cu,cor}$——芯样试件混凝土强度值，MPa，精确至 0.1MPa；

$F_c$——芯样试件抗压试验所测得的最大压力，N；

$A$——芯样试件抗压截面面积，$mm^2$；

$\beta$——芯样试件强度换算系数，取 1.0。

国内外大量试验证明，以直径 100mm 或 150mm，高径比（$h/d$）=1 的圆柱体芯样试件的抗压强度试验值，其与边长为 150mm 的立方体试块强度基本上是一致的，因此可直接作为混凝土的强度换算值。

小直径芯样（$d$<100mm）检测在配筋过密的构件中应用较多。由于受芯样直径与粗骨料粒径之比的影响，大量试验证明，结果离散性较大，实际应用时要慎重。一般通过适当增加小芯样钻取数量，来增加检测结果的可信度。

尽管目前国内有两个行业标准并各有不同的评定方法，但是对混凝土强度验收有争议或在工程事故鉴定时，为防止误判，应采用直径 100mm 芯样的抗压强度作为判定依据，谨慎采用小直径芯样。对于港口和交通工程宜采用交通运输部颁布的行业标准。

芯样抗压强度值的推定：

① 当确定单个构件混凝土抗压强度推定时，芯样试件数量不应少于 3 个，对小尺寸构件不得少于 2 个，然后按芯样试件抗压强度值中的最小值确定。

② 当确定检测批的混凝土抗压强度推定值时，100mm 直径的芯样试件的最小样本量不宜少于 15 个，70mm 直径芯样试件不宜少于 20 个。其检测批强度推定值应计算推定区间，按《混凝土结构现场检测技术标准》（GB/T 50784—2013）方法计算推定区间的上限值和下限值，然后按规程 JGJ/T 384—2016 的规定确定强度推定值。

## 6.6 超声法检测混凝土缺陷

### 6.6.1 超声法检测混凝土缺陷的基本原理

混凝土缺陷检测是指对混凝土内部孔洞和不密实区的位置、范围、裂缝深度、表面损伤层厚度、不同时间浇筑的混凝土界面接合状态、灌注桩及钢管混凝土中的质量缺陷等进行检测。在工程验收、工程事故处理、突发灾害后的建筑物鉴定与加固、使用已久的危旧建（构）筑物和桥梁的鉴定与加固中，均属于必不可少的重要检测项目。

超声法检测混凝土缺陷目前应用很广泛，主要采用数字式混凝土超声检测仪进行。其测量基本原理是测量超声脉冲纵波在构件混凝土中的传播速度、首波幅度和接收信号频率等声学参数。当构件混凝土存在缺陷或损伤时，超声脉冲通过缺陷或损伤时产生绕射，传播的声速要比相同材料无缺陷混凝土的传播声速要小，声时偏长。根据声速、波幅和频率等声学参数的相对变化，判定混凝土的缺陷和损伤程度大小。为了规范检测和评定方法，国家出台了《超声法检测混凝土缺陷技术规程》CECS 21—2000，具体检测应按规程规定执行。

### 6.6.2 混凝土裂缝深度检测

6.6.2.1 单面平测法

当结构或构件的裂缝部位只有一个可测表面，估计裂缝深度又不大于 500mm 时，可采用单面平测法。平测时可在裂缝的被测部位，以不同的测距，按跨缝和不跨缝布置测点（布置时应避开钢筋的影响）进行检测。

（1）不跨缝的声时测量

将换能器 T 和 R 置于裂缝附近同一侧面，以两个换能器内边缘间距（$l'$）等于 100mm、150mm、200mm、250mm、…分别读取声时值（$t_i$），绘制时-距坐标图（图 6-11），或用回归分析的方法求出声时与测距之间的回归直线方程。

$$l_i=a+bt \tag{6-27}$$

每测点超声波实际传播距离 $l_i$ 为

$$l_i=l'+|a| \tag{6-28}$$

式中 $l_i$——第 $i$ 测点超声波实际传播距离，mm；

$l'$——第 $i$ 测点换能器 T、R 内边缘间距，mm；

$a$——时-距图中 $l'$ 轴的截距或回归方程的常数项，mm。

不跨缝平测的混凝土声速值 $v$ 为

$$v=(l'_n-l'_1)(t_n-t_1) \tag{6-29}$$

或

$$v=b$$

式中 $l'_n$，$l'_1$——第 $n$ 点和第 1 点的测距，mm；

$t_n$，$t_1$——第 $n$ 点和第 1 点读取的声时值，s；

$b$——回归系数。

（2）跨缝的声时测量（图 6-12）

将换能器 T、R 分别置于以裂缝部位对称的两侧，$l'$ 取 100mm、150mm、200mm、…分别读取声时值 $t_i^0$，同时观察首波相位的变化。

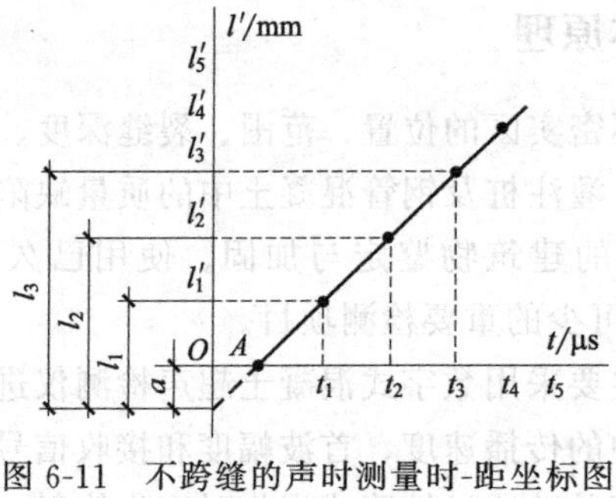


图 6-11 不跨缝的声时测量时-距坐标图

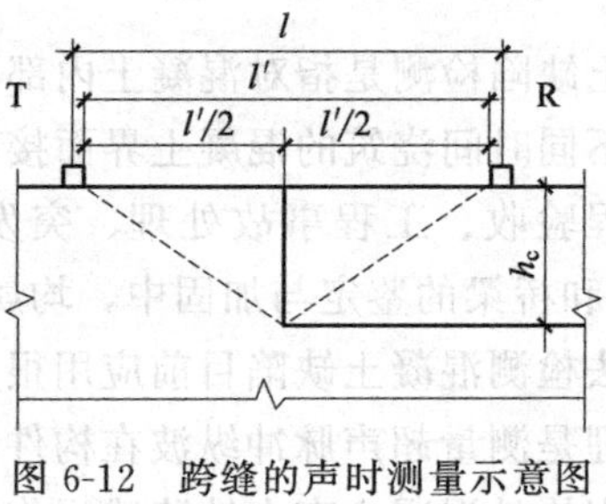


图 6-12 跨缝的声时测量示意图

平测法检测，裂缝深度按下式计算：

$$h_{ci}=l_i/2\sqrt{(t_i^0 v/l_i)^2-1} \tag{6-30}$$

$$m_{hc}=1/n\sum_{i=1}^{n}h_{ci} \tag{6-31}$$

式中 $l_i$——不跨缝平测时第 $i$ 点的超声波实际传播距离，mm；

$h_{ci}$——第 $i$ 点计算的裂缝深度值，mm；

$t_i^0$——第 $i$ 点跨缝平测的声时值，$\mu$s；

$m_{hc}$——各测点计算裂缝深度的平均值，mm；

$n$——测点数。

(3) 平测法裂缝深度的确定方法

① 跨缝测量中，当某测距发现首波反相时，可用该测距及两个相邻测距的测量值按式(6-30) 计算 $h_{ci}$ 值，取此三点 $h_{ci}$ 的平均值作为该裂缝的深度值 ($h_c$)；

② 跨缝测量中，如难以发现首波反相，则以不同测距按式(6-30) 和式(6-31) 计算 $h_{ci}$ 及平均值 ($m_{hc}$)。将各测距 $l'$ 与 $m_{hc}$ 相比较，当测距 $l'_i$ 小于 $m_{hc}$ 和大于 $3m_{hc}$ 时，应剔除数据，然后取余下 $h_{ci}$ 的平均值，作为该裂缝的深度值 ($h_c$)。

#### 6.6.2.2 双面斜测法

(1) 当结构的裂缝部位具有两个相互平行的测试面时，可采用双面斜测法检测。测点布置如图 6-13 所示，将换能器 T、R 分别置于两测试表面对应测点 1、2、3、…位置，读取相应声时值 $t_i$、波幅值 $A_i$ 及主频率 $f_i$。

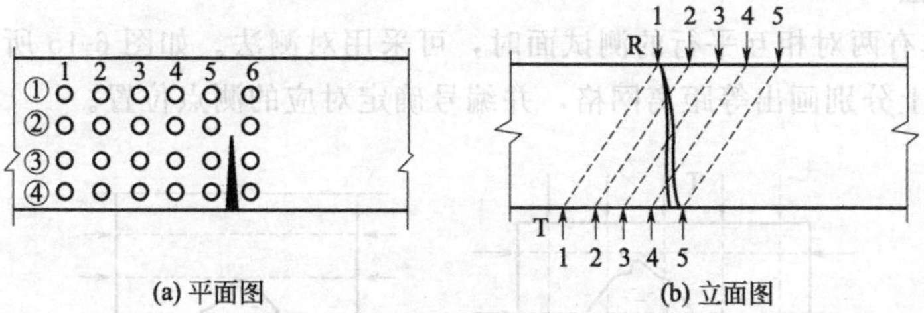


图 6-13 双面斜测裂缝测点布置图

(2) 裂缝深度判定。当换能器 T、R 的连线通过裂缝，根据波幅、声时和主频率的突变，可以判定裂缝深度及是否在断面内贯通。

#### 6.6.2.3 钻孔对测法

对于大体积混凝土中预计深度在 500mm 以上的深裂缝检测时，采用平测法和斜测法有困难，可采用钻孔法检测 (图 6-14)。

在裂缝对应两侧钻两个测试孔 ($A$、$B$)，测试孔间距宜为 2000mm。孔径应比所用换能器直径大 5～6mm，孔深度 (不小于裂缝预计深度) 700mm。孔内粉末碎屑应清理干净，并在裂缝一侧 [图 6-14(a)] 多钻一个孔距与 $A$、$B$ 相同的比较孔 $C$，通过 $B$、$C$ 两孔间测试无裂缝混凝土的声学参数。

裂缝深度检测宜选用频率为 20～60kHz 的径向振动式换能器。测试前向测试孔内灌注清水，作为耦合介质。然后将换能器 T、R 分别置于裂缝两侧的测试孔中，以相同高程等间距 (100～400mm) 从上向下同步移动，逐点读取声时，波幅和换能器所处的深度如图 6-14 (b) 所示。

以换能器所处深度（$h$）与对应的波幅值（$A$）绘制 $h$-$A$ 坐标图，见图 6-14(c)。随着换能器位置下移，波幅逐渐增大，当换能器下移至某一位置时，波幅值达到最大并基本稳定，该位置所对应的深度即为裂缝深度值（$h_c$）。

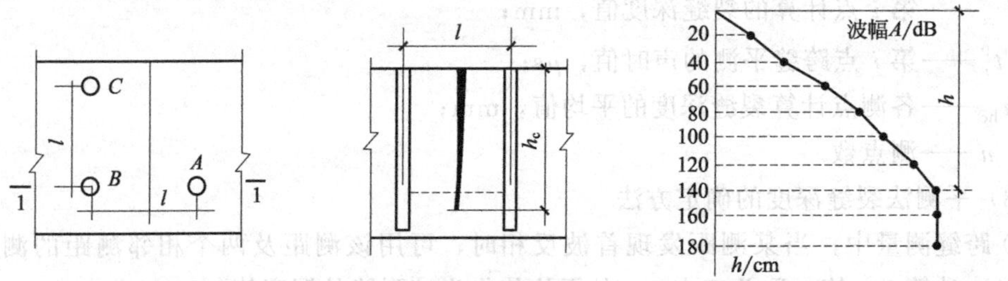


(a) 平面图(C为比较孔)　(b) 1—1剖面图　(c) 裂缝深度和波幅值的h-A坐标图

图 6-14　钻孔对测法检测裂缝深度

## 6.6.3　超声法检测混凝土中不密实区和空洞位置

（1）基本原理

超声法检测混凝土内部的不密实区域和空洞部位的原理是根据结构或构件各测点的声时值（或声速）、波幅值或频率值的相对变化，确定异常测点的坐标位置，进而判定缺陷的位置和范围。

（2）测试方法

① 当构件具有两对相互平行的测试面时，可采用对测法。如图 6-15 所示，在测试部位相对平行的测面上分别画出等距离网格，并编号确定对应的测点位置。

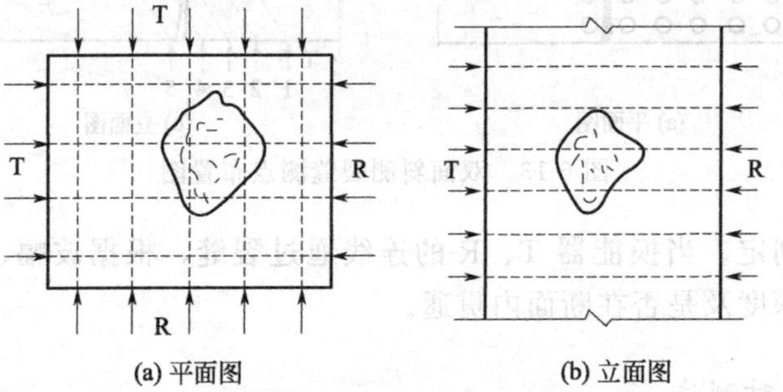


(a) 平面图　(b) 立面图

图 6-15　对测法示意图

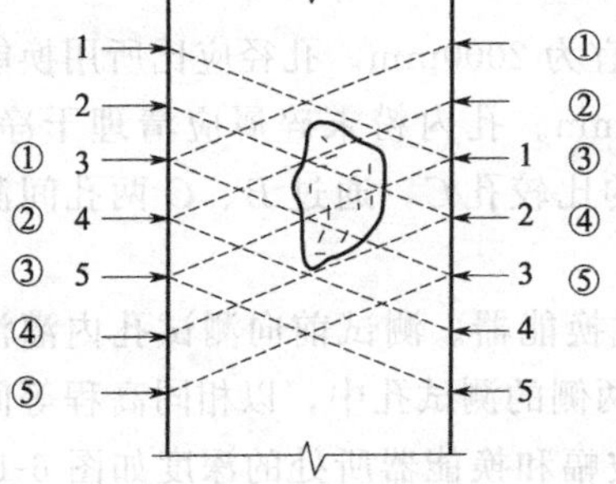


图 6-16　对测法和斜测法结合示意图

② 当构件只有一个相互平行的测试面时，可采用对测法和斜测法相结合的方法。如图 6-16 所示，在测试位置两个相互平行的测试面上分别画出斜向的网格线，可在对测的基础上进行交叉斜测。

③ 当测距较大时，可采用钻孔法（图 6-17）或预埋管法。在测位预埋声测管或钻出竖向测试孔，预埋管内径或钻孔直径宜比换能器直径大 5～6mm，孔间距宜为 2～3m，其深度根据测试情况确定。检测时可用两个径向振动式换能器分别置于两测孔中进行测试。

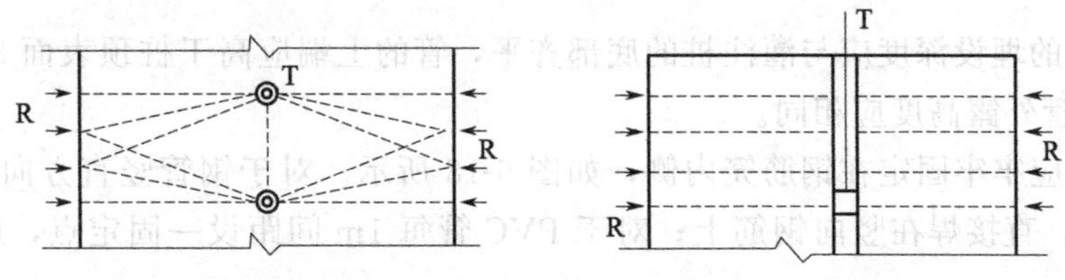


图 6-17　钻孔法示意图

（3）数据处理及判定

① 测量混凝土声学参数平均值（$m_x$）和标准差（$s_x$）应按下式计算：

$$m_x = \sum X_i / n \tag{6-32}$$

$$s_x = \sqrt{(\sum X_i^2 - n m_x^2)/(n-1)} \tag{6-33}$$

式中　$X_i$——第 $i$ 点的声学参数测量值；

$n$——参与统计的测点数。

② 异常数据的判别，按《超声法检测混凝土缺陷技术规程》CECS 21—2000 6.3.2 规定的方法进行。

③ 当被测部位某些测点的声学参数被判为异常值时，可结合异常测点的分布及波形状况确定混凝土内部存在不密实区和空洞的位置及范围。当判定缺陷是空洞时，可按《规程》附录 C 估算空洞的尺寸。

### 6.6.4　超声法检测混凝土灌注桩缺陷

（1）适用范围

按照《超声法检测混凝土缺陷技术规程》CECS 21—2000 规定，适用于桩径（或边长）不小于 0.6m 的灌注桩桩身混凝土缺陷的检测。

（2）埋设超声检测管

① 根据桩径大小预埋超声检测管（简称声测管），桩径为 0.6～1.0m 时，宜埋两根管；桩径为 1.0～2.5m 时，宜埋三根管，按等边三角形布置；桩径为 2.5m 以上时，宜埋四根管，按正方形布置，如图 6-18 所示。声测管之间应保持平行。

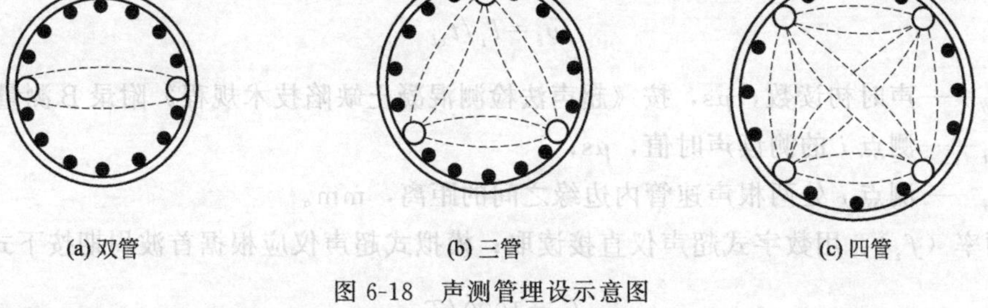


图 6-18　声测管埋设示意图

② 声测管宜采用钢管，对于桩身长度小于 15m 的短桩，可采用硬质 PVC 塑料管。管内径宜为 35～50mm，各段声测管宜在外加套管连接并保持通直，管的下端应封闭，上端应

加塞子。

③ 声测管的埋设深度应与灌注桩的底部齐平，管的上端应高于桩顶表面 300～500mm，同一桩的声测管外露高度应相同。

④ 声测管应牢牢固定在钢筋笼内侧，如图 6-18 所示。对于钢管竖直方向，每 2m 高度设一个固定点，直接焊在竖向钢筋上；对于 PVC 管每 1m 间距设一固定点，应牢固地绑扎在钢筋笼上。

(3) 检测方法

① 根据桩径大小选择合适频率的换能器和仪器参数，一经选定后在同批桩的检测过程中不得随意改变。

② 将换能器 T、R 分别置于两个声测孔内的顶部和底部，以同一高度或相差一定高度同步移动，逐点测读声学参数，并记录换能器所处深度，检测过程中应不断校核换能器所处高度。

③ 测点间距宜为 200～500mm。在普测的基础上，对数据可疑的部位应进行复测或加密检测。采用如图 6-19 所示的对测、斜测、交叉斜测、扇形扫描测等方法，确定缺陷的位置和范围。

④ 当同一桩中埋有三根或三根以上声测管时，应以每两管为一测试剖面，分别对所有剖面进行检测。

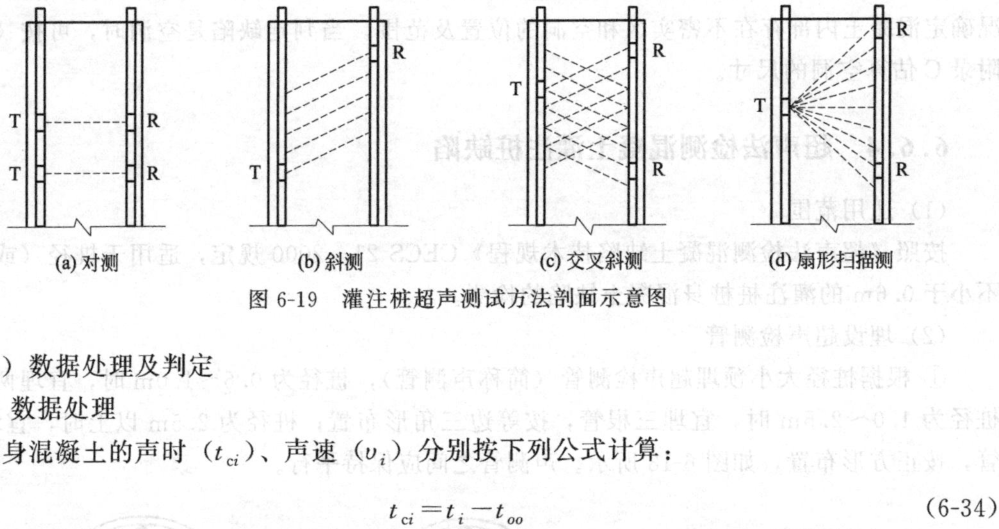


图 6-19 灌注桩超声测试方法剖面示意图

(4) 数据处理及判定

① 数据处理

桩身混凝土的声时 ($t_{ci}$)、声速 ($v_i$) 分别按下列公式计算：

$$t_{ci}=t_i-t_{oo} \tag{6-34}$$

$$v_i=l_i/t_{ci} \tag{6-35}$$

式中 $t_{oo}$——声时初读数，μs，按《超声法检测混凝土缺陷技术规程》附录 B 测量；

$t_i$——测点 $i$ 的测读声时值，μs；

$l_i$——测点 $i$ 处两根声速管内边缘之间的距离，mm。

主频率 ($f_i$)：用数字式超声仪直接读取；模拟式超声仪应根据首波周期按下式计算：

$$f_i=1000/T_{bi} \tag{6-36}$$

式中 $T_{bi}$——测点 $i$ 的首波周期，μs。

② 桩身混凝土缺陷可疑点判定方法

概率法：将同一桩同一剖面的声速、波幅、主频按《规程》第6.3.1条和6.3.2条规定进行计算和异常值判别。当某一测点的一个或多个声学参数被判为异常值时，即为存在缺陷的可疑点。

斜率法：用声时（$t_i$）-深度（$h$）曲线相邻测点的斜率$K$和相邻两点声时差值$\Delta t$的乘积$Z$，绘制$Z$-$h$曲线，根据$Z$-$h$曲线的突变位置，并结合波幅值的变化情况可判定存在缺陷的可疑点和可疑区域的边界

$$K=(t_i-t_{i-1})/(h-h_{i-1}) \tag{6-37}$$

$$Z=K\Delta t=(t_i-t_{i-1})^2/(h_i-h_{i-1}) \tag{6-38}$$

式中 $t_i-t_{i-1}$，$h_i-h_{i-1}$——相邻两测点的声时差值和深度差。

结合判定方法，绘制相应声学参数-深度曲线。

根据可疑点的分布及其数值大小综合分析，判定缺陷的位置和范围。

缺陷的性质应根据各声学参数的变化情况及缺陷位置和范围进行综合判定。可按表6-6评价被测桩完整性的类别。

表6-6 桩身完整性评价

| 类别 | 缺陷特征 | 完整性评定结果 |
|---|---|---|
| Ⅰ | 无缺陷 | 完整，合格 |
| Ⅱ | 局部小缺陷 | 基本完整，合格 |
| Ⅲ | 局部严重缺陷 | 局部不完整，不合格，经工程处理后可使用 |
| Ⅳ | 断桩等严重缺陷 | 严重不完整，不合格，报废或通过验证确定是否加固使用 |

## 6.7 混凝土结构内部钢筋检测

### 6.7.1 概述

根据国家颁布的《混凝土结构现场检测技术标准》（GB/T 50784—2013）的一般规定，对混凝土中的钢筋检测内容分为钢筋数量、位置和间距，钢筋保护层厚度，钢筋直径和钢筋锈蚀状况等。采用非破损检测方法时，宜通过凿开混凝土后的实际测量或取样检测的方法进行验证，并根据验证结果进行适当修正。

### 6.7.2 钢筋数量、位置和间距的检测

混凝土中钢筋数量、位置和间距的检测可采用钢筋探测仪或雷达仪进行，仪器性能和操作要求应符合现行行业标准《混凝土中钢筋检测技术标准》（JGJ/T 152）相关规定。

钢筋探测仪利用电磁感应原理进行检测。混凝土是带弱磁性的材料，而结构内配置的钢筋是带有强磁性的。混凝土中原来是均匀磁场，当配置钢筋后，就会使磁力线集中于沿钢筋的方向。检测时，当钢筋探测仪（图6-20）的探头接触结构混凝土表面，探头中的线圈通

过交流电时，线圈电压和感应电流强度发生变化，同时由于钢筋的影响，产生的感应电流的相位与原来交流电的相位产生偏移（图 6-21）。该变化值是钢筋与探头的距离和钢筋直径的函数。钢筋愈接近探头，钢筋直径愈大时，感应强度愈大，相位差也愈大。

电磁感应法比较适用于配筋稀疏与混凝土保护层不太大（30mm 左右）的钢筋间距检测，钢筋布置在同一平面或不同平面内距离较大时，方可取得较满意的效果。

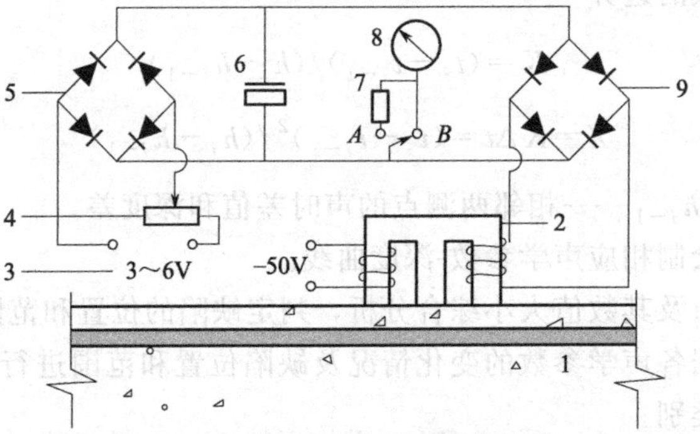


图 6-20 钢筋探测仪原理图

1—试件；2—探头；3—平衡电源；4—可变电阻；5—平衡整流器；6—电解电容；7—分档电阻；8—电流表；9—整流器；A—配置钢筋线路接口；B—未配置钢筋线路接口

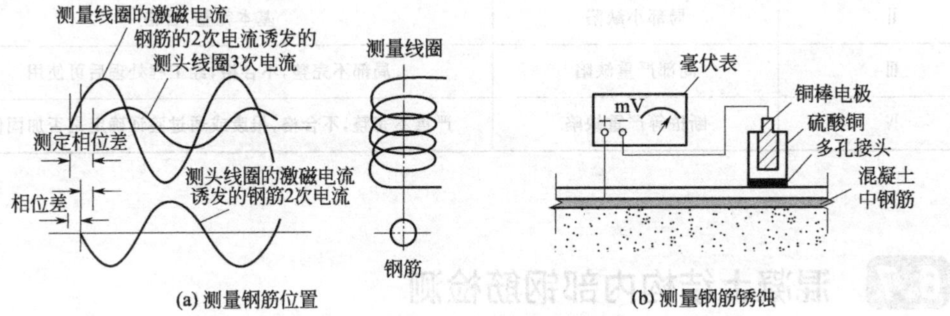


图 6-21 钢筋影响感应电流的相位差

### 6.7.3 钢筋保护层厚度检测

(1) 采用钢筋探测仪可检测确定钢筋位置。在测点位置上垂直钻孔至钢筋表面，以钢筋表面至构件混凝土表面的垂直距离作为该测点的保护层厚度测试值。

(2) 在测点位置上采用剔凿原位检测法进行验证，测点不得少于三处。

(3) 保护层分为主筋保护层（承载力要求）和箍筋保护层（耐久性要求），应分开测定。

### 6.7.4 混凝土中钢筋直径检测

(1) 采用原位实测法实测钢筋直径。在剔凿混凝土保护层厚度验证基础上，用游标卡尺测量钢筋直径。在同一部位重复测量三次，以三次测量平均值作为钢筋直径实测值。

(2) 采用取样称量法，确定实测钢筋直径。在剔凿混凝土保护层验证时，直接取出钢筋试样，试样长度应大于等于 300mm。试样按 JGJ/T 152 规定清洗处理后，用天平称重。钢筋直径按下式计算：

$$d=12.7\sqrt{W/L} \tag{6-39}$$

式中　$d$——钢筋试样实际直径，精确至0.01mm；

$W$——钢筋试样重量，精确至0.01g；

$L$——钢筋试样长度，精确至0.01mm。

### 6.7.5　混凝土中钢筋锈蚀状况的检测

(1) 混凝土中钢筋锈蚀机理与过程

由于混凝土长期暴露于大气中，混凝土表面受到空气中二氧化碳的作用会逐渐形成碳酸钙，使水泥石的pH值降低，这个过程称为混凝土的碳化。混凝土碳化深度到达钢筋表面时，水泥石失去对钢筋的保护作用，特别是存在有害气体和液体介质以及潮湿环境中的混凝土内部钢筋很快锈蚀。锈蚀发展到一定程度，由于锈皮体积膨胀，混凝土表面出现沿钢筋（主筋）方向的纵向裂缝。纵向裂缝出现后，钢筋即与外界接触而锈蚀迅速发展，致使混凝土保护层脱落、掉角及露筋，甚至混凝土表面呈现酥松剥落，从外观即可判别。图6-22所示为某铸工车间钢筋混凝土柱（内部）钢筋严重锈蚀。

图6-22　某铸工车间钢筋混凝土柱钢筋锈蚀

(2) 检测方法与原理

混凝土中钢筋的锈蚀是一个电化学反应的过程。钢筋因锈蚀而在表面有腐蚀电流存在，使电位发生变化。检测时采用铜-硫酸铜作为参考电极的半电池探头的钢筋锈蚀测量仪[构造如图6-21(b)]，用半电池电位法测量钢筋表面与探头之间的电位并建立一定关系，由电位高低变化的规律，可以判断钢筋是否锈蚀以及其锈蚀程度。钢筋锈蚀状况判别标准见表6-7。

**表6-7　钢筋锈蚀状况的判别标准**

| 仪器测定电位水平/mV | 钢筋锈蚀状态判别 |
|---|---|
| −100～0 | 未锈蚀 |
| −200～−100 | 发生锈蚀的概率小于10%，可能有锈蚀 |
| −300～−200 | 锈蚀不确定，可能有坑蚀 |
| −400～−300 | 发生锈蚀的概率大于90%，可能大面积锈蚀 |
| −400以上(绝对值) | 肯定锈蚀，严重锈蚀 |
| 如果某处相临两测点电位差值大于150mV，则电位负值更大处为锈蚀 | |

钢筋锈蚀可导致构件断面削弱，在进行结构承载能力验算时应予以考虑。一般的折算方法是：用锈蚀后的钢筋面积乘以原材料强度作为钢筋所能承担的极限拉（压）力，然后按现行设计规范验算结构的承载能力。测量锈蚀钢筋的断面面积常用称重法或直接用卡尺量取锈蚀最严重处的钢筋直径。

## 复习思考题

6-1 工程结构现场检测的主要特点是什么？常用检测方法有哪些？各种检测方法的优缺点是什么？

6-2 混凝土结构现场检测部位选择有哪些要求？为什么？

6-3 混凝土非破损检测方法有哪几种？回弹法和超声法的基本原理是什么？

6-4 回弹法和超声回弹综合法如何检测混凝土抗压强度？强度值如何推定？

6-5 钻芯法检测混凝土强度时，对芯样有何要求？强度值如何推定？

# 第7章 桥梁现场检测与试验

## 7.1 概述

由于桥梁建设投资巨大、使用期长，其使用的安全性对社会与经济发展均有着重要作用。但实际服役期间，由于环境与荷载作用产生的疲劳效应、腐蚀效应和材料老化等不利因素的长期影响，桥梁结构不可避免地产生自然老化、损伤积累，甚至导致突发事故。因此，对桥梁的运行状况进行健康评价，不但可以及时发现桥梁结构或服务状态，并且可以获得以下效益。

① 提供桥梁状况信息。桥梁状况若有危及公共安全可能时，可适时采取限制部分车辆通行或封闭交通等管制措施。

② 提供劣化程度的信息，如劣化形成的原因与劣化对桥梁构件的影响程度。

③ 使桥梁具有完整的时序状况记录。此类历史记录，可为研究分析桥梁提供可靠的依据。

④ 适时地检测桥梁结构劣化状况，可使桥梁维护计划更具效率性，并降低维护成本。

⑤ 及时维修，消除危害桥梁状况，提供公共安全保障。

⑥ 有助于拟订更新桥梁结构计划。

随着桥梁建设的不断发展，桥梁结构的形式与功能日趋复杂，人们对现代桥梁的质量和寿命越来越重视。经过长期使用，桥梁结构难免会发生各种各样的损伤，于是桥梁结构的检测就成为结构安全养护、正常使用的保证措施之一。常用的桥梁检测手段是桥梁原型试验，一般来说，下列情况下需进行桥梁结构的荷载试验。

① 新建的大跨度桥梁，尤其采用新结构、新材料和新工艺的桥跨结构需进行荷载试验。

② 通过特种车辆的新、旧桥梁，为确保设备和桥梁安全，需按实际轮位和轴重进行模拟荷载或等效荷载试验。

③ 修复的、改建的或加固的旧桥，为判断是否能承受预计的荷载，也需进行荷载试验。

如何对桥梁结构性能进行试验分析与评价已成为国内外工程界研究的热点。通过桥梁现场检测不但可以客观地了解桥梁的工作现状、正确地评估桥梁的承载性能、为桥梁的安全运营提供指导，同时还可为桥梁的维修加固提供技术依据。因此，桥梁结构检测是一项十分重要和具有极大社会与经济意义的工作。根据试验荷载作用的性质，桥梁结构的荷载试验可分为静载试验和动载试验。

## 7.2 桥梁结构荷载试验

桥梁结构荷载试验包括静载试验和动载试验。

静载试验是将静力荷载作用在桥梁上的指定位置，用以测试结构的静力位移、静力应变、裂缝等参量的试验项目，从而推断桥梁结构在荷载作用下的工作性能及使用能力。静载试验是桥梁结构试验中使用最多、最常见的基本试验。关于钢筋混凝土结构的静载试验基础理论和基本方法，本节主要针对桥梁工程静载试验的方案设计、加载、测试设备及加载试验方法等各项程序中有别于建筑结构的部分加以阐述。

桥梁结构的动载试验可研究桥梁结构的自振特性和车辆动力荷载与桥梁结构的联合振动特性。近年来研究的桥梁结构病害诊断，实际也是以桥跨结构或构件自振频率的改变为根据的。因此，新建、运营一定年限后的桥梁及对其结构承载能力有疑问的桥梁均需进行动载试验。动载试验是利用某种激振方法激起桥梁结构的振动，然后测定其自振频率、阻尼比、振型和动力冲击系数等参数，从而判断桥梁结构的整体刚度、行车性能。关于动载试验的试验方案制订、激振设备与使用方法、试验方法与数据整理，本节不再赘述。

### 7.2.1 静载试验

#### 7.2.1.1 桥梁静载试验方案设计

桥梁静载试验首先要进行桥梁的考察，以及试验方案的设计和准备。根据试验目的、要求，考虑具体桥梁结构的个体情况，研究有关图纸、文件、资料，进行必要的理论分析和核算。研究试验过程中的荷载计算，补充必要的材料力学性能试验，并在此基础上有针对性地拟订出周密合理的试验方案。

试验方案主要包括实桥调查、加载方案、测点布设及测试仪器选择等几个方面。

(1) 实桥调查

实桥调查的主要内容有：结构物的实际技术状况（包括结构总体尺寸、杆件截面尺寸、各部分的高程、行车道路面的平整度、墩台顶面标高和平面位置、支座位置、材料的实际物理力学性能等）；上、下部结构物的缺陷（裂缝、损坏和钢筋锈蚀状况，并在试验过程中随时注意观察其变化，检查支座有无锈蚀和损害状况）。在加载试验过程中和试验结束后，都要对受加载影响较大的部位进行详细的检查。桥址调查主要包括桥上和两端线路技术情况，线路容许车速，桥下净空、水深和通航情况，线路交通量，供电情况，可能选择的加载方式，有无标准荷载车辆等。如果经检查发现结构的尺寸超过规定的误差，或材料质量没有达到设计要求，须按照结构的实际状况重新进行静力或动力分析，计算在试验荷载作用下检测部位的变形和应力（或应变）数值。

(2) 加载方案

① 确定控制截面。在足以完成鉴定桥梁承载能力的前提下，加载项目安排应抓住重点，不宜过多。一般情况下只做静载试验。桥梁静载试验的控制截面主要项目是 a.～e. 项，有特殊要求时还应包含第 f. 项或其中部分内容。

a. 最大正弯矩截面。

b. 最大负弯矩截面。

c. 最大偏载作用下结构的受力状态或横向分布系数。

d. 最大剪力截面。

e. 最大挠度、梁端转角及支座沉降。

f. 梁体裂缝检查，制动力、地基基础的观察等。

静载试验一般有1～2个主要内力控制截面，此外，根据桥梁具体情况可设置几个附加内力控制截面。

一些主要桥型的内力控制截面如表7-1所示。

表7-1 主要桥型的内力控制截面

| 桥型 | 主要控制截面 | 附加控制截面 |
|---|---|---|
| 简支梁 | 跨中挠度和截面应力(或应变) | 跨径四分点的挠度、支点斜截面应力 |
| 连续梁 | 跨中挠度、跨中和支点截面应力(或应变),支点截面转角和支点沉降 | 跨径1/4处的挠度和截面应力(或应变)、支点斜截面应力 |
| 悬臂梁(包括T形刚构的悬臂部分) | 悬臂端的挠度,固端根部或支点截面的应力和转角,墩顶的变形(水平与垂直位移、转角),T形刚构墩身控制截面的应力 | 悬臂跨中挠度,牛腿部分局部应力 |
| 拱桥 | 跨中、跨径1/4和3/8截面的挠度和应力,拱脚截面的应力,墩台顶的变形和转角 | 跨径1/8截面的挠度和应力,拱上建筑控制截面的变形和应力 |
| 刚架桥(包括框架、斜腿刚架和刚架-拱式组合体系) | 跨中截面的挠度和应力,节点附近截面的应力,变形和转角,墩台顶的变形和转角 | 柱脚截面的应力、变形和转角 |
| 悬索结构(包括斜拉桥和悬索桥) | 加劲梁的最大挠度、偏载扭转变形和控制截面应力,索塔顶部的水平位移和扭转变形,塔柱底截面的应力,钢索(斜拉索、吊杆、主缆)拉力,锚碇的上拔位移 | 钢索与梁连接部位的挠度 |

表7-1给出的各种桥梁体系的控制截面，是进行桥梁承载能力试验时必须观察的部位。此外，对桥梁的较薄弱截面、损坏部位，比较薄弱的桥面结构等，是否设置内力控制截面及安排加载项目可根据桥梁调查和验算情况决定。

② 加载时截面内力的控制

a. 控制荷载的确定。为了保证荷载试验的效果，必须先确定试验的控制荷载。根据《公路工程技术标准》(JTG B01—2014) 的规定的荷载等级进行验算，将荷载分为汽车荷载及人群荷载（公路-Ⅰ级和公路-Ⅱ级两个等级）。汽车荷载由车道荷载和车辆荷载组成，车道荷载由均布荷载和集中荷载组成。

分别计算以上几种荷载对控制截面产生的最不利内力，用产生最不利内力较大的荷载作为静载试验的控制荷载。荷载试验尽量采用与控制荷载相同的荷载，但由于客观条件的限制，实际采用的试验荷载与控制荷载会有所不同。为保证试验效果，在选择试验荷载大小和加载位置时采用静载试验效率、动载试验效率进行控制。按结构计算或检测的控制截面的最不利工作条件布置荷载，使控制截面达到最大试验效率。

b. 静载试验效率。静载试验效率是试验荷载作用下被检测部位的内力（或变形的计算值）与包括动力扩大效应在内的标准设计荷载作用下同一部位的内力（或变形的计算值）的

比值。以 $\eta_q$ 表示荷载试验效率，则有

$$\eta_q=\frac{S_{st}}{S(1+\mu)} \tag{7-1}$$

式中 $S_{st}$——试验荷载作用下，被检测部位的内力或变形的计算值；

$S$——标准设计荷载作用下，被检测部位的内力或变形的计算值；

$\mu$——按规范采用的冲击系数。

按荷载试验效率 $\eta_q$，荷载试验分为基本荷载试验（$1\geqslant\eta_q>0.8$）、重荷载试验（$\eta_q>1.0$，其上限按具体结构情况和所通行特型荷载来定）、轻荷载试验（$0.8\geqslant\eta_q\geqslant0.5$）。当 $\eta_q<0.5$ 时，试验误差较大，不易充分发挥结构的效应和整体性。

一般的静载试验，$\eta_q$ 值可采用 0.8～1.05。当桥梁的调查、验算工作比较完善而又受加载设备能力所限，$\eta_q$ 值可采用低限；当桥梁的调查、验算工作不充分，尤其是缺乏桥梁计算资料时，$\eta_q$ 值应采用高限。一般情况下 $\eta_q$ 值不宜小于 0.95。

荷载试验宜选择温度稳定的季节和天气进行。当温度变化对桥梁结构内力影响较大时，应选择温度内力较不利的季节进行荷载试验，否则应考虑适当增大静载试验效率 $\eta_q$ 来弥补温度影响对结构控制截面产生的不利内力。

③ 加载设备的选择。静载试验加载设备可根据加载要求及具体条件选用，一般有以下两种。

a. 可行式车辆加载。可选用装载重物的汽车或平板车，也可就近利用施工机械车辆，选择装载的重物时要考虑车厢能否容纳得下，装载是否方便。装载的重物应置放稳妥，以避免车辆行驶时因摇晃而改变重物的位置。当试验所用的车辆规格不符合设计标准车辆荷载因子时，可根据桥梁设计控制截面的内力影响线，换算为等效的试验车辆荷载（包括动力系数和人群荷载的影响）。

b. 重物直接加载。一般可按控制荷载的着地轮迹先搭设承载架，再在承载架上堆放重物或设置水箱进行加载。如加载仅为满足控制截面内力要求，也可采取直接在桥面堆放重物或设置水箱的方法加载。承载架的设置和加载物的堆放应安全、合理，能按要求分布加载重量，且不使加载设备与桥梁结构共同承载而形成“卸载”现象。

重物直接加载准备工作量大，加卸载所需周期一般较长，交通中断时间亦较长，且试验温度变化对测点的影响较大，因此宜于夜间安排进行试验，并应严格避免加载系统参与结构的作用。

此外，在测定结构影响线和影响面时，可采用移动方便的轻型集中荷载设备，如果桥下具备设置平衡重或锚杆的条件，可用液压千斤顶加载。

④ 加载轮位的确定。试验荷载的轮位选择，对铁路桥梁而言，分单线加载、双线一侧加载、双线两侧加载三种；对公路桥梁而言，既要考虑沿桥轴线方向加载，也要考虑垂直于桥轴线方向加载。常用轮位如图 7-1 所示。纵向加载轮位要考虑桥跨的最大弯矩、挠度、剪力控制部位，横向加载轮位分对称和偏心两种。某三跨连续梁桥静载试验加载示意如图 7-2 所示。

结构的力和位移影响线是检查复杂结构受载后整体及局部工作性能的一项重要指标。支座工作状况及整体刚度的分布均会造成实测影响线与计算值的差别。

实测桥跨结构控制截面的力或位移影响线的加载一般均采用纵向单排、横向对称布置的重车同步移动，荷载移动的步长由桥的长度和对影响线的精度要求来定，一般不大于跨长的 1/10～1/8。

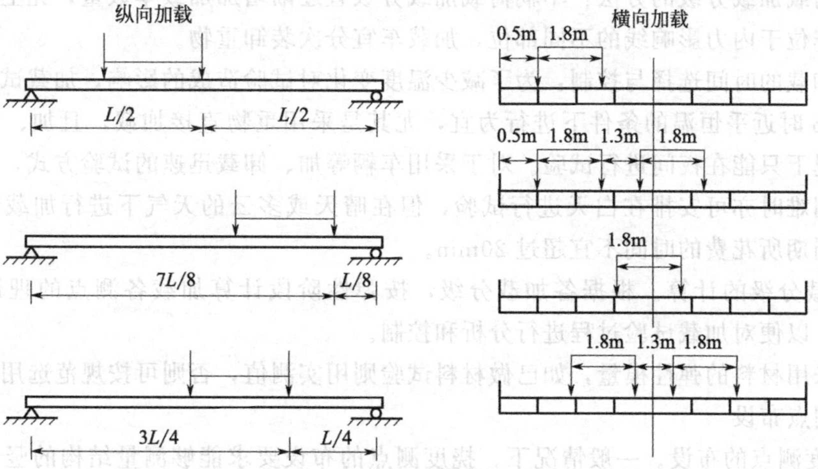


图 7-1　常用轮位图示

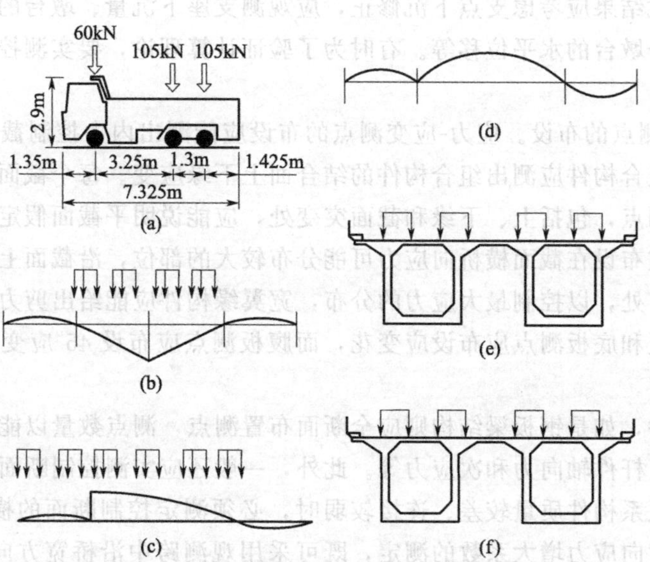


图 7-2　某三跨连续梁桥静载试验加载示意图

⑤ 加载分级与控制。为了加载安全和了解结构应变和变形随加载内力增加的变化关系，对桥梁主要控制截面内力的加载应分级进行，而且一般安排在开始的几个加载程序中执行。附加控制截面一般只设置最大内力加载程序。

分级控制的原则：a. 当加载分级较为方便时，可按最大控制截面分为 4 或 5 级。基本荷载（等于或接近设计荷载）一般分为 4 级；超过基本荷载部分，其每级加载量比基本荷载的加载量减小一半。b. 当使用载重车加载，车辆称重有困难时也可分为 3 级加载。c. 当桥梁的调查和验算工作不充分或桥况较差，应尽量增多加载分级；如限于条件加载分级较少，应注意每级加载时，车辆荷载逐辆缓缓驶入预定加载位置。必要时可在加载车辆未到达预定加载位置前分次对控制测点进行读数以确保试验安全。d. 在安排加载分级时，应注意加载过程中其他截面内力亦应逐渐增加，且最大内力不应超过控制荷载作用下的最不利内力。e. 根据具体条件决定分级加载的方法。最好每级加载后卸载，也可逐级加载达到最大荷载后逐级卸载。

车辆荷载加载分级的方法：车辆荷载加载分级宜逐渐增加加载车数量，先上轻车后上重车，加载车位于内力影响线的不同部位，加载车宜分次装卸重物。

加、卸载的时间选择与控制：为了减少温度变化对试验造成的影响，加载试验时间以晚10时至早6时近乎恒温的条件下进行为宜，尤其是采用重物直接加载，且加、卸载周期比较长的情况下只能在夜间进行试验。对于采用车辆等加、卸载迅速的试验方式，如夜间试验照明等有困难时亦可安排在白天进行试验，但在晴天或多云的天气下进行加载试验时每一加、卸载周期所花费的时间不宜超过20min。

⑥ 加载分级的计算。根据各加载分级，按弹性阶段计算加载各测点的理论计算变形（或应变），以便对加载试验过程进行分析和控制。

计算采用材料的弹性模量，如已做材料试验则用实测值，否则可按规范选用。

（3）测点布设

① 挠度测点的布设。一般情况下，挠度测点的布设要求能够测量结构的竖向挠度、侧向挠度和扭转变形，应能给出受检跨及相邻跨的挠曲线和最大挠度。每跨一般须布设3～5个测点。挠度测试结果应考虑支点下沉修正，应观测支座下沉量、墩台的沉降、水平位移与转角、连拱桥多个墩台的水平位移等。有时为了验证计算理论，要实测控制截面挠度的纵向和横向影响线。

② 结构应变测点的布设。应力-应变测点的布设应能测出内力控制截面的竖向、横向应力分布状态。对组合构件应测出组合构件的结合面上下缘应变。每个截面的竖向测点沿截面高度不少于5个测点，包括上、下缘和截面突变处，应能说明平截面假定是否成立。横向截面抗弯应变测点应布设在截面横桥向应力可能分布较大的部位，沿截面上下缘布设，横桥向设置一般不少于3处，以控制最大应力的分布，宽翼缘构件应能给出剪力滞效应的大小。对于箱形断面，顶板和底板测点应布设应变花，而腹板测点应布设45°应变花，T形断面下翼缘可用单向应变片。

对于公路钢桥，如是钢板梁结构则应全断面布置测点，测点数量以能测出应力分布为原则；钢桁梁应给出杆件轴向力和次应力等。此外，一般还应实测控制断面的横向应力增大系数：当结构横向联系构件质量较差、连接较弱时，必须测定控制断面的横向应力增大系数。简支梁跨中截面横向应力增大系数的测定，既可采用观测跨中沿桥宽方向应变变化的方法，也可采用观测跨中沿桥宽方向挠度变化的方法来进行计算或用两种方法互校。

③ 混凝土结构应变测点的布设。对于预应力混凝土结构，应变测点可用长标距（5mm×150mm）应变片构成应变花贴在混凝土表面；而对部分预应力或混凝土结构，受拉区则应测受拉钢筋的拉应变，可凿开混凝土保护层直接在钢筋上设置拉应力测点，但在试验完后必须修复保护层。

当采用测定混凝土表面应变的方法来确定混凝土结构中钢筋承受的拉力时，考虑到混凝土表面已经或可能产生的裂缝对观测的影响，可用测定与钢筋同高度的混凝土表面上一定间距的两点间平均应变，来确定钢筋的拉应力。选择这两点的位置时，应使其标距大致等于裂缝的间距或裂缝间距的倍数，可以根据结构受力后可能出现的如下三种情况进行选择。

a. 加载后预计混凝土不会产生裂缝的情况下，可以任意选择测定位置及标距，但标距不应小于4倍混凝土中骨料的最大粒径。

b. 加载前未产生裂缝，加载后可能产生裂缝时，可按图7-3所示的方法选择相连的20cm、30cm两个标距。当加载后产生裂缝时可分别选用20cm、30cm或（20+30）cm标距的测点读数来适应裂缝间距。

c. 加载前已经产生裂缝，为避免加载后新裂缝产生的影响，可根据裂缝间距按图 7-4 所示的方法选择测点位置及标距。为提高测试精度，也可增大标距跨越两条以上的裂缝，但测点在裂缝间的相对位置仍应不变。

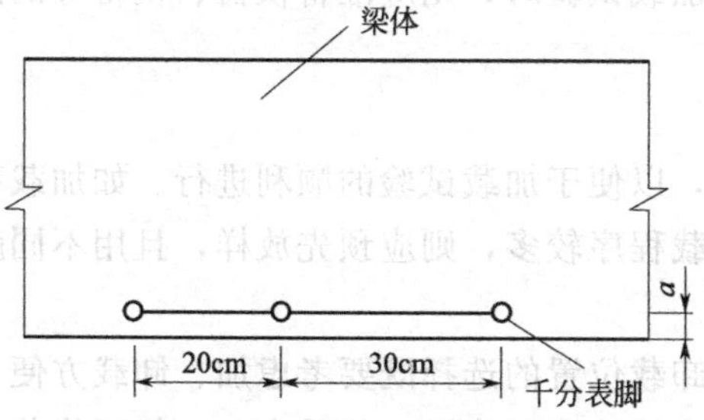


图 7-3　无裂缝测点布置图

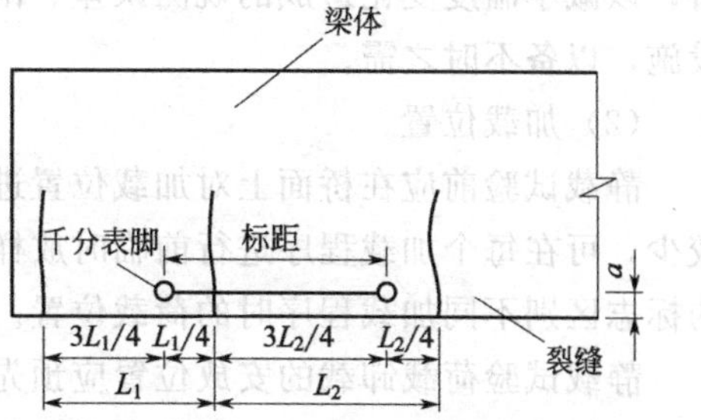


图 7-4　有裂缝测点布置图

④ 剪切应变测点的布设。对于剪切应变测点一般采取设置应变花的方法进行观测。为了方便，对于梁桥的剪应力也可在截面中性轴处主应力方向设置单一应变测点来进行观测。梁桥的实际最大剪应力截面应设置在支座附近而不是支座上，具体设置位置如下所述。

从梁底支座中心起向跨中作与水平线成 45°的斜线，此斜线与截面中性轴高度线相交的交点即为梁桥最大剪应力位置。可在这一点沿最大压应力或最大拉应力方向设置应变测点（图 7-5），距支座最近的加载点则应设置在 45°斜线与桥面的交点上。

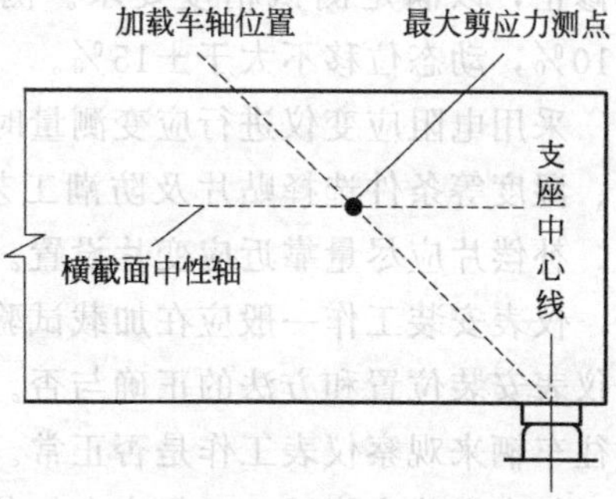


图 7-5　梁桥最大剪应力测点布置

⑤ 温度观测点的布设。选择与大多数测点较接近的部位设置 1～2 处温度观测点，此外可根据需要在桥梁主要测点部位设置一些构件表面温度观测点。

（4）测试仪器选择

静载试验中测量应变可采用机械式应变仪、电阻式应变仪、钢弦式应变计等。测量位移或挠度可选用连通管、百分表、挠度计、全站仪等；测量倾角可选用水准式倾角仪；测量裂缝可选用刻度放大镜；测量索力可选用加速度传感器、电荷放大器、智能信号采集处理和分析系统，并配笔记本电脑及采集程序等。

测量仪表的精度要求：静载测定时应不大于预计测量值的 5%，动载测定时应不大于预计测量值的 10%。

7.2.1.2　测试准备

（1）测量装置

① 搭设观测脚手架。脚手架的设置要因地制宜、就地取材，方便架设观测仪表和保证安全，不影响仪表和测点的正常工作，不干扰测点附属设施。当桥下净空较大，不便设置固定脚手架时，可考虑采用轻便活动吊架——两端用尼龙绳或细钢丝绳固定在栏杆或人行道缘石上。整套设备使用前应进行试载，以确保安全。活动吊架如需多次使用可做成拼装式以便于运输和存放。

② 设置测点附属设施。在安装挠度、沉降、水平位移等测点的观测仪表时，一般需要

设置木桩、木桩架或其他支架等测点附属设施。设置时既要满足仪表安装的需要，又要使其不受结构本身变形、位移的影响，同时应保证其稳定、牢固，能承受试验时可能产生的车辆运行、人行走动等的干扰。

晴天或多云天气下进行加载试验时，处于阳光直射下的应变测点，应设置遮挡阳光的设备，以减小温度变化造成的观测误差。雨季进行加载试验时，则应准备仪器、设备等的防雨设施，以备不时之需。

(2) 加载位置

静载试验前应在桥面上对加载位置进行放样，以便于加载试验的顺利进行。如加载程序较少，可在每个加载程序进行前临时放样；如加载程序较多，则应预先放样，且用不同颜色的标志区别不同加载程序时的荷载位置。

静载试验荷载卸载的安放位置应预先安排。卸载位置的选择既要考虑加、卸载方便，同时要离加载位置近一些，又要使安放的荷载不影响试验孔（或墩）的受力，一般可将荷载安放在台后一定距离处。对于多孔桥，如有必要将荷载停放在桥孔上，一般应停放在距试验孔较远处以不影响试验观测精度。

(3) 仪表检查与安装

试验需用的所有仪表均应在测试前进行检查，并按仪表本身的要求进行标定和必要的误差修正，以满足测试精度要求。测量误差应不大于预计量程的±5%，位移测量不大于±10%，动态位移不大于±15%。

采用电阻应变仪进行应变测量时，粘贴电阻片的人员应具有一定的经验，要根据现场温度、湿度等条件选择贴片及防潮工艺，尽量选用与观测应变部位相同的材料制作温度补偿片。补偿片应尽量靠近应变片设置。

仪表安装工作一般应在加载试验前完成，但不应安装过早，以免仪器受损和遗失。要注意仪表安装位置和方法的正确与否。安装完毕应由有测试经验的人员进行检查，有时可利用过往车辆来观察仪表工作是否正常。

仪表安装完毕后，一般应在加载试验之前对各测点进行一段时间的温度稳定观测。中间可每隔 10min 读数一次，观测时间应尽量选择与加载试验相同的气候条件。

(4) 试验荷载准备

加载车队或等效重物，需先准确称量，称量所用衡具应在鉴定有效期内，其称重误差最大不得超过5%。

(5) 试验人员组织分工

桥梁的荷载试验是一项技术性较强的工作，最好能组织专门的桥梁试验队伍来承担，也可由熟悉这项工作的技术人员为骨干来组织试验队伍。应根据每个试验人员的特长进行分工，每人分管的仪表数目除考虑便于进行观测外，应尽量使每人对分管仪表进行一次观测所需的时间大致相同。所有参加试验的人员应能熟练操作所分管的仪器设备，否则应在正式开始试验前进行演练，以保证试验有条不紊地进行。

#### 7.2.1.3 加载试验

(1) 预加载

在正式试验之前，一般对结构进行 2～3 次预加载，通过预加载使结构进入正常工作状态，消除结构非弹性变形，尤其是混凝土桥跨结构。若干次预加载后，荷载-位移关系趋于稳定，呈较好线性。预加载同时可以检查全部测试设备工作是否正常，性能是否可靠，人员是否组织完善，操作是否熟练。预加载值不大于标准设计荷载和开裂荷载。一般分2～3级加至标准设计荷载或更小。预加载循环次数，需根据结构弹性工作的实际情况而定。若线性及回零很好，预加载1～2次便可正式进入试验。

（2）加载试验

加载前对各仪表进行初读数。应严格按设计的加载程序进行加载，荷载、截面内力都应由小到大逐渐增加。首先，将第一级荷载的加载车辆行驶到桥上指定的加载位置，车辆关闭发动机，等待桥梁变形稳定后，即可读一级荷载读数，然后进行下一级荷载加载。

加载和卸载的持续时间一般以结构变形达到稳定为原则，如果5min的变形增量小于测量仪器最小分辨值，或结构最后5min的变形增量小于前一个5min变形增量的15%，均认为结构变形达到相对稳定。

当最后一级荷载加载完毕，荷载读数完成后，卸去桥梁上全部试验荷载，等待30min，再读一次数，作为残余变形值。

（3）测读与记录

仪表的测读应准确、迅速。记录者应对所有测点测量值变化情况进行检查，看其变化是否符合规律，尤其应着重检查第一次加载时的测量变化情况，对测值反常的测点应检查仪表安装是否正确，并分析其他可能影响其正常工作的原因，及时排除故障。对加载试验的控制点应随时观测、随时计算并将计算结果报告试验指挥人员，如实测值超过计算值较多，则应暂停加载，待查明原因再决定是否继续加载。试验人员如发现其他测点的测值有较大的反常变化也应查找原因，并及时向试验指挥人员报告。

当采用记录纸记录动应力、动挠度或振动时，应将被记录的曲线调节至合适的幅度，使其既不超过记录纸的范围，又有适当的精度。

（4）加载过程的观察

加载过程中应指定人员随时观察结构各部位可能产生的新裂缝，注意观察构件薄弱部位是否有开裂、破损，组合构件的结合是否有开裂错位，支座附近混凝土是否开裂，横隔板的接头是否拉裂，结构是否产生不正常的响声，加载时墩台是否发生摇晃现象等。如发生这些情况应报告试验指挥人员，以便采取相应的措施。

（5）裂缝观测

加载试验中裂缝观测的重点应放在结构承受拉力较大部位及原有裂缝较长、较宽的部位。在这些部位应测量裂缝长度、宽度，并在混凝土表面沿裂缝走向进行描绘。加载过程中观测裂缝长度及宽度的变化情况，可直接在混凝土表面进行描绘记录，也可采用专门表格记录。加载至最不利荷载及卸载后应对结构裂缝进行全面检查，尤其应仔细检查是否产生新的裂缝，并将最后检查情况填入裂缝观测记录表，必要时可将裂缝发展情况绘制在裂缝展开图上。

（6）终止加载控制条件

① 控制测点应力值已达到或超过用弹性理论或按规范安全条件反算的控制应力值。

② 控制测点变形（或挠度）超过规范允许值。

③ 由于加载，结构裂缝的长度、宽度急剧增加，新裂缝大量出现，缝宽超过允许值的裂缝大量增多，对结构使用寿命造成较大的影响。

④ 拱桥加载时沿跨长方向的实测挠度曲线分布规律与计算值相差过大或实测挠度超过

计算值过多。

⑤ 发生其他损坏，影响桥梁承载能力或正常使用。

7.2.1.4 试验资料的整理

(1) 测试数据的修正

① 实测值修正。根据各类仪表的标定结果进行测试数据的修正，如机械式仪表的校正系数，电测仪表的率定系数、灵敏系数，电阻应变观测的导线电阻影响等。当这类因素对测值的影响小于1%时可不予修正。

② 温度影响修正。由于温度影响修正比较困难，一般不进行这项工作，而采取缩短加载时间、选择温度稳定性好的时段进行试验等办法，以尽量减小温度对测试精度的影响。

③ 支点沉降影响的修正。当支点沉降量较大时，应修正其对挠度值的影响，修正量 $\mu$ 参考图 7-6 可按式(7-2) 计算。

$$\mu=\frac{L-x}{L}a+\frac{x}{L}b \tag{7-2}$$

式中 $\mu$——测点的支点沉降影响修正量；

$L$——$A$ 支点到 $B$ 支点的距离；

$x$——挠度测点到 $A$ 支点的距离；

$a$——$A$ 支点沉降量；

$b$——$B$ 支点沉降量。

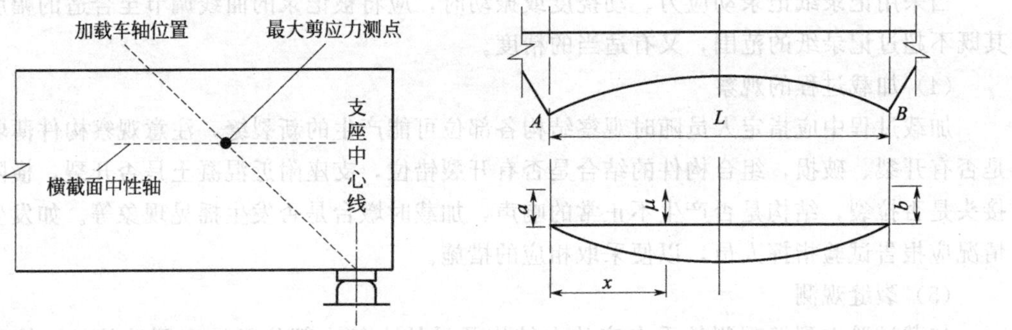


图 7-6 支点沉降修正

(2) 测点的变形计算

根据量测数据作下列计算。

总变形（或总应变）：$S_t=S_I-S_i$。

弹性变形（或弹性应变）：$S_e=S_I-S_u$。

残余变形（或残余应变）：$S_p=S_t-S_e=S_u-S_i$。

式中 $S_i$——加载前测值；

$S_I$——加载达到稳定时的测值；

$S_u$——卸载后达到稳定时测值。

(3) 校验系数与相对残余变形

对加载试验的主要测点（即控制测点或加载试验频率最大部位测点）进行如下计算。

① 校验系数

$$\eta=\frac{S_e}{S_s} \tag{7-3}$$

式中 $S_e$——试验荷载作用下量测的弹性变形（或应变）值；

$S_s$——试验荷载作用下的理论计算变形（或应变）值。

$S_e$ 与 $S_s$ 的比较可用实测的横截面平均值与计算值比较，也可考虑荷载横向不均匀分布而选用实测最大值与考虑横向增大系数的计算值进行比较。横向增大系数最好采用实测值，如无实测值也可采用理论计算值。

② 相对残余变形（或应变）

$$S_p'=\frac{S_p}{S_t}\times 100\% \tag{7-4}$$

式中 $S_p'$——相对残余变形；

$S_p$——主要测点的实测残余应变；

$S_t$——试验荷载作用下主要测点的总应变。

(4) 实测桥跨结构控制截面的力或位移影响线

在移动荷载下实测控制截面的应变和位移，可以转化为确定内力影响线和挠度曲线的纵坐标。若控制截面为 $k$，步长为 $L/n$，则影响线坐标应为 0，…，$i$，…，$n$，若实测结果为 $a_i$，其影响线坐标 $y_i$ 为

$$y_i=\frac{a_i}{\sum P}D \tag{7-5}$$

式中 $\sum P$——移动荷载总重，kN；

$D$——常数比例因子。

如果所测内力是弯矩，$D=EW$（其中 $E$ 为弹性模量，$W$ 为截面抵抗矩）；若为剪力，$D=GJb/S$（其中 $G$ 为剪切弹性模量，$J$ 为抗扭惯性矩，$b$ 为截面宽度，$S$ 为面积矩）；若为挠度，则 $D=1$。在上述三种情况下，$a_i$ 分别为移动荷载作用下的弯曲应变、剪应变和挠度值。

(5) 荷载横向分布系数

通过实测横向挠度影响线，利用变位互等定理，可以方便地得到某梁在某种加载下的横向挠度分布，如各梁挠度值无关，则第 $j$ 梁的荷载横向分布系数 $\eta_j$ 为

$$\eta_j=\frac{a_i^2}{\sum a_i^2} \tag{7-6}$$

式中 $a_i$——第 $j$ 梁到扭转中心的距离。

并有 $\sum\eta_j=1$ 来校核测试结果。

(6) 偏载系数

荷载试验时，通过实测偏载下缘最大应力和其平均应力的比值求得实测的偏载系数 $K$ 为

$$K=\frac{\sigma_{\max}}{\sum_{1}^{n}\frac{\sigma_i}{n}} \tag{7-7}$$

式中 $n$——下缘测点数；

$\sigma_i$——第 $i$ 测点应力，$N/mm^2$。

(7) 裂缝发展状况

当裂缝数量较少时，可根据试验前后观测情况及裂缝观测表对裂缝状况进行描述；当裂缝发展较多时，应选择结构有代表性部位描绘裂缝展开图，图上应注明各加载程序裂缝长度和宽度的发展。除以上资料的整理外，还可根据需要整理各加载程序控制截面应变（或挠度）分布图、沿桥纵向挠度分布图及列出各加载程序时主要测点的实测弹性变位（或应变）与相应的理论计算值的对照表，并绘出其关系曲线图。

7.2.1.5 数据分析与结构性能评定

经过荷载试验的桥梁应根据整理的试验资料，分析结构的工作状况，进一步评定桥梁承载能力。结构性能评定根据如下：一是结构完工时实际结构尺寸、材料特性和静力边界条件得到的理论计算值；二是规范规定的挠度、强度和裂缝的容许值。

在进行评定时，应选择实测最大挠度和荷载效率最大的控制截面实测应力。质量合格的混凝土桥梁结构，应满足下述六个方面要求。

① 结构实测最大应力、挠度及裂缝宽度不超过设计标准的容许值。

② 校验系数是评定结构工作状况、确定桥梁承载能力的一个重要指标。不同结构形式的桥梁其 $\eta$ 值常不相同。一般要求 $\eta$ 值不大于 1，$\eta$ 值越小结构的安全储备越大。$\eta$ 值过大或过小都应该从多方面分析原因：$\eta$ 值过大说明组成结构的材料强度较低，结构各部分连接性较差、刚度较低等；$\eta$ 值过小则说明材料的实际强度及弹性模量较高，桥梁的混凝土桥面铺装及人行道等与梁共同受力。

③ 实测值与理论值的关系曲线。因为理论的变形（或应变）一般是按线性关系计算，所以如测点实测弹性变位（或应变）与理论计算值成正比，其关系曲线接近于直线，说明结构处于良好的弹性工作状况。

④ 相对残余变形（或应变）。残余变形（特别是残余挠度）是新建或运营桥跨结构的重要指标。正常运营桥梁，应无残余挠度，突然出现残余挠度，说明该桥受到严重损伤或截面某处进入弹塑性状态。$S_p'$越小说明结构越接近弹性工作状况。一般要求 $S_p'$值应小于 20%；当 $S_p'$大于 20%时，应查明原因，如确系桥梁强度不足，应在评定时酌情降低桥梁的承载能力。

⑤ 裂缝是评定混凝土及预应力混凝土桥跨结构承载力及耐久性的主要指标之一，主要是评定受力裂缝的出现和扩展状态。

预应力桥跨结构在标准设计荷载下，一般不出现裂缝，或按预应力程度的不同，根据相应规范查取。普通混凝土桥在标准设计荷载下，最大裂缝宽度一般不大于 0.2mm。其他非受力裂缝如施工缝、收缩缝和温度裂缝受载后亦不应超过容许值。

结构出现第一条受力裂缝的试验荷载值应大于理论计算初裂缝荷载的 90%。

⑥ 地基与基础。当试验荷载作用下墩台沉降、水平位移及倾角较小，符合上部结构验算要求，卸载后变形基本恢复时，认为地基与基础在验算荷载作用下能正常工作。

当试验荷载作用下墩台沉降、水平位移、倾角较大或不稳定，卸载后变形不能恢复时，应进一步对地基、基础进行探查、验算，必要时应对地基基础进行加固处理。

静力荷载试验结果不满足上述任何一项条件，则认为桥梁结构不符合要求，必须查明原因，并采取适当的措施（如降低通行载重力或进行必要的加固等，必要时按规定进行定期检验和长期观测）。

### 7.2.2 动载试验

动载试验的主要量测内容包括：

① 测定桥梁结构的动力反应，主要是测定结构在动力荷载作用下的反应，即结构在动荷载作用下强迫振动的特性，包括动位移、动应力、动力系数等。试验时，一般利用汽车以不同的速度通过桥跨而引起的振动来测定上述各种数据。

② 测定桥跨结构的自振特性，如自振频率、振型和阻尼特性等，应在结构相互连接的各部分布置测点，如悬臂梁与挂梁、上部结构与下部结构、行车道梁与索塔等的相互连接处。

③ 测定动荷载本身的动力特性，主要是测定引起桥梁振动的作用力或振源特性，如动力荷载（包括车辆制动力、振动力、撞击力等）的大小、频率及作用规律。动力荷载大小可通过安装在动力荷载设备底架连接部分的荷重传感器直接量测记录，或以测定荷载运行的加速度（或减速度）与质量的乘积来确定。

④ 测定桥跨结构的疲劳性能，主要是测定结构或构件的疲劳性能。

大多数情况下，动力试验内容往往偏重①、②两项内容；对于铁路桥梁，要实测机车在桥上的制动力和与旅客舒适度有关的列车过桥时车桥联合振动的动位移和动应变的时程曲线，尚应进行第③项内容的动载试验；第④项内容一般只在实验室进行。

桥梁动载试验的加载方案主要包括：

① 检验桥梁受迫振动特性的试验荷载，通常采用接近运营条件的汽车、列车或单辆重车以不同车速通过桥梁，要求每次试验时车辆在桥上的行驶速度保持不变，或在桥梁动力效应最大的检测位置进行刹车（或起动）试验。

② 桥梁在风力、流水撞击和地震力等动力荷载作用下的动力性能试验，只宜在专门的长期观测中实现。

③ 可利用环境激振测定桥梁自振特性。

④ 疲劳试验、荷载室内试验可采用液压脉动装置，现场试验可采用起振机。

## 7.3 桥梁外观缺陷检查

为保证道路畅通，必须加强对现有桥梁的检查、保养和维修，使其经常处于完好的技术状态，提高其服务水平，延长其使用年限。

按检查内容分类，主要有桥面系的外观检查、桥梁上部结构的检查、桥梁支座的检查、桥梁桥墩与桥台的检查以及桥梁桥墩与桥台基础的检查等；按检查频率分类，主要有经常检查、定期检查和特殊检查。

### 7.3.1 桥面系的外观检查

桥面系的外观检查可以按组成桥面系的四部分依次进行检查。

(1) 桥面铺装的检查

桥梁结构的桥面铺装是最容易产生损坏的构件之一。桥面铺装产生缺陷或损伤后，会产生如下后果：

① 由于打滑、凹凸较严重等，容易引起大的交通事故。

② 由于桥面凹凸等，引起汽车车辆对桥梁的冲击效应增大，使桥面行车道板等的耐久性降低，引起更严重的损害。

③ 在伸缩缝的前后，桥面铺装与伸缩缝之间的高低差也容易引起伸缩缝装置的破坏。

桥面铺装的外观检查，首先是调查桥面铺装的类型，然后调查铺装层存在的主要缺陷。沥青桥面铺装的主要缺陷与损伤现象，有轻微裂缝（发状或条状），严重裂缝，皲裂纵、横裂缝，坑槽，车辙，拥包，磨光和起皮等；水泥混凝土桥面铺装的主要缺陷及损伤现象，有裂缝、剥落、坑洞、磨光等。

关于桥面铺装缺陷与损伤外观检查的方法、项目、记录格式及初步评定等，可参照《公路养护技术规范》中有关路面检查的条文进行。

(2) 伸缩缝的检查

各种伸缩缝装置一般具有的缺陷往往表现在伸缩缝本身的破坏损伤、锚固件损坏、接头周围部位后铺筑料的剥落、凹凸不平等。这些缺陷将会导致伸缩缝漏水，加速主梁、支座和盖梁的性能劣化，尤其是使用时间较长的桥梁结构。

伸缩缝的检查方式主要是目测，必要时用直尺测量破坏的范围。

(3) 桥面排水设施的检查

桥面排水设施及桥面铺装的缺陷，将会导致降雨时桥面积水，引起车辆横滑与刹车距离延长等。桥面排水设施的缺陷，在降雨和化雪时表现得尤为明显，是检查桥面排水设施缺陷的最好时机，也可以在降雨或化雪后及时进行。

桥面排水设施工作不良，除设计上可能考虑不周外，主要是由排水设施本身被破坏以及尘土、淤泥等堵塞泄水孔所致，并通过桥面铺装的裂缝等缺陷影响桥梁主要承重结构构件的耐久性能。

(4) 栏杆、扶手及人行道的检查

其主要检查栏杆、扶手本身破坏情况以及相互连接处是否脱落。对于人行道，检查路缘石是否有破碎、人行道与桥面板连接的牢固程度等。

### 7.3.2 桥梁上部结构的检查

桥梁上部结构是桥梁的主要承重结构，是由许多基本构件，如梁、板、拱肋等组成。因此，对桥梁上部结构的检查，就是对这些基本构件的工作状况的检查。具体检查工作一般包括：

(1) 基本构件缺陷及损伤检查

根据桥梁结构形式、构件种类、建桥环境、施工质量以及使用情况等的不同，缺陷在基本构件上产生的部位、种类和程度也不同。对于混凝土公路桥上部结构的基本构件，缺陷往往以表面裂缝、蜂窝、麻面、孔洞、露筋、剥落、游离石灰、缝隙夹层等现象表现出来。

(2) 基本构件的横向联系检查

桥梁上部结构工作的整体性，是由基本构件的横向联系状况来保证的。

对于起横向联系作用的构件状况检查，一般包括本身状况检查及其与基本构件连接状况的检查。

对于梁式桥的横隔板，应该检查横隔板上的缺陷及裂缝情况，同时检查连接钢板是否外露、有无锈蚀现象等。

对于双曲拱桥，应该检查横系梁上的裂缝情况，检查与拱肋连接处是否有脱离现象、拱肋和拱波接合处情况等。

(3) 基本构件的主要几何尺寸及纵轴线检查

一般情况下要用皮尺或钢卷尺测量基本构件的实际长度及截面尺寸、混凝土保护层实际厚度，也可以采用随机抽样调查的方法进行。

基本构件纵轴线的检查。对梁式桥来讲，指的是主梁纵轴线下挠度的测量；对拱桥来讲，指的是主拱圈的实际拱轴线及拱顶下沉量的测量。检查的方式可以采用先目测，发现有明显变形时再用精密仪器测量；有些形体高大的桥梁，也可使用精密仪器直接检查。

### 7.3.3 桥梁支座的检查

支座上存在的缺陷，往往是造成桥梁上部结构和墩台工作状态不良的原因，并可造成墩台的某些损伤。支座主要检查内容包括功能是否完好，组件是否完整、清洁，有无断裂、错位和脱空现象。各种支座的检查，主要包括下列内容：

① 简易支座的油毡是否老化、破裂或失效。

② 钢板滑动支座和弧形支座是否干涩、锈蚀。

③ 摆柱支座，各组件相对位置是否正确，受力是否均匀。

④ 四氟板支座是否脏污、老化。

⑤ 橡胶支座是否老化、变形。

⑥ 盆式橡胶支座的固定螺栓有否剪断，螺母是否松动。

⑦ 摇轴支座的辊轴是否出现不允许的爬动、歪斜。

⑧ 摇轴支座的辊轴是否倾斜。

⑨ 活动支座是否灵活，实际位移是否正常。

⑩ 支座垫石是否破碎。

### 7.3.4 桥梁桥墩与桥台的检查

桥梁桥墩与桥台的检查主要指桥墩、台身缺陷及裂缝检查，墩台变位（沉降、位移、倾斜）的检查。

对于钢筋混凝土墩台身，比较常见的缺陷是由混凝土冻涨引起的剥离，混凝土的风化、掉角及船身碰撞造成的表面混凝土擦痕、露筋现象；比较常见的裂缝形态是桥墩、台身沿主筋方向的裂缝或沿箍筋方向的裂缝，盖梁上与主筋方向垂直的竖向裂缝。

对于砖、石及混凝土的墩台身来讲，比较常见的缺陷是砌体的砌缝砂浆的风化、大体积混凝土内部的空洞引起的破损等；比较常见的裂缝形态是墩台身的网状裂缝及竖向裂缝（沿墩台身高度方向发展延伸）。

桥墩、台身缺陷及裂缝检查，可以采用目测或借助小锤子、读数显微镜来完成。对于墩台沉降情况的检查，采用精密水准仪测量；倾斜情况详细检查，可以在墩台上设置固定的铅垂线测点，用经纬仪或吊垂球测定墩台倾斜度。中小跨度桥梁墩台，水平位移的观测可用特定的钢线尺做拉力悬空丈量，并直接将丈量结果与竣工资料比较。

### 7.3.5 桥梁桥墩与桥台基础的检查

对于桥梁墩台基础的检查，主要指墩台基础冲刷情况和缺陷情况的检查。

在水中的桥墩，因为直接挡水，除了一般的冲刷外，还有因局部冲刷而形成的局部漏斗形河床。当河床为厚砂砾卵石层时，对于钻孔灌注桩会造成严重磨损，甚至使桩中钢筋外露。有关文献指出，在地面或低水位以下、冻结线以上或冲刷线附近，基础或墩身常有环带状腐蚀，基础周围表面松散，严重者使混凝土形成空洞。

对于中小桥混凝土基础或浆砌片石扩大基础，主要缺陷是基础松散破裂和基础下冲空。当桥梁墩台有倾斜、位移或在活载作用下墩顶位移较大时，往往可能是基础有病害，应进行挖深检查。

### 7.3.6 经常检查

经常检查主要是对桥面设施和桥面附属构造的技术状况进行日常巡视检查，每季度至少进行一次，及时发现缺损并进行小修。经常检查采用目测方法，当场填写桥梁经常检查记录表（表7-2），登记所检查项目的缺损类型，必要时进行摄影和录像，同时估计缺损范围及养护工作量，提出相应的小修保养措施。

**表7-2 桥梁经常检查记录表**

<table>
<tr><td colspan="6">公路管理机构名称</td></tr>
<tr><td>路线编码</td><td></td><td>路线名称</td><td></td><td>桥位桩号</td><td></td></tr>
<tr><td>桥梁编码</td><td></td><td>桥梁名称</td><td></td><td>养护单位</td><td></td></tr>
<tr><td>部件名称</td><td>缺损类型</td><td colspan="2">缺损范围</td><td colspan="2">养护意见</td></tr>
<tr><td>桥面铺装</td><td></td><td colspan="2"></td><td colspan="2"></td></tr>
<tr><td>桥头跳车</td><td></td><td colspan="2"></td><td colspan="2"></td></tr>
<tr><td>伸缩缝</td><td></td><td colspan="2"></td><td colspan="2"></td></tr>
<tr><td>泄水孔</td><td></td><td colspan="2"></td><td colspan="2"></td></tr>
<tr><td>桥面清洁</td><td></td><td colspan="2"></td><td colspan="2"></td></tr>
<tr><td>人行道,缘石</td><td></td><td colspan="2"></td><td colspan="2"></td></tr>
<tr><td>栏杆,护栏</td><td></td><td colspan="2"></td><td colspan="2"></td></tr>
<tr><td>照明,灯柱</td><td></td><td colspan="2"></td><td colspan="2"></td></tr>
</table>

续表

| 公路管理机构名称 | | | | | |
|---|---|---|---|---|---|
| 翼墙 | | | | | |
| 锥坡 | | | | | |
| 桥头排水沟 | | | | | |
| 桥头人行台阶 | | | | | |
| 其他 | | | | | |
| 负责人 | | 记录人 | | 检查日期 | |

经常检查中如发现桥梁重要部件、构件存在明显缺损，达到三、四类技术状况的病害时，应向上级公路养护管理机构报告。

经常检查时，应包括下列内容：

① 桥面铺装是否平整，有无裂缝、局部坑槽、波浪、碎边，桥头有无跳车。

② 桥面泄水管是否堵塞和破损。

③ 桥面是否清植，有无杂物堆积、杂草蔓生。

④ 伸缩缝是否堵塞卡死，连接件是否松动、局部破损。

⑤ 人行道、缘石、栏杆、扶手和引道护栏（柱）有无撞坏、断裂、松动、错位、缺件、剥落、锈蚀等。

⑥ 翼墙（侧墙、耳墙）是否开裂、风化剥落和异常变形。

⑦ 锥坡、护坡是否局部塌陷，铺砌面是否塌陷、缺损，是否有垃圾堆积、灌木杂草丛生现象。桥头排水沟和行人台阶是否完好。

⑧ 交通信号、标志、标线、照明设施是否完好。

⑨ 其他显而易见且达到三、四类技术状况的损坏或病害。

### 7.3.7 定期检查

根据桥梁的全长、跨度、结构类型、材质、运营情况及重要性等，可每半年、一年或三年进行一次定期检查。对斜拉桥、悬索桥等结构复杂的桥，可半年进行一次检查。对预应力混凝土连续梁、预应力混凝土连续刚构等结构形式的桥，可每一年，甚至三年检查一次。按规定周期，对桥梁主体结构及其附属构造物的技术状况进行定期跟踪、全面检查，主要检查各部件的功能是否完善有效，构造是否合理耐用，是否需要大、中修，是否需要改善或限制交通的桥梁缺损状况，同时检查小修保养状况。

定期检查除目测外，要使用较多的工具及仪器设备等。定期检查的内容虽然也包括了某些经常检查的内容，但应比经常检查的内容更加全面、深入和详细。定期检查要求实地判断缺损原因，定期检查后要形成报告，对受检部位和关键数据要进行鉴定、作出评价，并估定维修范围及其方式。

为便于分析判断桥梁可能发生的病害原因，必须在构件正常状态时设置永久性控制检测点。新建桥梁应在交付使用前设置。未设永久性控制检测点的既有桥梁，应在定期检查时按规定补设。控制检测项目见表7-3。

表 7-3　既有桥梁的永久性控制检测项目设置

| 序号 | 检测项目 | 检测点 | 检测方法 |
| --- | --- | --- | --- |
| 1 | 墩、台身、索塔锚碇的高程 | 墩、台身底部(距地面或常水位 0.5～2m)，桥台侧墙尾部和锚碇的上、下游两侧各 1～2 点 | 水准仪 |
| 2 | 墩、台身、索塔倾斜度 | 墩、台身底部(距底部或常水位 0.5～2m)，上、下游两侧各 1～2 点 | 垂直法或斜测仪 |
| 3 | 桥面高程 | 沿行车道两边(近缘石处)，按每孔跨中、1/4 跨、支点等不少于 5 个位置(10 个点)设置测点，测点应固着于桥面板上 | 水准仪 |
| 4 | 拱桥桥台、吊桥锚碇水平位移 | 在拱桥、锚碇的上、下游两侧各 1～2 个点 | 经纬仪 |

注：1. 上下行分离式桥按两座桥分别设点。
2. 倾斜度测点应用上下相距 0.5～1m 的两点标记检测。
3. 永久性测点宜用统一规格的圆头锚钉和在铝板上用钢印编号，或牢靠地固着于被测部件。
4. 所有测点的位置和编号，以及检测数据必须在桥梁总体图和数据表中注明，并归档。

检查桥梁结构时，应首先观察是否有异常变形、振动或摆动，然后检查各部位的技术状况，查找异常原因。

### 7.3.8　特殊检查

特殊检查分为应急检查和专门检查。

(1) 应急检查

当桥梁遭受洪水冲击，流冰、漂浮物、船舶撞击，滑坡，风灾和超重车辆强行通过等自然灾害或事故后，应立即对结构作详细检查，查明破损状态，采取应急措施，尽快恢复交通。

(2) 专门检查

桥梁在下列情况下应作专门检查：

① 定期检查中难以判明损坏原因及程度的桥梁。

② 要求提高载重等级的桥梁，在决定加固改善方案之前，需作专门检查。

③ 需要进行大修或改善的桥梁。

实施专门检查前应充分收集资料，包括计算书、竣工图、材料试验报告、施工记录、历次桥梁定期检查和特殊检查报告以及历次维修资料等。原资料如有不全或有疑问时，可现场测绘构造尺寸，测试构件材料组成及性能，勘察水文地质情况。

桥梁专门检验是对其结构及部件的材料质量和工作性能方面所存在的缺损状况进行详细检测、试验、判断和评价的过程，一般要使用多种专门的仪器设备。检测完成后要有专门报告，并需对某些缺损比较严重的部位及关键部位的技术状态和安全状态作出特别说明，对全桥的安全状态和过载能力作出正确评估。检验的项目主要有以下两个方面：

① 结构材料缺损状况诊断，包括材料损坏程度检测，材料物理、化学性能测试及缺损原因的分析判断。

② 结构材料缺损状况的检测。根据缺损的类型、位置和检测的要求，可选择表面测量、非破损检测技术和局部取试样等有效可靠的方法。试样宜在有代表性构件的次要部位获取，检测与评定应依照相应的试验标准进行。采用没有标准依据的检测技术，应事先通过模拟试验，制订适用的检测细则，保证检测结果具有一定的可靠性。

结构整体性能、功能状况鉴定，包括结构承载能力（强度、刚度和稳定性等）鉴定和桥梁抗洪能力的鉴定。一般采用以下两种方法：

① 根据实际的结构技术状况进行结构验算、水文和水力验算。

② 当采用调查、验算的方法仍不足以鉴定桥梁承载能力时，可采用荷载试验，测定桥梁在荷载作用下的实际工作状况，结合调查、验算来评定其承载能力和工作状况。

一般在下列情况下，可考虑进行荷载试验：

a. 桥梁的施工质量合格，使用状况良好，验算主要指标虽不符合要求，但超过幅度较小（30%以内），可能还有承载潜力。

b. 桥梁的施工质量很差，可能存在隐患，仅用调查和验算难以确定桥梁承载能力。

c. 桥梁在营运中损坏较严重，可能影响桥梁承载能力。

d. 桥梁缺乏设计、施工资料或桥梁结构受力不明确，不便准确进行桥梁承载能力验算。

e. 科研或积累资料需要时。

## 7.4 桩基静载试验

### 7.4.1 承载力试验主要检测项目

确定单桩承载力是桩基设计的关键依据之一，而单桩承载力只有通过现场试验才能确定。因此，现场试验主要检测以下项目：

① 确定单桩的极限承载力、设计承载力及抗拔力；

② 确定桩的底端承载力和桩侧摩阻力；

③ 了解单桩在荷载作用下的变形和桩的荷载传递规律。

在桩基础检测时，常通过桩的静载试验，由所测试的荷载与沉降的关系，确定单桩的竖向（抗压）极限承载力。这种检测法以单桩为试验对象，是一种接近于桩实际工作条件的模拟试验方法，又称为单桩垂直静载试验。当在拔力的作用下试验，以确定单桩的抗拔极限承载力时，则称为单桩抗拔静载试验。对抗滑、挡土桩等进行的试验称为单桩水平荷载试验。在桩的静载试验中，若在桩底、桩身埋设相应的量测传感器，还可以直接测定桩侧各土层的极限侧面阻力和极限端阻力。

### 7.4.2 单桩竖向抗压静载试验

(1) 试验的基本原理

桩的承载力是由桩周土的摩擦力和桩尖土的抵抗力（即桩的端承力）组成。在这两部分力的组合尚未充分发挥前，桩的下沉量与桩顶所承受的力是成正比的。当桩顶荷载达到破坏荷载时，桩的下沉量会突然增加或不停地变化，此时的前一级荷载则为极限荷载。

(2) 试验设备

在单桩垂直静载试验中，液压千斤顶加载装置是较常采用的加载装置，它包括加载与稳压系统、量测系统以及反力系统。可以根据实际情况，选用下列加载形式的反力装置之一。

① 压重平台反力装置（如图7-7为压重-千斤顶加载试验装置）

压重采用预制桩、钢锭等重物，其重量不得少于预估最大试验荷载的1.2倍；压重应在

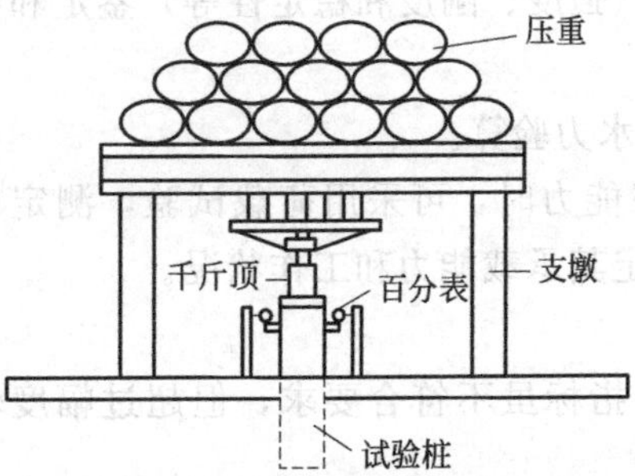

图 7-7 压重-千斤顶加载试验装置

试验开始前一次加满，并均匀地放置于平台上。

② 锚桩横梁反力装置

分为单列锚桩加载（如图 7-8，只设两根锚桩）和双列锚桩加载（如图 7-9，设四根锚桩）。锚桩和横梁能提供的反力不应小于 1.2～1.5 倍预估最大试验荷载（锚桩按抗拔桩计算）。采用工程桩作锚桩时，锚桩的数量不得少于 4 根，并应在试验过程中对锚桩的上拔量进行监测。

③ 锚桩压重联合反力装置

当试桩最大加载重量超过锚桩抗拔能力时，可在横梁上悬挂一定重物，由锚桩和重物共同承受千斤顶加载反力。

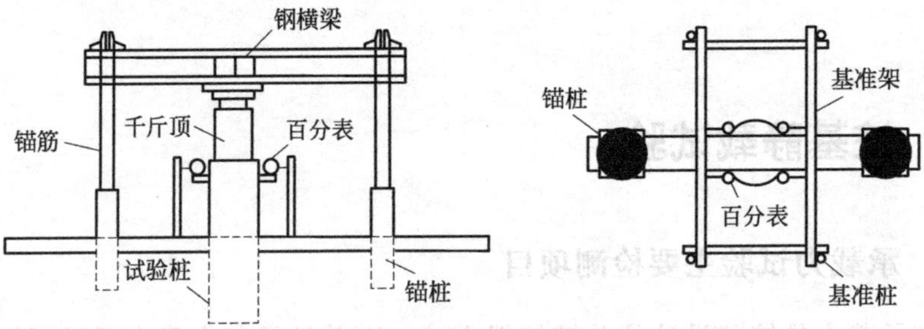

图 7-8 单列锚桩加载试验装置

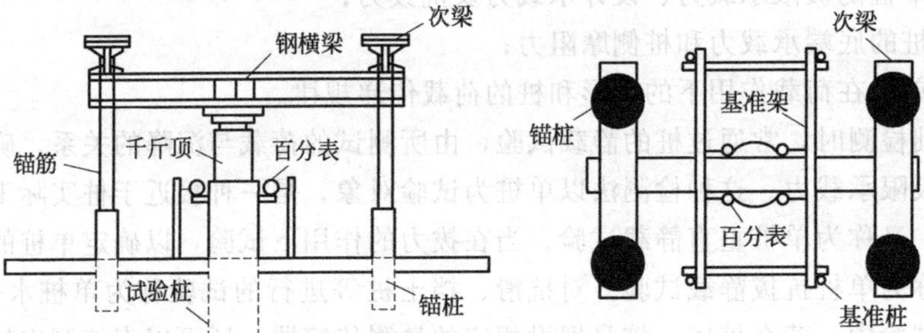

图 7-9 双列锚桩加载试验装置

（3）荷载试验条件

① 试桩

a. 试桩顶部一般应予加强，可在桩顶配置加密钢筋网 2～3 层，或用薄钢板作为加强箍与桩顶浇为一体，用高强度等级砂浆将桩顶抹平。

b. 为安装沉降测点及仪表，试桩顶部露出试桩地面的高度不宜少于 60cm，试桩地面应与桩承台底设计标高一致。

c. 试桩的成桩工艺条件和质量控制标准应与工程桩一致。有时为缩短试桩养护时间，混凝土强度等级可适当提高或采取早强措施。

d. 在满足混凝土达到强度等级的前提下，从浇筑试桩混凝土到开始试验的间隔时间按土质不同应满足下列要求：

砂类土中：不少于 10d；

粉土和黏性土中：不少于 15d；

淤泥及淤泥质土中：不少于 25d。

② 试桩、锚桩和基准桩之间的中心距离。试桩、锚桩（压重平台支墩）和基准桩之间，为了避免加载过程中的相互影响，桩之间的中心距离应满足表 7-4 的要求。

**表 7-4　试桩、锚桩和基准桩之间的中心距离**

| 加载装置 | 试桩与锚桩（或压重平台支撑边） | 基准桩与锚桩（或压重平台支撑边） | 试桩与基准桩 |
|---|---|---|---|
| 锚桩横梁反力装置 | ≥4$d$ 且≥2.0m | | |
| 压重平台反力装置 | | | |

注：$d$ 为试桩或锚桩的设计直径，当两者不等时，取较大者；当为扩底桩时，试桩与锚桩的中心距离不应小于 2 倍扩大端直径。

③ 百分表安装。测试试桩沉降的百分表一般在 2 个正交直径方向对称安装 4 个（小桩径时可安装 2～3 个百分表），沉降测定平面离桩顶距离不宜小于 0.5$d$。固定和支撑百分表的夹具和横梁在构造上应确保不会受气温影响而发生竖向变位。

（4）加载与卸载

试验一般采用慢速维持荷载法逐级加载，每级荷载达到相对稳定后加下一级荷载，直至达到终止加载条件，然后逐级卸载到零。具体规定如下：

① 每级加载约为预估极限荷载的 1/15～1/10，第一级可按 2 倍分级荷载加载。

② 沉降观察：每级加载后，隔 5min、10min、15min 各测读一次，以后每隔 15min 测读一次，累计 1h 后每隔 0.5h 测读一次。每次测读值应及时填入记录表。

③ 相对稳定标准：每一小时的沉降不超过 0.1mm，并且连续出现两次（由 1.5h 内的连续三次观测值计算），则认为已趋于稳定，可加下一级荷载。

④ 当出现下列情况之一时，可以停止加载：

当在某级荷载作用下，桩的沉降量为前一级沉降量的 5 倍时；

已达到锚桩最大抗拔力或压重平台的最大重量时；

在某级荷载作用下，桩的沉降量大于前一级荷载作用下沉降量的 2 倍，且 24h 尚未达到相对稳定时。

⑤ 卸载与观察：加载达到终止加载条件时，停止加载，并开始卸载。卸载时每级为加载值的 2 倍。每级卸载后隔 15min 测读一次残余沉降；测读两次后，隔 30min 再读一次，即可卸下一级荷载。全部卸载后，隔 3～4h 再测读一次。

（5）试验资料整理要点

试验结束后需要进行以下资料整理工作：

① 试验原始记录表。

② 试验概况：按照有关记录表格对原始记录进行整理，并对试验过程中出现的异常现象进行描述。

③ 绘制下列试验曲线：

荷载-沉降（$Q$-$s$）曲线（如图 7-10 所示）。第一个拐点时的荷载 $Q_0$ 称为比例界限，此时土体由压密阶段进入剪切阶段，由弹性变形转变为塑性变形；第二个拐点时的荷载 $Q_u$ 为极限荷载，此时土体由剪切阶段进入破坏阶段。

沉降-时间（$s$-$t$）曲线，有时时间轴用对数表示，称为 $s$-lg$t$ 曲线，如图 7-11 所示。

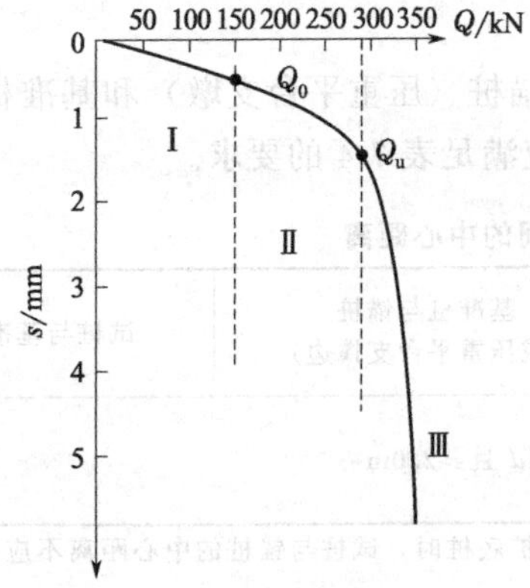


图 7-10 Q-s 曲线

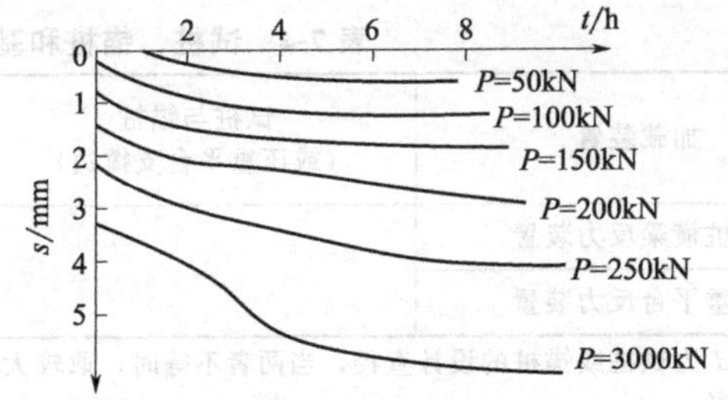


图 7-11 s-lgt 曲线

桩顶下沉量-荷载（$s$-$Q$）曲线，有时荷载轴用对数表示，称为 $s$-lg$Q$ 曲线，如图 7-12 所示。

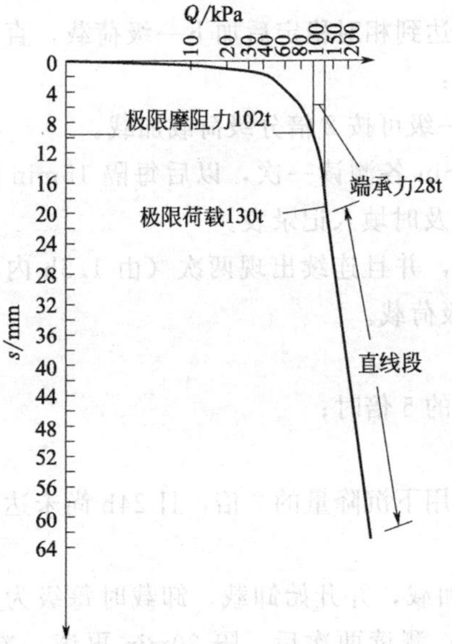


图 7-12 s-lgQ 曲线

桩身轴力分布-荷载曲线。

桩身摩阻力分布-荷载曲线。

桩底反力-荷载曲线。

(6) 成果分析与应用

① 单桩竖向极限承载力 $Q_u$ 的确定

a. 根据沉降随荷载的变化特征确定极限承载力：当 $Q$-$s$ 曲线陡降段明显时，取相应于陡降段起点的荷载值为单桩极限承载力 $Q_u$。

b. 根据沉降量确定极限承载力：对于缓变型 $Q$-$s$ 曲线，一般取 $s=40\sim60$mm 对应的荷载为 $Q_u$，对于大直径桩取 $s=0.03\sim0.06d$（$d$ 为桩端直径，大桩径取低值，小桩径取高值）时对应的荷载为 $Q_u$，对于细长桩（$l/d>80$）取 $s=60\sim80$mm 对应的荷载为 $Q_u$。

c. 根据沉降随时间的变化特征确定极限承载力：取 $s$-lg$t$ 曲线尾部出现明显向下弯曲的前一级荷载值为 $Q_u$。

② 单桩竖向极限承载力标准值的确定

当 $n$ 根试桩的条件基本相同时，先按前述方法分别确定单桩竖向极限承载力 $Q_{ui}$；再求得这 $n$ 根试桩实测极限承载力的平均值 $Q_{um}$；

按下式求得每根试桩的极限承载力实测值与平均值之比：

$$a_i=\frac{Q_{ui}}{Q_{um}}$$

其中，下标 $i$ 是根据 $Q_{ui}$ 值由大到小的顺序确定。

按照式(7-8) 计算 $a_i$ 的标准差 $S_n$：

$$S_n=\sqrt{\sum_{i=1}^{n}(a_i-1)^2/(n-1)} \tag{7-8}$$

确定单桩竖向承载力标准值 $Q_{uk}$，详见《建筑桩基技术规范》(JGJ 94—2008)。

③ 桩侧平均极限摩阻力和极限端承力的确定

a. 对于以摩阻力为主要承载力的桩，桩侧极限摩阻力和桩底极限端承力按照以下方法进行划分：将 $s$-lg$Q$ 曲线陡降直线段向上延伸与横坐标相交，交点左段为总极限摩阻力；交点至极限荷载 $Q_u$ 的距离为总极限端承力（见图 7-12）；总极限摩阻力除以桩侧表面积为平均极限摩阻力；总极限端承力除以桩的底面积为极限端承力。

b. 对于端承桩极限荷载 $Q_u$ 即为总极限端承力。

c. 当桩周土相对于桩侧向下位移时，产生桩侧向下的摩阻力称为负摩阻力。桩周沉降层范围的负摩阻力可采用悬底桩静载试验（桩的入土深度与沉降土层底部深度一致），或在常规静载试验中埋设桩身测力元件测定。

### 7.4.3 单桩竖向抗拔静载试验

在拔力作用下桩的破坏有两种形式：一种是地基变形带动周围的土体被拔出；另一种是桩身的强度不够，桩身被拉裂或拉断。

抗拔静载试验方法与压桩试验相同，只是施加荷载的方向相反。试验设备主要是千斤顶，把试桩的主筋连接到传力架上，当千斤顶上升时，就产生上拔力，把试桩提升（见图 7-13)，抗拔试验的加载、卸载方法参照单桩竖向抗压静载试验。

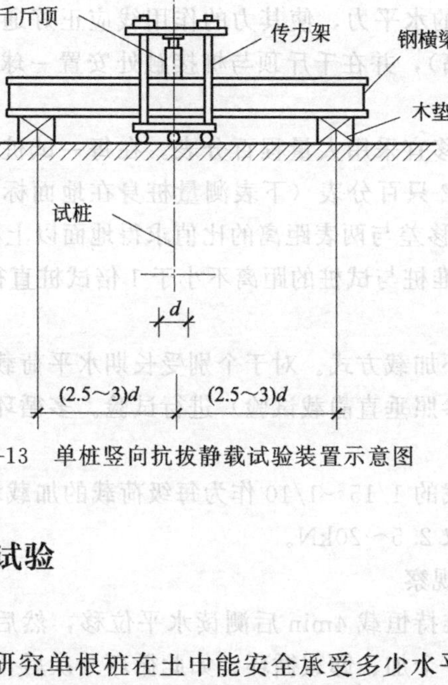


图 7-13 单桩竖向抗拔静载试验装置示意图

### 7.4.4 单桩水平静载试验

(1) 试验的基本原理

在建设工程中，有时需要研究单根桩在土中能安全承受多少水平荷载的问题。单桩水平静载试验的目的是采用接近于单桩实际工作条件的试验方法来确定单桩水平承载力和地基土的水平抗力系数。当在桩身埋设应力测量元件时，还可测定桩身的应力变化情况，并求得桩身弯矩分布图。

(2) 试验设备及仪表安装

在建设场地打入两根试桩，整平试桩之间的场地，在试桩之间安放卧式千斤顶和测力计，在桩顶标高和近地面处安装百分表，以量测桩的水平位移和桩头的位移（如图7-14)。

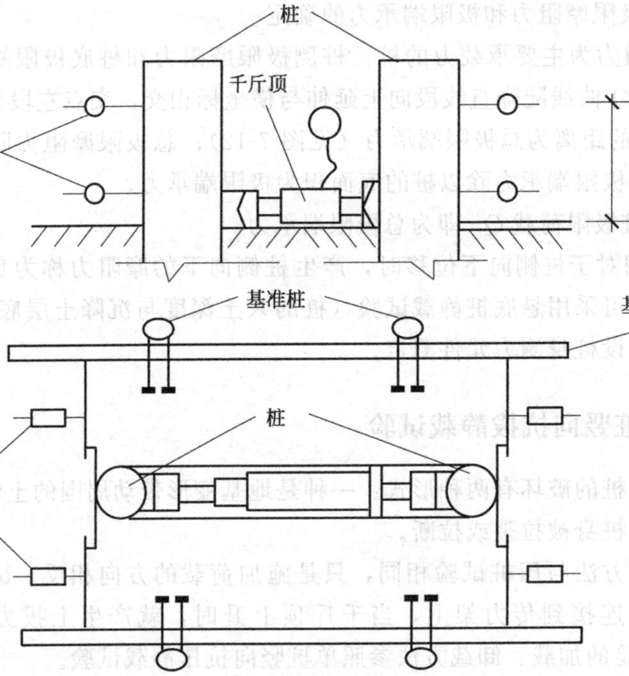


图 7-14　水平静载试验装置示意图

① 采用千斤顶施加的水平力，使其力的作用线应正好通过地面标高处（地面标高指实际工程桩基承台底面标高)，并在千斤顶与桩接触处安置一球形钗支座，以保证千斤顶作用力能水平通过桩身轴线。

② 测量桩的水平位移宜采用大量程百分表。在每一试桩力的作用水平面上和在该平面上约50cm处各安装1～2只百分表（下表测量桩身在地面标高处的水平位移，上表测量桩顶水平位移)，用两表位移差与两表距离的比值求得地面以上桩身的转角。

③ 固定百分表的基准桩与试桩的距离不小于1倍试桩直径。

(3) 加载方式

一般采用单向多循环加载方式。对于个别受长期水平荷载作用的桩基也可采用慢速连续加载方式（稳定标准可参照垂直静载试验）进行试验。多循环加、卸载试验方法如下：

① 荷载分级

取预估水平极限荷载的1/15～1/10作为每级荷载的加载增量。对于直径600～3400mm的桩，每级荷载增量可取2.5～20kN。

② 加载程序与位移观察

每级荷载施加后，维持恒载4min后测读水平位移，然后卸载为零，停2min后测读残余水平位移，至此完成一个加、卸载循环。如此循环5次后，完成一级荷载的试验观察。加载时间应尽量缩短，测量位移的间隔时间应严格准确，试验不得中途停歇。

③ 终止试验的条件

当桩身折断或水平位移超过30～40cm（软土取40cm）时，可终止试验。

(4) 资料整理

① 将单桩水平静载试验概况整理成表格形式，对成桩试验过程中的异常现象应作补充说明。

② 绘制有关试验结果曲线：

水平力-时间-位移（$H_0$-$t$-$x_0$）曲线（图 7-15）；

水平力-位移梯度（$H_0$-$\frac{\Delta x_0}{\Delta H_0}$）曲线（图 7-16）；

水平力-位移双对数（$\lg H_0$-$\lg x_0$）曲线；

当测量桩身应力时还应绘制沿桩身分布的水平力-最大弯矩截面钢筋应力（$H_0$-$\sigma_g$）曲线（图 7-17）。

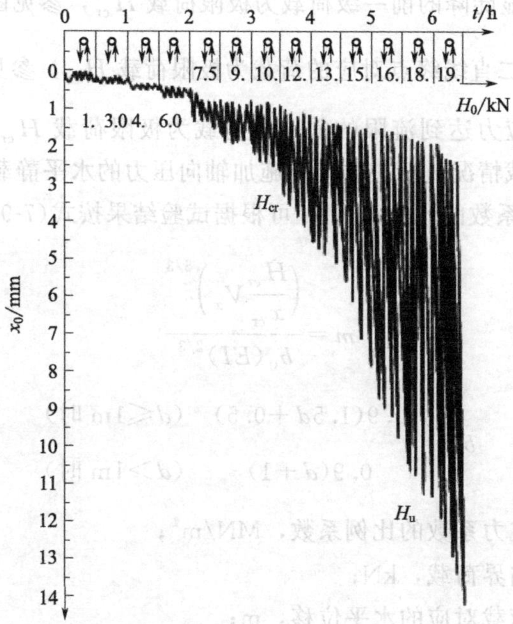


图 7-15 $H_0$-$t$-$x_0$ 曲线

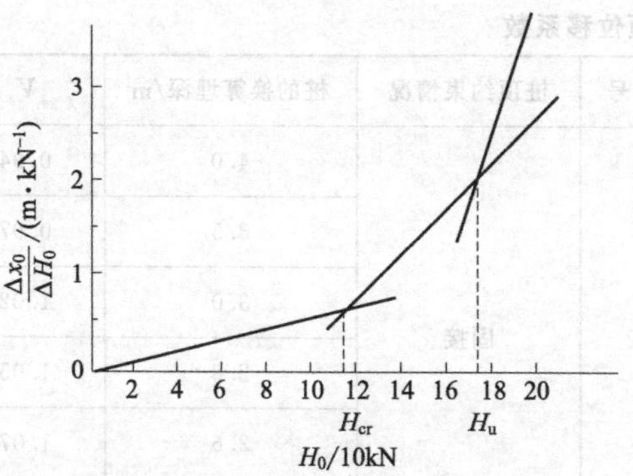


图 7-16 $H_0$-$\frac{\Delta x_0}{\Delta H_0}$ 曲线

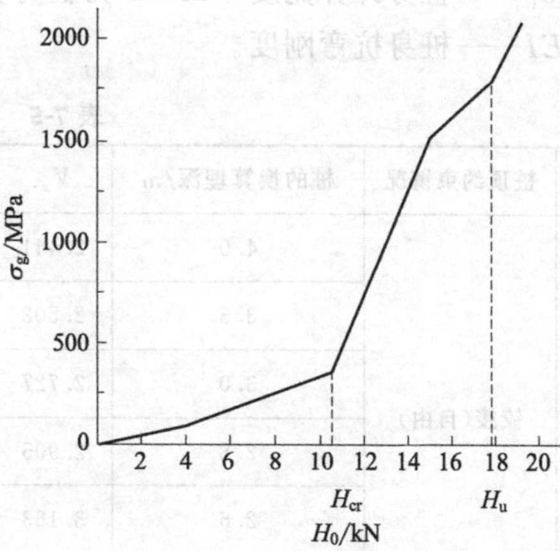


图 7-17 $H_0$-$\sigma_g$ 曲线

（5）成果分析与应用

① 按下列方法综合确定单桩水平临界荷载 $H_{cr}$（即桩身受拉区混凝土明显退出工作前的最大荷载）：

取 $H_0$-$t$-$x_0$ 曲线明显陡降的前一级荷载为极限荷载 $H_{cr}$，参见图 7-15；

取 $H_0$-$\dfrac{\Delta x_0}{\Delta H_0}$ 曲线第一直线段的终点（或 $\lg H_0$-$\lg x_0$ 曲线拐点）所对应的荷载为水平临界荷载 $H_{cr}$，参见图 7-16；

取桩身折断或钢筋应力达到流限的前一级荷载为极限荷载 $H_{cr}$，参见图 7-17 $H_0$-$\sigma_g$ 曲线。

② 单桩水平极限荷载 $H_{cr}$ 可根据下列方法综合确定：

取 $H_0$-$t$-$x_0$ 曲线明显陡降的前一级荷载为极限荷载 $H_{cr}$，参见图 7-15；

取 $H_0$-$\dfrac{\Delta x_0}{\Delta H_0}$ 曲线第二直线终点对应的荷载为极限荷载 $H_{cr}$，参见图 7-16；

取桩身折断或钢筋应力达到流限的前一级荷载为极限荷载 $H_{cr}$，参见图 7-17。有条件时，还可以模拟实际荷载情况进行桩顶同时施加轴向压力的水平静载试验。

③ 地基土水平抗力系数的比例系数 $m$ 可根据试验结果按式(7-9) 计算：

$$m=\frac{\left(\dfrac{H_{cr}}{x_{cr}}V_x\right)^{5/3}}{b_0(EI)^{2/3}} \tag{7-9}$$

$$b_0=\begin{cases}0.9(1.5d+0.5) & (d\leqslant 1\text{m 时})\\ 0.9(d+1) & (d>1\text{m 时})\end{cases}$$

式中 $m$——地基水平抗力系数的比例系数，$MN/m^4$；

$H_{cr}$——单桩水平临界荷载，kN；

$x_{cr}$——水平临界荷载对应的水平位移，m；

$V_x$——桩顶位移系数，按表 7-5 采用；

$b_0$——桩身计算宽度，m，$d$ 为桩身直径；

$EI$——桩身抗弯刚度。

**表 7-5 桩顶位移系数**

| 序号 | 桩顶约束情况 | 桩的换算埋深/m | $V_x$ | 序号 | 桩顶约束情况 | 桩的换算埋深/m | $V_x$ |
|---|---|---|---|---|---|---|---|
| 1 | 铰接(自由) | 4.0 | 2.441 | 2 | 固接 | 4.0 | 0.940 |
| | | 3.5 | 2.502 | | | 3.5 | 0.970 |
| | | 3.0 | 2.727 | | | 3.0 | 1.026 |
| | | 2.8 | 2.905 | | | 2.8 | 1.055 |
| | | 2.6 | 3.163 | | | 2.6 | 1.079 |
| | | 2.4 | 3.526 | | | 2.4 | 1.095 |

## 复习思考题

7-1　实桥荷载试验的目的是什么？

7-2　实桥荷载试验中静载、动载试验的主要测试内容有哪些？

7-3　实桥现场调查与考察应包含哪些项目？

7-4　常见主要桥型静载试验中主要有哪些加载工况？

7-5　实桥荷载试验常采用哪些加载设备与方法？车辆荷载应如何称重？

7-6　几种主要桥梁体系的试验控制截面的主要测点应如何布置？

7-7　采用汽车车队做桥梁静载试验时，如何进行加载工况的分级？

# 第8章 路基路面现场检测与试验

## 8.1 路基路面现场检测的基本要求

(1) 人员要求

试验检测人员应具有相应的资格证书，熟悉检测任务，了解被检测对象和所用仪器设备的性能，掌握所从事检测项目的有关技术标准，了解数据数理统计、误差理论有关知识，以数据说话，不受行政及其他方面的干扰。

(2) 设备要求

在检测过程中，使用的仪器设备应是国家现行相关规范规定的检测仪器。使用状态满足检测的需要，经国家规定的检测机构标定后方可使用；进口设备的测试方法未包含在国家规范范围内的，参照仪器生产国家的相关规范使用，并在试验报告中予以说明。

(3) 试验数据要求

① 原始记录是试验检测结果的如实反映。不允许随意更改、删减，检测结果必须有人校核。

② 试验数据处理时，要注意检测数据有效位数的确定、检测异常值的判定。同一参数的检测数据，个数少于 3 的用算术平均值法，个数大于 3 时建议采用数理统计方法求代表值。

(4) 试验方法要求

应使用现行规程、规范中规定的方法。路基路面现场检测用到的规程有《公路路基路面现场测试规程》(JTG 3450—2019)、《公路工程技术标准》(JTG B01—2014)、《公路工程质量检验评定标准 第一册 土建工程》(JTG F80/1—2017) 和相关的公路工程施工规范及设计规范。

## 8.2 几何参数检测

### 8.2.1 几何尺寸检测

在路基路面施工过程中、交工验收期间及旧路调查时，都需要检测路基路面各部分的宽度、高程、横坡、边坡、中线偏位等几何尺寸，以保证各组成部分的几何尺寸符合规定的要求。

8.2.1.1 检测项目的要求

土方路基、水泥土路基及沥青混凝土面层等，各检测项目的要求如表8-1所示。其他结构层检测项目的要求参见《公路工程质量检验评定标准》(JTG F80/1—2017)。

表8-1 几何尺寸检测项目要求

| 结构名称 | 检测项目 | 规定值或允许偏差 | | 检测频率 |
|---|---|---|---|---|
| | | 高速、一级公路 | 其他公路 | |
| 土方路基 | 纵断高程/mm | +10，−15 | +10，−20 | 每200m测4个断面 |
| | 中线偏位/mm | 50 | 100 | 每200m测4点，弯道加HY、YH两点 |
| | 宽度/mm | 不小于设计值 | 不小于设计值 | 每200m测4个断面 |
| | 横坡/% | ±0.3 | ±0.5 | 每200m测4处 |
| | 边坡 | 符合设计要求 | 符合设计要求 | 每200m测4个断面 |
| 水泥土路基 | 纵断高程/mm | | +5，−15 | 每200m测4个断面 |
| | 宽度/mm | | 不小于设计值 | 每200m测4处 |
| | 横坡/% | | ±0.5 | 每200m测4个断面 |
| 沥青混凝土面层 | 纵断高程/mm | +15 | ±20 | 每200m测4个断面 |
| | 中线偏位/mm | 20 | 30 | 每200m测4点，弯道加HY、YH两点 |
| | 宽度/mm | ±20 | ±30 | 每200m测4处 |
| | 横坡/% | ±0.3 | ±0.5 | 每200m测4个断面 |

8.2.1.2 检测仪器与材料

几何尺寸检测所用的仪器与材料有钢尺、经纬仪、全站仪、精密水准仪、塔尺、粉笔等。

(1) 经纬仪

目前使用最广泛的测角仪器是光学经纬仪和电子经纬仪。它们总体结构相似，都是由照准部、水平度盘、基座三个部分组成，其主要区别在于读数系统。光学经纬仪的度盘是在360°全圆上均匀地刻度（分）标记，利用光学测微器读出分、秒值。电子经纬仪则采用光电扫描度盘及自动归算液晶显示系统，接上记录器自动记录，加配适当接口还可将野外采集的数据直接输入计算机进行计算机绘图。经纬仪被广泛用于中线偏位检测、点位放样、三角高程的测量等。

(2) 电子全站仪

电子全站仪是一种可以同时进行角度（水平角、垂直角）和距离（斜距、平距、高差）测量，由机械、光学、电子元件组成的测量仪器。只要一次安置，便可完成该测站上所有的测量，故称“全站仪”，现已广泛用于控制测量、碎部测量、施工放样、变形观测等方面的测量作业中。

(3) 水准仪

水准仪是水准测量时提供水平视线的仪器。在检测中它主要用于测定道路的纵、横断面高程，还广泛地用于道路纵、横坡的测量。

8.2.1.3 检测过程

(1) 准备工作

① 在路基或路面上准确恢复桩号。

② 按随机取样的方法在一个检测路段内选取测定的断面位置及里程桩号，并在测定断面做上记号。通常将路面宽度、横坡、里程及中线偏位选在同一断面位置，且宜在整数桩号上。

根据道路设计的要求：a. 确定路基路面各部分的设计宽度的边界位置，在测定位置上用粉笔做上记号；b. 确定设计高程的纵断面位置，在测定位置上用粉笔做上记号；c. 在与中线垂直的横断面上，确定成型后路面实际中线位置。

根据道路设计的路拱形状，确定曲线与直线部分的交界位置及路面与路肩（或硬路肩）的交界处，作为横坡检验的标准；当有路缘石或中央分隔带时，以两侧路缘石边缘为横坡测定的基准点，用粉笔做上记号。

(2) 纵断面高程测定

将水准仪架设在路上，以路线附近的水准点高程为基准，依次将塔尺竖立在中线的测定位置上，记录测定点的高程。高程读数以 m 计，准确至 0.001m。连续测定全部测点，并与水准点闭合。各测点的实测高程已知，与设计高程 $h_{oi}$ 之差为

$$\Delta h_i = h_i - h_{oi} \tag{8-1}$$

式中 $h_i$——第 $i$ 测点实测高程；

$h_{oi}$——第 $i$ 点设计高程。

(3) 路面横坡测定

对无中央分隔带的路面横坡是指路拱两侧直线部分的坡度。测定横坡时，将水准仪架设在路面平顺处整平，将塔尺分别竖立在路拱曲线与直线部分的交界位置 $d_1$ 处以及路面与路肩交界位置 $d_2$ 处，两点必须在同一横断面上。测量 $d_1$、$d_2$ 处的高程，记录高程读数，以 m 计，准确至 0.001m。

对有中央分隔带的路面横坡是指路面与中央分隔带交界处及路面边缘与路肩交界处两点的高程差与水平距离的比值，以%表示。测定横坡时，将水准仪架设在路面平顺处，将塔尺分别竖立在路面与中央分隔带交界的路缘带边缘 $d_1$ 处以及路面与路肩交界的标记 $d_2$ 处，两点必须在同一横断面上。测量 $d_1$、$d_2$ 处的高程，记录高程读数，以 m 计，准确至 0.001m。

用钢尺测量两测点的水平距离 $B_i$，以 m 计。对于高速公路、一级公路，准确至 0.005m；其他等级公路，准确至 0.01m。

各测点断面的横坡度 $i_i$ 按式(8-2) 计算，准确至 1 位小数。实测横坡 $i_i$ 与设计横坡 $i_{oi}$ 之差 $\Delta i_i$ 按式(8-3) 计算为

$$i_i = \frac{h_{d_1} - h_{d_2}}{B_i} \times 100\% \tag{8-2}$$

$$\Delta i_i = i_i - i_{oi} \tag{8-3}$$

式中 $h_{d_1}$，$h_{d_2}$——各测定断面两测点 $d_1$ 和 $d_2$ 的高程读数。

8.2.1.4 路基路面宽度及中线偏差测定

① 路基宽度指行车道与路肩宽度之和。对于高速公路、一级公路，路面宽度由行车道、路缘带、变速车道、爬坡车道硬路肩和紧急停车带组成。测量方法如下所述。

用钢尺沿中心线垂直方向水平量取路基路面各部分的宽度，以 m 计。对于高速公路、一级公路，准确至 0.005m；对于其他等级公路，准确至 0.01m。

测量时量尺应保持水平，不得将尺紧贴路面量取，也不得使用皮尺。各测点断面的实测宽度 $B_i$ 与设计宽度 $B_{oi}$ 之差 $\Delta B_i$，用公式表示为

$$\Delta B_i = B_i - B_{oi} \tag{8-4}$$

② 实际路基、路面中心线与设计中心线的距离为中心偏差，用 $\Delta_{CL}$ 表示，以 cm 计。对于高速公路、一级公路，准确至 0.5cm；对于其他等级公路，准确至 1.0cm。其测量方法同宽度测量。

③ 检测路段数据整理。根据检测的数据计算并评定检测路段各几何指标的平均值、标准差、变异系数，并用数理统计原理计算其代表值 $X_L$ 有：

单侧检验的指标

$$X_L = \overline{X} \pm \frac{St_a}{\sqrt{n}} \tag{8-5}$$

双侧检验的指标

$$X_L = \overline{X} \pm \frac{St_{\frac{a}{2}}}{\sqrt{n}} \tag{8-6}$$

式中 $\overline{X}$——一个评定路段内测定值的平均值；

$S$——标准差；

$t_a$ 或 $t_{\frac{a}{2}}$——$t$ 分布中随测点数和保证率（或置信度 $\alpha$）而变化的系数；

$n$——测点数。

当无特殊规定时，可疑数据的舍弃宜按照 $K$ 倍标准差作为舍弃标准，即在资料分析中，应舍弃那些在 $\overline{X} \pm KS$ 范围以外的测定值，然后再重新计算整理。

## 8.2.2 路面厚度检测

路面结构的厚度是保证路面使用性能的基本条件，是实际施工检测的一项重要内容。一般虽可用强度高的材料填充强度低的材料，但要保证路面强度、厚度的变异性较小。可靠度分析表明，路面厚度的变异性对路面结构的整体可靠度影响很大。路面厚度的变化，将导致路面受力不均匀，局部将可能有应力集中现象，加快路面结构破坏。施工监理要求检验路面各结构层施工完成后的厚度，该资料是工程交工验收的基础资料，所以在《公路工程质量检验评定标准 第一册 土建工程》(JTG F80/1) 中路面各个层次的厚度的分值较高。

8.2.2.1 路面厚度代表值与极值的允许偏差

路面厚度代表值与极值的允许偏差如表 8-2 所示。

表 8-2 几种常用的路面结构层厚度代表值与极值的允许偏差

| 类型与层次 | 厚度/mm | | | |
|---|---|---|---|---|
| | 代表值 | | 极值 | |
| | 高速、一级 | 其他公路 | 高速、一级 | 其他公路 |
| 水泥混凝土面层 | −5 | −5 | −10 | −10 |
| 沥青混凝土 | 总厚度，−5%$H$<br>上面层，−10%$h$ | −8%$H$ | 总厚度，−10%$H$<br>上面层，−20%$h$ | −15%$H$ |
| 沥青碎石面层 | 总厚度，−5%$H$<br>上面层，−10%$h$ | −8%$H$<br>−8%$H$ 或 −5mm | 总厚度，−10%$H$<br>上面层，−20%$h$ | −15%$H$ |
| 沥青贯入式面层 | −8%$H$ 或 −5mm | −8%$H$ 或 −5mm | −15%$H$ 或 −10mm | −15%$H$ 或 −10mm |
| 水泥稳定粒料基层 | −8 | −10 | −15 | −20 |
| 石灰土底基层 | −10 | −12 | −25 | −30 |

注：1. 水泥混凝土面层，每 200m 每车道检查 2 处。
2. 沥青混凝土、沥青碎石及沥青贯入式面层，每 200m 每车道检查 1 点。
3. 水泥稳定粒料基层及石灰稳定土底基层，每 200m 每车道检查 1 点。
4. $H$ 为沥青层设计厚度，mm；$h$ 为沥青上面层设计厚度，mm。

#### 8.2.2.2 路面厚度测试方法

(1) 挖坑法测定基层或砂石路面的厚度

① 按随机选点法确定挖坑检查的位置。如为旧路，测点有坑洞等显著缺陷或处于接缝处时，可在其旁边检测。

② 选一块约 40cm×40cm 的平坦地面作为试验地点，用毛刷将其清扫干净。

③ 根据材料坚硬程度，选择适当的工具，开挖这一层材料，直至层位底面。

④ 用毛刷将坑底清扫，确认为下一层的顶面。

⑤ 将钢板尺平放横跨于坑的两边，用另一把钢尺或卡尺等量具在坑中间位置垂直放至坑底，测量坑底至钢板尺底面的距离，即为检查层的厚度，以 cm 计，精确至 0.1cm。

⑥ 用取样层的相同材料填补试坑。对有机结合料稳定类结构层，应按相同配比用新拌的材料分层填补，并用小锤夯实整平；对无机结合料结构层，可用挖坑时取出的材料，适当加水拌和后分层填补，并用小锤夯实整平。

(2) 钻孔取样法测定沥青面层及水泥混凝土路面的厚度

① 同挖坑法要求的第①项。

② 按规定的方法用路面取芯机钻孔，芯样的直径应符合规定的要求，钻孔深度必须达到层厚。

③ 仔细取出芯样，清除表面灰土，找出与下层的分界。

④ 用钢板尺或卡尺沿圆周对称的十字方向四处量取表面至上下层接口的高度，取其平均值，即为该层的厚度，准确至 0.1cm。

在施工过程中，当沥青混合料尚未冷却时，可根据需要随机选择测点，用大螺丝刀插入量取或挖坑量取沥青层的厚度，但不得使用铁镐等扰动四周的沥青层。

⑤ 用取样层的相同材料填补试坑。对正在施工的沥青路面，用相同级配的热拌沥青混合料分层填补，并用热的铁锤或热夯夯实整平；旧路钻孔也可用乳化沥青混合料填补；对水泥混凝土面板，应按相同配比用新拌的材料分层填补并用小锤夯实，新拌材料中宜掺加快凝

早强的外掺剂。

（3）短脉冲雷达法检测路面面层厚度

短脉冲雷达法检测路面面层厚度是一种先进、高效、不损坏路面结构，并可以连续检测的方法，它属于反射探测法。其基本原理是不同的介质具有不同的介电常数，地质雷达向地下发射一定强度的高频电磁脉冲波，电磁脉冲波在地下传播过程中遇到不同介电常数的界面时，一部分能量产生反射波，一部分能量继续向地下传播，地质雷达接收并记录这些反射信息。雷达最大探测深度是由雷达系统的参数以及路面材料的电磁属性决定的。对于过度潮湿或饱和，以及有高铁矿渣集料含量的路面，不适合用本方法测试。

雷达测试系统由承载车、天线、雷达发射接收器和控制系统组成。其测试步骤如下所述。

① 将承载车停在起点，开启安全警示灯，启动软件测试程序，令驾驶员缓慢加速车辆到正常检测速度。

② 检测过程中，操作人员应记录测试线路所遇到的桥梁、涵洞、隧道等构造物的起终点。

③ 当测试车辆到达终点后，操作人员停止采集程序。

④ 芯样标定。为了准确反算出路面厚度，必须知道路面材料的介电常数。通常采用在路面上钻芯取样方法，以获取路面材料的介电常数。做法是首先令雷达天线在需要标定芯样点的上方采样，然后钻芯，最后将芯样的真实厚度数据输入到计算程序中，反算出路面材料的介电常数或雷达波在材料中的传播速度。材料的介电常数会随集料类型、沥青产地、密度、湿度等而不同。测试过程应根据实际情况增加芯样钻取数量，以保证测试厚度的准确性。

⑤ 操作人员检查数据，文件应完整，内容应正常，否则应重新测试。

## 8.3 平整度检测

平整度是路面施工质量的重要指标，是指以规定的标准量规，间断地或连续地量测路表面的凹凸情况，即不平整度的指标。路面的平整度与路面各结构层次的平整状况有着一定的联系，即各层次的平整效果将累积反映到路面表面上。路面面层由于直接与车辆接触，不平整的表面将会增大行车阻力，使车辆产生附加振动作用。这种振动作用不仅会造成行驶颠簸，影响行车的速度和安全及驾驶的平稳性和乘客的舒适性，还会对路面施加冲击力，加剧路面和汽车机件损坏和轮胎的磨损，并增大油耗。此外，不平整的路面会积滞雨水，加速路面的破坏。因此，平整度的检测与评定是公路施工与养护的一个非常重要的环节。

平整度的测试设备分为断面类及反应类两大类。断面类设备实际上是测定路面表面凹凸情况，如最常用的3m直尺及连续式平整度仪，还可通过精确测量高程得到；反应类设备用来测定路面凹凸引起车辆振动的颠簸情况。反应类指标是司机和乘客直接感受到的平整度指标，因此实际上是舒适性能指标。最常用的测试设备是车载式颠簸累积仪，现已有更新型的自动化测试设备，如纵断面分析仪、路面平整度数据采集系统测定车等。常见几种平整度测试方法的特点及技术指标比较如表8-3所示。国际上通用国际平整度指数（IRI）来衡量路面行驶舒适性或路面行驶质量。它可通过标定试验得出IRI与标准差 $a$ 或单向累计值

(VBI) 之间的关系。

表 8-3 平整度测试方法比较

| 方法 | 特点 | 技术指标 |
|---|---|---|
| 3m 直尺法 | 设备简单,结果直观,间断测试,工作效率低,反映凹凸程度 | 最大间隙($h$)/mm |
| 连续式平整度仪法 | 设备较复杂,连续测试,工作效率高,反映凹凸程度 | 标准差($T$)/mm |
| 车载式颠簸累积仪法 | 设备复杂,工作效率高,连续测试,反映舒适性 | 单向累计值(VBI)/(cm/km) |
| 激光平整度仪法 | 设备先进,可连续测试,工作效率高,但试验条件要求较多,适合高等级公路的连续测试 | 国际平整度指数(IRI)/(m/km) |

## 8.3.1 3m 直尺法

3m 直尺法有单尺测定最大间隙及等距离(1.5m)连续测定两种。两种方法测定的路面平整度,有较好的相关关系。前者常用于施工质量控制与检查验收,单尺测定时要计算出测定段的合格率;后者也可用于施工质量检查验收,要算出标准差,用标准差来表示平整程度。

(1) 试验目的和适用范围

本方法用于测定压实成型的路基、路面各层表面的平整度,以评定路面的施工质量及使用性能。

(2) 测点选择及测试要点

① 在测试路段路面上选择测试地点。

a. 当为沥青路面施工过程中质量检测需要时,测试地点应选在接缝处,可以用单杆检测评定。

b. 当为路基路面工程质量检查验收或进行路况评定需要时,应每 200m 测 2 处,每处连续测量 10 尺。除特殊需要外,应以行车道一侧车轮轮迹(距车道线 80~100cm)带作为连续测定的标准位置。

c. 对已形成车辙的旧路面,应取车辙中间位置为测定位置,用粉笔在路面上做好标记。

② 测试要点。

a. 在施工过程中检测时,根据需要确定的方向,将 3m 直尺摆在测试地点的路面上。

b. 目测 3m 直尺底面与路面之间的间隙情况,确定间隙最大的位置。

c. 用有高度标线的塞尺塞进间隙处,量记最大间隙的高度,精确至 0.2mm。

d. 施工结束后检测时,按现行《公路工程质量检验评定标准》的规定,每 1 处连续检测 10 尺,按上述步骤测记 10 个最大间隙。

(3) 计算

单杆检测路面的平整度计算,以 3m 直尺与路面的最大间隙为测定结果。连续测定 10 尺时,判断每个测定值是否合格,根据要求计算合格率,并计算 10 个最大间隙的平均值。

$$合格率=(合格尺数/总测尺数)\times 100\%$$

(4) 报告要素

应随时记录测试位置及检测结果。连续测定 10 尺时，应报告平均值、不合格尺数及合格率。

## 8.3.2 连续式平整度仪法

(1) 试验目的与适用范围

本方法用于测定路表面的平整度，评定路面的施工质量和使用质量，但不适用于在已有较多坑槽、破损严重的路面上测定。

(2) 仪器设备

连续式平整度仪，构造示意如图 8-1 所示。

① 除特殊情况外，连续式平整度仪的标准长度为 3m，其质量应符合仪器标准的要求。中间为一个 3m 长的机架，机架可缩短或折叠，前后各有 4 个行走轮，前后两组轮的轴间距离为 3m。机架中间有一个能起落的测定轮。机架上装有蓄电池及可拆卸的检测箱，检测箱可通过显示、记录、打印或绘图等方式输出测试结果。测定轮上装有位移传感器，自动采集位移数据时，测定间距为 10cm，每一计算区间的长度为 100m，并输出一次结果。当为人工检测，无自动采集数据及计算功能时，应能记录测试曲线。机架头装有一牵引钩及手拉柄，可用人力或汽车牵引。

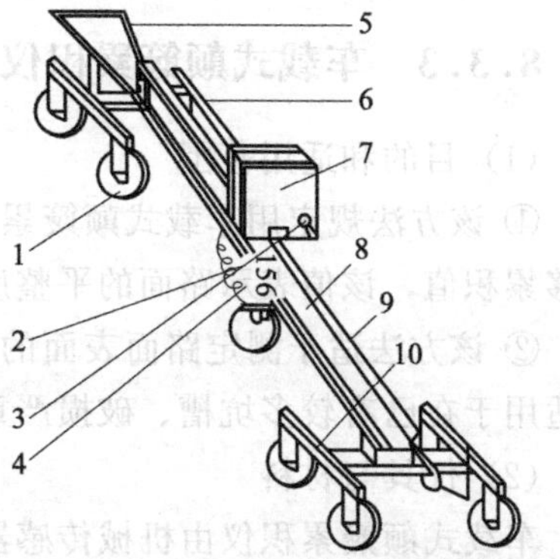


图 8-1 连续式平整度仪构造示意

1—脚轮；2—拉簧；3—离合器；4—测架；5—牵引架；6—前架；7—纵断面绘图仪；8—测定轮；9—纵梁；10—后架

② 牵引车。小面包车或其他小型牵引汽车。

③ 皮尺或测绳。

(3) 试验要点

① 选择测试路段路面测试地点，同 3m 直尺法。

② 将连续式平整度仪置于测试路段路面起点上。在牵引汽车的后部，将平整度仪的挂钩挂上后，放下测定轮，启动检测器及记录仪，随即启动汽车沿道路纵向行驶，横向位置保持稳定，并检查平整度检测仪表上测定数字显示、打印、记录的情况。如检测设备中某项仪表发生故障，即停车检测。牵引平整度仪的速度应均匀，速度宜为 5km/h，最大不得超过 12km/h。

③ 若测试路段较短时，亦可用人力拖拉平整度仪测定路面，但拖拉时应保持匀速前进。

(4) 计算

① 连续式平整度仪测定后，可按每 10cm 间距采集的位移值自动计算 100m 计算区间的平整度标准差，还可记录测试长度、曲线振幅大于某一定值（3mm、5mm、8mm、10mm 等）的次数、曲线振幅的单向（凸起或凹下）累计值及以 3m 机架为基准的中点路面偏差曲线图，并打印输出。当为人工计算时，在记录曲线上任意设一基准线，每隔一定距离（宜为 1.5m）读取曲线偏离基准线的偏离位移值 $d_i$。

② 每一计算区间的路面平整度，以该区间测定结果的标准差表示，按下式计算为

$$\sigma_i=\sqrt{\frac{\sum d_i^2-(\sum d_i)^2/n}{n-1}} \tag{8-7}$$

式中 $\sigma_i$——各计算区间的平整度计算值，mm；

$d_i$——以 100m 为一个计算区间，每隔一定距离（自动采集间距为 10cm，人工采集间距为 1.5m）采集的路面凹凸偏差位移值，mm；

$n$——计算区间用于计算标准差的测试数据个数。

(5) 报告要素

试验应列表报告每一个评定路段内各测定区间的平整度标准差，各评定路段平整度的平均值、标准差、变异系数以及不合格区间数。

### 8.3.3 车载式颠簸累积仪法

(1) 目的和适用范围

① 该方法规定用车载式颠簸累积仪测量车辆在路面上通行时，后轴与车厢之间的单向位移累积值，该值表示路面的平整度，以 cm/km 计。

② 该方法适于测定路面表面的平整度，以评定路面的施工质量和使用期的舒适性。但不适用于在已有较多坑槽、破损严重的路面上测定。

(2) 仪具与材料

车载式颠簸累积仪由机械传感器、数据处理器及微型打印机组成，传感器固定安装在测试车的底板上，如图 8-2 所示。仪器的主要技术性能指标如下：①测试速度可在 30～80km/h 内选定；②垂直位移分辨率 1mm；③最大测试幅值±20cm；④距离标定误差＜0.5%；⑤系统工作环境 0～60℃。

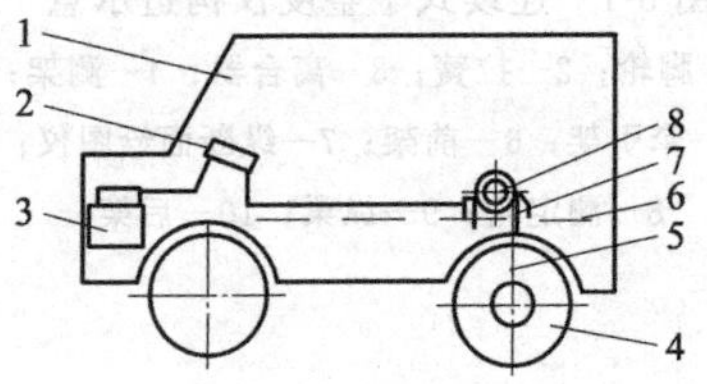


图 8-2 车载式颠簸累积仪安装示意图

1—测试车；2—数据处理器；3—电瓶；4—后桥；5—挂钩；6—底板；7—钢丝绳；8—颠簸累积仪传感器

(3) 工作原理

测试车以一定的速度在凹凸不平路面上行驶引起的汽车激振，通过机械传感器可测量后轴同车厢之间的单向位移累积值（VBI）。VBI 越大，说明路面平整性、乘坐舒适性越差。

(4) 测试要点

① 仪器安装应准确、牢固、便于操作。

② 测试速度以 32km/h 为宜，一般不宜超过 40km/h。

③ 测试路段计算长度在 100m、200m、300m、400m、500m、600m、700m、800m、900m、1km 中选择。

(5) 计算

车载式颠簸累积仪直接测试输出的颠簸累积值 VBI，要按照相关性标定试验得到相关的关系，并以 100m 为计算区间换算成国际平整度指数 IRI 值，以 m/km 计。

(6) 注意事项

① 检测结果和测试车机械系统的振动特性与车辆行驶速度有关。减振性能好，则 VBI 测值小；车速越高，VBI 测值越大。因此必须通过对机械系统的良好保养和检测时严格控制车速来保持测定结果的稳定性。

② 用车载式颠簸累积仪测出的颠簸累积值 VBI，与用连续式平整仪测出的标准差 $\sigma$ 概念不同，可通过对比试验，建立两者的相关关系，将 VBI 值换算为用于路面平整度评定。

③ 国际平整度指数（IRI）是国际上公认的衡量路面行驶舒适性或路面行驶质量的指数。也可通过标定试验，建立 VBI 与 IRI 的相关关系，将颠簸累积仪测出的颠簸累积值 VBI 换算为国际平整度指数 IRI。

### 8.3.4 激光平整度仪法

(1) 目的与适用范围

本方法适用于各类车载式激光平整度仪在新建、改建路面工程质量验收和无坑槽、车辙等病害及无积水积雪、泥浆的正常通车条件下连续采集路段平整度数据。

(2) 工作原理

测试车以一定速度在路面上行驶，固定在测试车底盘上的一排激光传感器通过测试激光束反射回读数器的角度来测试路面。这个距离信号同测试车上装的加速度计信号互相消差，消除测试车自身的颠簸，输出测试路面的真实断面信号。信号处理系统将来自激光传感器的模拟信号转换成数字信号记录下来。随着测试车的行进，每隔一定距离，采集一次数据。通过数据分析系统，可显示、打印 IRI 等平整度检测结果。

(3) 仪具与材料技术要求

测试系统由承载车、距离传感器、纵断面高程传感器和主控制系统组成。主控制系统对测试装置的操作实施控制，完成数据采集、传输、存储与计算过程。

测试系统基本要求和参数包括：①测试速度 30～100km/h；②采样间距≤500mm；③传感器测试精度 0.5mm；④距离标定误差<0.1%；⑤系统工作环境温度 0～60℃。

(4) 方法与步骤

① 激光平整度仪测值与 IRI 相关关系对比试验。标定路段应按照每段 IRI 值变化幅度不小于 1.0 的范围选择 4 段长度不小于 300m、不同平整度且有不小于 50m 平整度均匀引道的路段，用测试车在标定路段测得的 IRI 值（重复 5 次，取其平均值）与使用精密水准仪等标准仪器测得的 IRI 值（采样间隔 250mm，测试精度为 0.5mm）建立相关关系，其相关系数不得小于 0.99。

② 测试步骤。

a. 测试开始之前应让测试车以测试速度行驶 5～10km，按照设备使用说明规定的预热时间对测试系统进行预热。

b. 测试车停在测试起点前 50～100m 处启动平整度测试系统程序，按照相关设备操作手册的规定和测试路段的现场技术要求设置完毕所需的测试状态。

c. 驾驶员应按照相关设备操作手册要求的测试速度范围驾驶测试车，速度宜在 50～80km/h，避免急加速和急减速，急弯路应放慢车速，沿正常行驶轨迹进入测试路段。

d. 进入测试路段后，测试人员启动系统的采集和记录程序，使其在测试过程中及时准确地将测试路段的起终点和其他需要特殊标记的位置输入测试数据记录中。

e. 当测试车驶出测试路段后，测试人员停止数据采集和记录，并恢复仪器各部分至初始状态。

f. 检查测试数据文件。文件应完整，内容应正常，否则需要重新测试。

g. 关闭测试系统电源，结束测试。

(5) 计算

激光平整度仪采集的数据是路面相对高程值，应以 100m 为计算区间长度，用 IRI 的标准计算程序计算 IRI 值，以 m/km 计。

## 8.4 抗滑性检测

路面抗滑性能是指车辆轮胎受到制动时沿路表面滑移所产生的力。通常抗滑性能被看作是路面的表面特性，并用轮胎与路面间的摩阻系数来表示。表面特性包括路表面细构造和粗构造。影响抗滑性能的因素有路面表面特性、路面潮湿程度和行车速度。

路表面细构造是指集料表面的粗糙度。它随车轮的反复磨耗而逐渐被磨光，通常采用石料磨光值（PSV）表征其抗磨光的性能。细构造在低速（50km/h 以下）时对路表抗滑性能起决定作用；而高速时，主要起作用的是粗构造，由构造浓度表征。细构造是由路表外露集料形成的构造，其功能是使车轮下的路表水迅速排除，以避免形成水膜。

各种抗滑性能测试方法比较，如表 8-4 所示。

**表 8-4　路面抗滑性能测试方法比较**

| 测试方法 | 测试指标 | 原理 | 特点及适用范围 |
|---|---|---|---|
| 制动距离法 | 摩擦因数($f$) | 以一定速度在潮湿路面上行驶的 4 轮小客车或货车，当 4 个车轮被制动时，测试出从车辆减速滑移到停止的距离。运用动力学原理，算出摩擦因数 | 测试速度快，但必须中断交通 |
| 摆式仪法 | 抗滑摆值(BPN) | 摆式仪的摆锤底面装一橡胶滑块，当摆锤从一定高度自由下摆时，滑块面同试验表面接触。由于两者间的摩擦而损耗部分能量，使摆锤只能回摆到一定高度。表面摩擦阻力越大，回摆高度越小（即摆值越大） | 定点测量，原理简单。不仅可用于室内，而且可用于野外测试沥青路面及水泥混凝土路面的抗滑值 |
| 手工铺砂法、电动铺砂法 | 构造深度(TD)/mm | 将已知体积的砂，摊铺在所要测试路表的测点上，量取摊平覆盖的面积。砂的体积与所覆盖平均面积的比值，即为构造深度 | 定点测量，原理简单，便于携带，结果直观。适用于测定沥青路面及水泥混凝土路面表面构造深度。用于评定路面表面的宏观粗糙度、排水性能及抗滑性 |
| 激光构造深度仪法 | 构造深度(TD)/mm | 中子源发射的许多束光线，照射到路表面的不同深度处，用 200 多个二极管接收返回的光束。利用二极管被点亮的时间差，算出所测路面的构造深度 | 测试速度快。适用于测定沥青路面干燥表面的构造深度。用于评价路面抗滑及排水能力，但不适用于坑槽较多、显著不平整或裂缝较多的路段 |
| 摩擦因数测定车测定路面横向力系数 | 横向力系数(SFC) | 测试车上安装有两只标准试验轮胎，它们对车辆行驶方向偏转一定的角度。汽车以一定速度在潮湿路面上行驶时，试验轮胎受到侧向摩阻力作用。此摩阻力除以试验轮上的载重，即为横向力系数 | 测试速度快。用于以标准的摩擦因数测试车测定沥青或水泥混凝土路面的横向力系数。结果可作为竣工验收或使用期评定路面抗滑能力使用 |

路面的抗滑摆值是指用标准的手提式摆式摩擦因数测定仪测定的路面在潮湿条件下对摆的摩擦阻力。路表构造深度是指一定面积的路表面凹凸不平的开口孔隙的平均深度。路面横向力系数是指用标准的摩擦因数测定车测定，当测定轮与行车方向成一定角度且以一定速度行驶时，轮胎与潮湿路面之间的摩擦阻力与试验轮上荷载的比值。

### 8.4.1 构造深度测试方法

8.4.1.1　手工铺砂法

(1) 目的与适用范围

本方法适用于测定沥青路面及水泥混凝土路面表面的构造深度，用以评定路面表面的宏观粗糙度、排水性能及抗滑性能。

(2) 仪具与材料

① 人工铺砂法涉及量砂筒、摊平板等。a. 量砂筒：形状尺寸如图 8-3(a) 所示。一端是封闭的，容积为 (25±0.15)mL，可通过称量砂筒中水质量的方法确定其容积 $V$，并调整其高度，使其容积符合要求。带一专门的刮尺将筒口量砂刮平。b. 摊平板，形状尺寸如图 8-3(b) 所示。摊平板应为木制或铝制，直径 50mm，底面粘一层厚 1.5mm 的橡胶片，上面有一圆柱把手。c. 刮平尺，可用 30cm 钢尺代替。

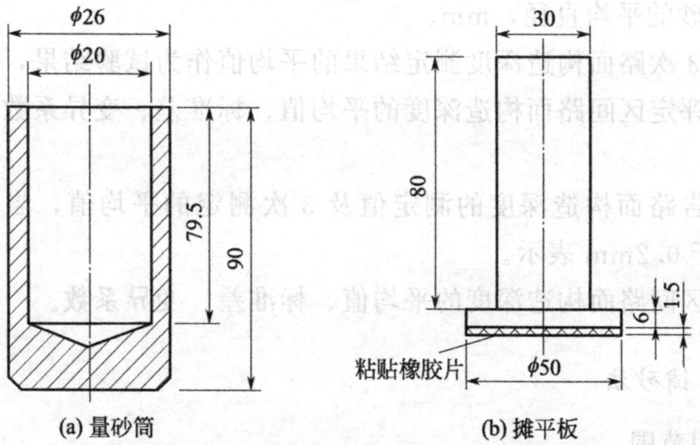


图 8-3　量砂筒和摊平板形状尺寸（单位：mm）

② 量砂，即足够数量的干燥洁净的匀质砂，粒径为 0.15～0.3mm。

③ 量尺，如钢板尺、钢卷尺，或采用将直径换算成构造深度作为刻度单位的专用的构造深度尺。

④ 其他，如装砂容器（小）、扫帚或毛刷、挡风板等。

(3) 方法与步骤

① 准备工作。

量砂准备。取洁净的细砂晾干、过筛，取粒径 0.15～0.3mm 的砂置于适当的容器中备用。量砂只能在路面上使用一次，不宜重复使用。回收砂必须经干燥、过筛处理后，方可使用。

对测试路段按随机取样选点的方法，确定测点所在横断面位置。测点应选在行车道的轮迹带上，距路面边缘不应小于 1m。

② 实验步骤。

a. 用扫帚或毛刷将测点附近的路面清扫干净，面积不小于 30cm×30cm。

b. 用小铲向圆筒中注满砂，手提圆筒上方，在硬质路面上轻轻地叩打 3 次，使砂密实，再补足砂面用钢尺一次刮平。不可直接用量砂筒装砂，以免影响量砂密度的均匀性。

c. 将砂倒在路面上，用底面粘有橡胶片的摊平板，由里向外重复做摊铺运动，稍稍用力将砂细心地尽可能地向外摊开，使砂填入凹凸不平的路表面的空隙中；尽可能将砂摊成圆形，并不得在表面上留有浮动余砂。注意摊铺时不可用力过大或向外推挤。

d. 用钢板尺测量所构成圆的两个垂直方向的直径，取其平均值，准确至5mm。

e. 按以上方法，同一处平行测定不少于3次，3个测点均位于轮迹带上，测点间距3～5m。该处的测定位置，以中间测点的位置表示。

(4) 计算

① 依据测定结果按下式计算路面构造深度为

$$TD=\frac{1000V}{\frac{\pi D^2}{4}}=\frac{31831}{D^2} \tag{8-8}$$

式中 TD——路面构造深度，mm；

$V$——砂的体积，25cm$^3$；

$D$——摊平砂的平均直径，mm。

② 每一处均取3次路面构造深度测定结果的平均值作为试验结果，精确至0.1mm。

③ 计算每一个评定区间路面构造深度的平均值、标准差、变异系数。

(5) 报告要素

① 列表逐点报告路面构造深度的测定值及3次测定的平均值，当平均值小于0.2mm时，试验结果以小于0.2mm表示。

② 每一个评定区间路面构造深度的平均值、标准差、变异系数。

8.4.1.2 电动铺砂法

(1) 目的和适用范围

本方法适用于测定沥青路面及水泥混凝土路面表面构造深度，用以评定路面表面的宏观粗糙度及路面表面的排水性能和抗滑性能。

(2) 仪具与材料

① 电动铺砂仪，即利用可充电的直流电源，将量砂通过砂漏铺设成宽度5cm、厚度均匀一致的器具，如图8-4所示。

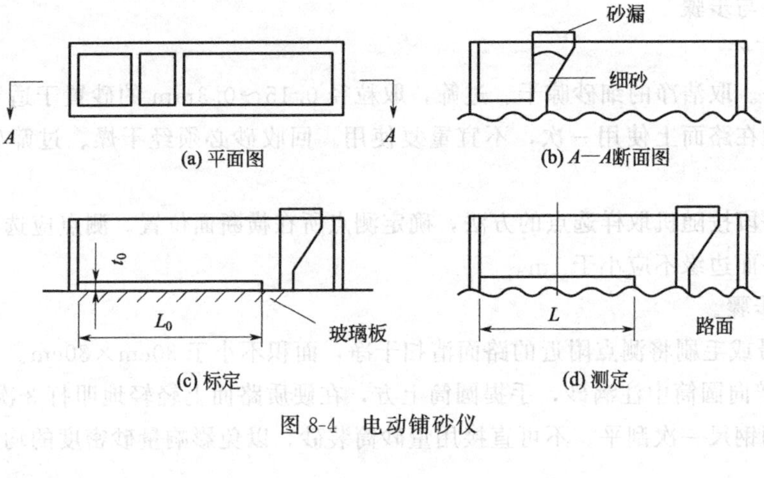


图8-4 电动铺砂仪

② 量砂：准备足够数量的干燥洁净的匀质砂，粒径为 0.15～0.3mm。

③ 标准量筒：容积 50mL。

④ 玻璃板：面积大于铺砂器，厚 5mm。

⑤ 其他：直尺、扫帚、毛刷等。

（3）方法与步骤

① 准备工作。量砂准备。取洁净的细砂，晾干、过筛后，取粒径 0.15～0.3mm 的砂置于适当的容器中备用。已在路面上使用过的砂如回收重复使用时应重新过筛并晾干。

对测试路段按随机取样选点的方法，确定测点所在横断面的位置。测点应选在行车道的轮迹上，距路面边缘不应小于 1m。

② 电动铺砂仪标定。

a. 将铺砂仪平放在玻璃板上，将砂漏移至铺砂器端部。

b. 使灌砂漏斗口和量筒口大致齐平。通过漏斗向量筒中缓缓注入准备好的量砂至高出尖顶状，用直尺沿筒口一次刮平，其容积为 50mL。

c. 使漏斗口与铺砂器砂漏上口大致齐平。将砂通过漏斗均匀倒入砂漏，前后移动漏斗，使砂的表面大致齐平，但不得用任何其他工具刮动砂。

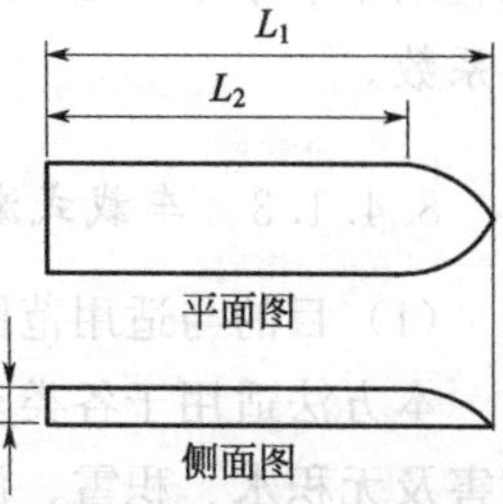

图 8-5 决定及 $L_0$ 的方法

d. 开动电动马达，使砂漏向另一端缓缓运动，量砂沿砂漏底部铺成图 8-5 所示的宽 5cm 的带状，待砂全部漏完后停止。

e. 按图 8-5，依式(8-9) 由 $L_1$ 及 $L_2$ 的平均值决定量砂的摊铺长度 $L_0$，精确至 1mm。

$$L_0=\frac{L_1+L_2}{2} \tag{8-9}$$

式中 $L_0$——量砂的摊铺长度，mm；

$L_1$、$L_2$——长度，见图 8-5，mm。

重复标定 3 次，取平均值决定 $L_0$，精确至 1mm。

标定应在每次测试前进行，用同一种量砂，由同一试验员进行测试。

③ 测试步骤。

a. 将测试地点用毛刷刷净，面积大于铺砂仪。

b. 将铺砂仪沿道路纵向平稳地放在路面上，将砂漏移至端部。

c. 按上述电动铺砂仪标定 b～e 相同的步骤，在测试地点摊铺 50mL 量砂，按图 8-5 所示的方法量取摊铺长度 $L_1$ 及 $L_2$，用式(8-9) 计算 $L_0$，准确至 1mm。

按以上方法，同一处平行测定不少于 3 次，3 个测点均位于轮迹带上，测点间距 3～5m，该处的测定位置以中间测点的位置表示。

（4）计算

① 量砂在玻璃板上摊铺的标定厚度 $t_0$（mm）计算方法为

$$t_0=\frac{V}{B\times L_0}\times 1000=\frac{1000}{L_0} \tag{8-10}$$

式中 $V$——量砂体积，$V=50$mL；

$B$——铺砂仪铺砂宽度，$B=50$mm；

$L_0$——玻璃板上 50mL 量砂摊铺的长度，mm。

② 计算路面构造深度（TD）

$$TD=\frac{L_0-L}{L}t_0=\frac{L_0-L}{L\times L_0}\times1000 \tag{8-11}$$

式中　TD——路面的构造深度，mm；

$L$——路面上 50mL 量砂摊铺的长度，mm。

③ 每一处均取 3 次路面构造深度测定结果的平均值作为试验结果，精确至 0.1mm。

④ 计算每一个评定区间路面构造深度的平均值、标准差、变异系数。

(5) 报告内容

列表逐点报告路面构造深度的测定值及 3 次测定的平均值，当平均值小于 0.2mm 时，试验结果以小于 0.2mm 表示。每一个评定区间应包含路面构造深度的平均值、标准差、变异系数。

#### 8.4.1.3　车载式激光构造深度仪法

(1) 目的与适用范围

本方法适用于各类车载式激光构造深度仪在新建、改建路面工程质量验收和无严重破损病害及无积水、积雪、泥浆的正常通车条件下测定，但不适合用于带有沟槽构造的水泥混凝土路面构造深度的测定。

(2) 工作原理

高速脉冲半导体激光器产生的激光束投射到道路表面，从投影面上散射的光线由传感器接收，给出了这一瞬间到道路表面的距离，通过一系列的计算可得出构造深度。

(3) 仪具与材料

① 测试系统由承载车辆、距离传感器、激光传感器和主控制系统组成。主控制系统对测试装置的操作实施控制，完成数据采集、传输、存储与计算过程。

② 测试系统基本要求和参数有：a. 最大测试速度：＞50km/h；b. 采样间隔：≤10mm；c. 传感器测试精度：0.1mm；d. 距离标定误差：＜0.1%；e. 系统工作环境温度：0～60℃。

(4) 方法与步骤

① 进行与铺砂法相关性的标定。标定路段应按照构造深度在 0～0.3mm、0.3～0.55mm、0.55～0.8mm，0.8～1.2mm 范围选择 4 段长度为 100m 试验路段，用测试车在标定路段测得数据计算的构造深度与同一路段用铺砂法测得的构造深度（至少 10 点，取平均值），建立两者的相关关系，其相关系数不得小于 0.97。

② 测试步骤。

a. 按照设备使用说明规定的预热时间，对测试系统进行预热。

b. 测试车停在测试起点前 50～100m 处，启动测试系统程序，按照相关设备操作手册的规定和测试路段的现场技术要求设置完毕所需的测试状态。

c. 驾驶员应按照相关设备操作手册要求的测试速度范围驾驶测试车。避免急加速和急减速，急弯路应放慢车速，沿正常行驶轨迹进入测试路段。

d. 进入测试路段后，测试人员启动系统的采集和记录程序。在测试过程中，必须及时准确地将测试路段的起终点和其他需要特殊标记的位置输入测试数据记录中。

e. 当测试车驶出测试路段后，测试人员停止数据采集和记录，并将仪器恢复至初始状态。

f. 检查测试数据文件，文件应完整，内容应正常，否则需要重新测试。

g. 关闭测试系统电源，结束测试。

值得注意的是，由于计算模式的差别，激光构造深度仪与铺砂法的测试结果存在一定的差异，必须在完成两者之间的相关性试验和转换后，才能进行测试结果的评定。

### 8.4.2 摆式仪测定路面抗滑值试验方法

(1) 目的和适用范围

本方法适用于以摆式摩擦因数测定仪（摆式仪）测定沥青路面及水泥混凝土路面的抗滑值，用以评定路面在潮湿状态下的抗滑能力。

(2) 仪具与材料

① 摆式仪结构如图 8-6 所示。摆及摆的连接部分总质量为（1500±30)g，摆动中心至摆的重心距离为（410+5)mm。测定时，摆在路面上的滑动长度为（126±1)mm，摆上橡胶片端部距摆动中心的距离为 508mm，橡胶片对路面的正向静压力为（22.2+0.5)N。

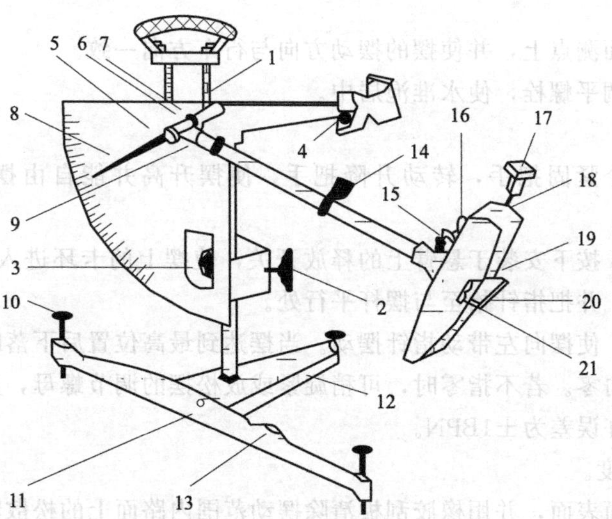


图 8-6 摆式仪结构图

1,2—紧固把手；3—升降把手；4—释放开关；5—转向节螺母；6—调节螺母；7—弹簧片或毡垫；8—指针；9—连接螺母；10—调平螺栓；11—底座；8—垫块；13—水准泡；14—卡环；15—定位螺钉；16—举升柄；17—平衡锤；18—并紧螺母；19 滑溜块；20—橡胶片；21—止滑螺钉

② 橡胶片，用于测定路面抗滑值时的尺寸为 6.35mm×25.4mm×76.2mm，橡胶物理性质技术应符合表 8-5 的要求。当橡胶片使用后，端部在长度方向上磨损超过 1.6mm 或边缘在宽度方向上磨耗超过 3.2mm 或有油类污染时，即应更换新橡胶片。新橡胶片应先在干燥路面上测 10 次后再用于测试。橡胶片的有效使用期从出厂日期起算为 12 个月。

③ 滑动长度量尺，长 126mm。

④ 喷水壶。

⑤ 硬毛刷。

⑥ 路面温度计，分度不大于 1℃。

⑦ 其他，如扫帚、粉笔、记录表格等。

表 8-5 橡胶物理性质技术要求

| 性能指标 | 0℃ | 10℃ | 20℃ | 30℃ | 40℃ |
|---|---|---|---|---|---|
| 弹性/% | 43～49 | 58～65 | 66～73 | 71～77 | 74～79 |
| 硬度(IR) | 55±5 | | | | |

(3) 方法与步骤

① 准备工作。检查摆式仪的调零灵敏情况，并定期进行仪器的标定。当用于路面工程检查验收时，仪器必须重新标定。

对测试路段按随机取样方法，决定测点所在横断面位置。测点应选在行车车道的轮迹带上，距路面边缘不应小于 1m，并用粉笔做出标记。测点位置宜紧靠铺砂法测定构造深度的测点位置，并与其一一对应。

② 试验步骤

a. 清洁路面，即用扫帚或其他工具将测点处的路面打扫干净。

b. 仪器调平。

将仪器置于路面测点上，并使摆的摆动方向与行车方向一致。

转动底座上的调平螺栓，使水准泡居中。

c. 调零。

放松上、下两个紧固把手，转动升降把手，使摆升高并能自由摆动，然后旋紧紧固把手。

将摆向右运动，按下安装于悬臂上的释放开关，使摆上的卡环进入开关槽，释放开关，摆即处于水平位置，并把指针抬至与摆杆平行处。

按下释放开关，使摆向左带动指针摆动。当摆达到最高位置后下落时，用左手将摆杆接住，此时指针应指向零。若不指零时，可稍旋紧或放松摆的调节螺母，重复本项操作，直至指针指零。调零允许误差为±1BPN。

d. 校核滑动长度。

用扫帚扫净路面表面，并用橡胶刮板清除摆动范围内路面上的松散粒料。

让摆自由悬挂，提起摆头上的举升柄，将底座上垫块置于定位螺钉下面，使摆头上的滑溜块升高。放松紧固把手，转动立柱上升降把手，使摆缓缓下降。当滑块上的橡胶片刚刚接触路面时，即将紧固把手旋紧，使摆头固定。

提起举升柄，取下垫块，使摆向右运动。然后，手提举升柄使摆慢慢向左运动，直至橡胶片的边缘刚刚接触路面。在橡胶片的外边摆动方向设置标准尺，尺的一端正对准该点，再用手提起举升柄，使滑溜块向上抬起，并使摆继续运动至左边，使橡胶片返回落下再一次接触地面。橡胶片两次同路面接触点的距离应在 126mm（即滑动长度）左右。若滑动长度不符合标准时，则升高或降低仪器底正面的调平螺钉来校正，但同时需调平水准泡。重复此项校核，直至滑动长度符合要求。而后，将摆和指针置于水平释放位置。

校核滑动长度时，应以橡胶片长边刚刚接触路面为准，不可借摆力量向前滑动，以免标定的滑动长度过长。

e. 用喷壶的水浇洒测试路面，并用橡胶刮板除去表面泥浆。

f. 再次洒水，并按下释放开关，使摆在路面滑过，指针即可指示出路面的摆值。但第一次测定，不做记录。当摆杆回落时，用左手接住摆，右手提起举升柄使滑溜块升高，将摆向右运动，并使摆杆和指针重新置于水平释放位置。

g. 重复 e. 的操作测定 5 次，并读记每次测定的摆值，即 BPN。5 次数值中最大值与最小值的差值不得大于 3BPN。如差数大于 3BPN，应检查产生的原因，并再次重复上述各项操作，至符合规定为止。取 5 次测定的平均值作为每个测点路面的抗滑值（即摆值 $F_b$），取整数以 BPN 表示。

h. 在测点位置上，用路表温度计测记潮湿路面的温度，准确至 1℃。

i. 按以上方法，同一处平行测定不少于 3 次，3 个测点均位于轮迹带上，测点间距 3～5m。该处的测定位置，以中间测点的位置表示。每一处均取 3 次测定结果的平均值作为试验结果，精确至 1BPN。

(4) 抗滑值的温度修正

潮湿路面温度为 $t$(℃) 时测得的摆值为 $BPN_t$ 须换算成标准温度（20℃）的摆值 $BPN_{20}$。

$$BPN_{20}=BPN_t+\Delta BPN \tag{8-12}$$

温度修正值（ΔBPN）如表 8-6 所示。

**表 8-6 温度修正值**

| 温度/℃ | 0 | 5 | 10 | 15 | 20 | 25 | 30 | 35 | 40 |
|---|---|---|---|---|---|---|---|---|---|
| 温度修正值(ΔBPN) | −6 | −4 | −3 | −1 | 0 | +2 | +3 | +5 | +7 |

① 记录测试日期、测点位置、天气情况、洒水后潮湿路面的温度，并描述路面类型、外观、结构类型等。

② 列表逐点报告路面抗滑值的测定摆值、经温度修正后的摆值及 3 次测定的平均值。

③ 记录每一个评定路段路面抗滑值的平均值、标准差、变异系数。

### 8.4.3 摩擦因数测定车测定路面横向力系数试验方法

(1) 目的和适用范围

本方法适用于以标准的摩擦因数测定车测定沥青路面或水泥混凝土路面的横向力系数，测试结果可作为竣工验收或使用期评定路面抗滑能力的依据。

(2) 仪具与材料

① 摩擦因数测定车。SCRIM 型摩擦因数测定机构主要组成如图 8-7 所示，由车辆底盘、测量机构、供水系统、荷载传感器、仪表及操作记录系统、标定装置等组成。

测定车应符合下列要求：

a. 测量机构。可以为单侧或双侧各安装一套，测试轮与车辆行驶方向成 20°角，作用于测试轮上的静态标准荷载为 2kN。测试轮胎应为光面轮胎，其标准气压为（0.35±0.01)MPa。当轮胎直径减少达 6mm 时（每个测试轮约测 350～400km 需更换），需要换新轮胎。

b. 测定车辆轮胎气压，应符合所使用汽车规定的标准气压范围。

c. 控制洒水量，使路面水膜厚度不得小于 1mm。通常测量速度为 50km/h 时，水阀开启量宜为 50%；测量速度为 70km/h 时，宜为 70%，余类推。

② 此外，还应准备备用轮胎等备件。

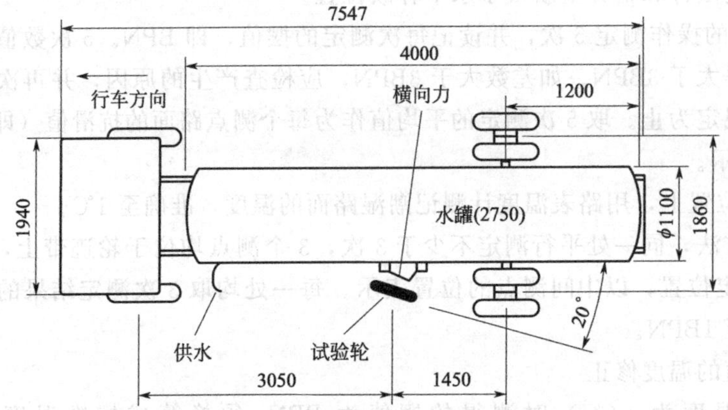


图 8-7 SCRIM 型摩擦因数测定机构示意图

(3) 方法与步骤

① 准备工作

a. 按照仪器设备技术手册或使用说明书对测定系统进行标定。仪器设备进行标定、检查时，必须在关闭发动机的情况下进行。标定按 SFC 值 10，20，30，…，100 的不同档次进行，满量程为 100 时的示数误差不得超过±2。

b. 检查横向摩擦因数测定车系统的各项参数是否符合要求，检查外部警告标志是否正常。

c. 储存罐灌水。

d. 将测试轮安装牢固且保持在升起的位置上。

e. 将记录装置处于正常使用状态，安装足够的打印纸。打开记录系统预热不少于10min。

f. 根据需要确定采用连续测定或断续测定，以及每公里测定的长度。选择并设定计算区，即输出一个测定数据的长度。标准的计算区间为 20m，根据要求也可选择为 5m 或 10m。

g. 根据要求设定为单轮测试或双轮测试。

h. 输入所需的说明性预设数据，如测试日期、路段编号、里程桩号等。

i. 发动车辆驶向测试地段。

② 测定步骤

a. 在测试路段起点前约 500m 处停住，开机预热不少于 10min。

b. 降下测试轮，打开水阀检查水流情况是否正常及水流是否符合需要，检查仪表各项指数是否正常，然后升起测试轮。

c. 将车辆驶向测试路段，提前 100～200m 处降下测试轮。测定车的车速可根据公路等级的需要选择。除特殊情况下，标准车速为 50km/h，测试过程中必须保持匀速。

d. 进入测试段后，按开始键，开始测试。在显示器上监视测试运行变化情况，检查速度、距离有无反常波动，当需要标明特征（如桥位、路面变化等）时，操作功能键插入到数据流中，整公里里程桩上也应做相应的记录。

(4) 测试数据处理

测定的摩擦因数数据存储在磁盘或磁带中。摩擦因数测定车的 SCRIM 型机构配有专门数据处理程序软件，可计算和打印出每一个计算区间的摩擦因数值、行程距离、行驶速度、统计个数、平均值及标准差，同时还可打印出摩擦因数的变化图。

(5) 报告

① 记录测试路段名称及桩号、公路等级、测试日期、天气情况、路面在潮湿状态下的路表温度，描述路面结构类型及外观等。

② 记录测试过程中交叉口、转弯等特殊路段及里程桩号。

③ 数据处理打印结果。包括各测点路面摩擦因数值、行程距离、行驶速度，每一个评定路段路面摩擦因数值统计个数、平均值、标准差、变异系数。

④ 公路沿线摩擦因数的变化图，不同摩擦因数区间的路段长度占总测试里程百分比的统计表。

⑤ 评定路段内的路面横向力系数（SFC），按 SFC 的设计或验收标准值进行评定。SFC 代表值，为 SFC 算术平均值的下置信界限值，即

$$SFC_R=\overline{SFC}-\frac{t_a S}{\sqrt{n}} \tag{8-13}$$

式中　$SFC_R$——SFC 代表值；

$\overline{SFC}$——SFC 平均值；

$S$——标准差；

$n$——采集数据样本数量；

$t_a$——$Z$ 分布表中随测点数和保证率（或置信度 $a$）而变的系数。采用的保证率：高速公路、一级公路 95%；其他公路 90%。

### 8.4.4　抗滑性能检测中应注意的问题

① 在使用摆式仪前必须按照说明书中要求或者按照《公路工程集料试验规程》(JTG E 42—2005) 中的方法对摆式仪进行标定，否则所测数据缺乏可靠性。

② 用摆式仪法测定时，“标定滑动长度”是一个非常重要的环节。标定时，应取滑溜块与路面正好轻轻接触的点进行量取。切不可给摆锤一个力让它有滑动后再量取，这样标定，会造成滑动长度偏长，所测摆值偏大。

③ 在用手工铺砂法测路面构造深度时，不同的人进行测试，所测结果往往差别较大。其原因较多，如装砂的方法不标准、摊砂用的摊平板不标准，最主要的是砂摊开到多大程度为止，各人把握不一。为了使检测结果准确可靠，在前面介绍中已对容易产生误差的地方有了明确的规定，且摊开时要求尽可能向外摊平使砂填入凹凸不平的路表面空隙中，在地表面上形成一薄层等。测试时应严格掌握操作方法中的操作细节。

## 8.5　承载力检测

### 8.5.1　回弹弯沉测试方法

国内外普遍采用回弹弯沉值来表征路基路面的承载能力。回弹弯沉值越大，路基路面承

载能力越小，反之则越大。通常所说的回弹弯沉值，是指标准后轴双轮组轮隙中心处的最大回弹弯沉值。在路表测试的回弹弯沉值，可以反映路基、路面的综合承载能力。回弹弯沉值在我国已广泛使用且有很多的经验及研究成果，不仅用于新建路面结构的设计（设计弯沉值）和施工控制与验收（竣工验收弯沉值），也用于旧路补强设计。

弯沉值的几个概念介绍如下。

(1) 弯沉

弯沉是指在规定的标准轴载作用下，路基路面表面轮隙位置产生的总垂直变形（总弯沉）或垂直回弹变形值（回弹弯沉），以 0.01mm 为单位。

(2) 设计弯沉值

根据设计年限内一个车道上预测通过的累计当量轴次、公路等级、面层和基层类型而确定。

(3) 竣工验收弯沉值

竣工验收弯沉值是检验路面是否达到设计要求的指标之一。当路面厚度计算以设计弯沉值为控制指标时，则验收弯沉值应小于或等于设计弯沉值；当厚度计算以层底拉应力为控制指标时，应根据拉应力计算所得的结构厚度，重新计算路面弯沉值，该弯沉值即为竣工验收弯沉值。

弯沉值的测试方法较多，目前应用最多的是贝克曼梁法，在我国已有成熟的经验，但由于其测试速度等因素的限制，许多国家都对快速连续或动态测定进行了研究，主要有法国洛克鲁瓦式自动弯沉仪法，丹麦等国家发明并几经改进形成的落锤式弯沉仪（FWD）法等。这些在我国均有引进，现将几种方法的特点作简单比较，如表 8-7 所示。

表 8-7　几种弯沉测试方法比较

| 方法 | 特点 |
|---|---|
| 贝克曼梁法 | 传统方法，速度慢，静态测试，比较成熟，目前属于标准方法 |
| 洛克鲁瓦式自动弯沉仪法 | 利用贝克曼梁原理快速连续测试，属于静态测试范畴，但测定的是总弯沉，因此使用时应利用贝克曼梁法进行标定换算 |
| 落锤式弯沉仪法 | 利用重锤自由落下的瞬间产生的冲击荷载测定弯沉，属于动态弯沉，并能反算路面的回弹模量，快速连续，使用时应利用贝克曼梁法进行标定换算 |

## 8.5.2 回弹模量试验检测方法

我国现有规范已给出了不同的自然区划和土质的回弹模量值的推荐值，具体参见《公路沥青路面设计规范》(JTG D-50—2017)。但由于土基回弹模量的改变会影响路面设计的厚度，建议有条件时最好直接测定，而且随着施工质量的提高，回弹模量值的检验将会作为控制施工质量的一个重要指标。测定回弹模量的方法，目前国内常用的主要有承载板法、贝克曼梁法和其他间接测试方法［如贯入仪测定法和 CBR（加州承载比）测定法］。

### 8.5.2.1 承载板法

(1) 目的和适用范围

① 本方法适用于在现场土基表面。通过承载板对土基逐渐加载、卸载的方法，测出每

级荷载下相应的土基回弹变形值，经过计算求得土基回弹模量。

② 本方法测定的土基回弹模量可作为路面设计参数使用。

（2）仪具与材料

① 加载设施。载有铁块或集料等重物、后轴重不小于60kN的载重汽车一辆。在汽车大梁的后轴之后约80cm处，附设加劲小梁一根作为反力梁，汽车轮胎充气压力为0.50MPa。

② 承载板测试装置如图8-8所示，由千斤顶、测力计（测力环或压力表）及球座等组成。

③ 刚性承载板一块，放在土基表面上，板厚20mm，直径为30cm。直径两端设有立柱和可以调整高度的支座，供安放弯沉仪测头。

④ 路面弯沉仪两台，由贝克曼梁、百分表及其支架组成。

⑤ 液压千斤顶一台，加载范围80～100kN，装有经过标定的压力表或测力环，其容量不小于土基强度，测定精度不小于测力计量程的1/100。

⑥ 其他。秒表、水平尺、细砂、毛刷、垂球、镐、铁锹、铲等。

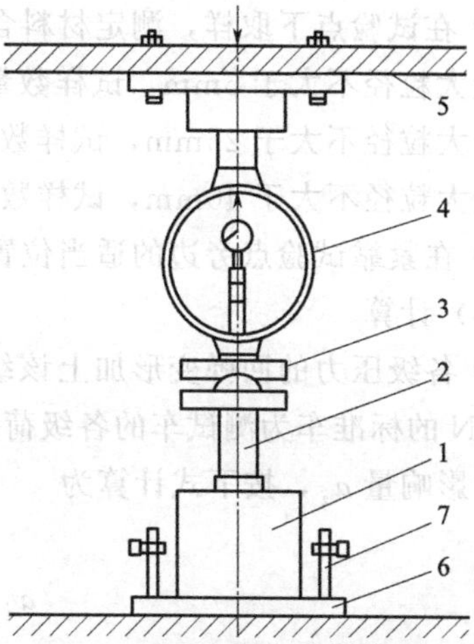

图8-8　承载板测试装置图
1—加载千斤顶；2—钢圆筒；3—钢板及球座；4—测力计；5—加劲横梁；6—承载板；7—立柱及支座

（3）试验前准备工作

① 根据需要选择有代表性的测点，测点应位于不平的路基上，路基土质均匀、不含杂物。

② 仔细平整土基表面，撒干燥洁净的细砂填平土基凹处，但不可覆盖全部表面，以避免在其表面形成砂层。

③ 安置承载板，并用水平尺进行校正，使承载板置水平状态。

④ 将试验车置于测点上，在加劲小梁中部悬挂垂球测试，使之恰好对准承载板中心。

⑤ 在承载板上安放千斤顶，上面衬垫钢圆筒、钢板，并将球座置于顶部与加劲横梁接触。如用测力环时，应将测力环置于千斤顶与横梁中间；千斤顶及衬垫物必须保持垂直，以免加压时千斤顶倾倒发生事故并影响测试数据的准确性。

⑥ 将两台弯沉仪的测头分别置于承载板立柱的支座上，百分表对零或其他合适的初始位置。

（4）测试步骤

① 用千斤顶开始加载。注视测力环或压力表，至顶压0.5MPa时，稳压1min，使承载板与土基紧密接触。同时，检查百分表的工作情况是否正常，然后放松千斤顶油门卸载、稳压1min，将指标对零或记录初始读数。

② 测定土基的压力-变形曲线。用千斤顶加载采用逐级加载卸载法，用压力表或测力环控制加载量，荷载小于0.1MPa时，每级增加0.02MPa，以后每级增加0.04MPa左右。为了使加载和计算方便，加载数值可适当近似取为整数。每次加载至预定荷载后，稳定1min，立即读记两台弯沉仪百分表数值，然后轻轻放开千斤顶油门卸载至0，待卸载稳定1min后，再次读数，每次卸载后百分表不再对零。当两台弯沉仪百分表读数之差小于平

均值的30%时，取平均值；如超过30%，则应重测。当回弹变形值超过1mm时，即可停止加载。

③ 按以下方法计算各级荷载的回弹变形和总变形：

回弹变形：$L$=(加载后读数平均值－卸载后读数平均值)×弯沉仪杠杆比

总变形：$L'$=(加载后读数平均值－加载初始前读数平均值)×弯沉仪杠杆比

④ 测定汽车总影响量$a$。最后一次加载卸载循环结束后，取走千斤顶，重新读取百分表初读数，然后将汽车开出10m以外，读取终值数。两只百分表的初、终读数差值之和，即为总影响量$a$。

⑤ 在试验点下取样，测定材料含水率。取样数量如下：

最大粒径不大于5mm，试样数量约120g；

最大粒径不大于25mm，试样数量约250g；

最大粒径不大于40mm，试样数量约500g。

⑥ 在紧靠试验点旁边的适当位置，用灌砂法、环刀法或其他方法测定土基的密度。

(5) 计算

① 各级压力的回弹变形加上该级的影响量后，则为计算回弹变形值。表8-8是以后轴重60kN的标准车为测试车的各级荷载影响量的计算值。当使用其他类型测试车时，各级压力下的影响量$a_i$，按下式计算为

$$a_i=\frac{(T_1+T_2)\pi D^2 P_i}{4T_1 Q}a \tag{8-14}$$

式中 $T_1$——测试车前后轴距，m；

$T_2$——加劲小梁距后轴距离，m；

$D$——承载板直径，m；

$Q$——测试车后轴重，N；

$P_i$——该级承载板压力，Pa；

$a$——总影响量，0.01mm；

$a_i$——该级压力的分级影响量，0.01mm。

**表8-8 各级荷载影响（后轴重60kN）**

| 承载板压力/MPa | 0.05 | 0.10 | 0.15 | 0.20 | 0.30 | 0.40 | 0.50 |
|---|---|---|---|---|---|---|---|
| 影响量 | 0.06$a$ | 0.12$a$ | 0.18$a$ | 0.24$a$ | 0.36$a$ | 0.48$a$ | 0.60$a$ |

② 将各级计算回弹变形值点绘于标准计算纸上，排除显著偏离的异常点并绘出顺滑的$P$-$L$曲线。如曲线起始部分出现反弯，应按图8-9所修正原点$O$，$O'$则是修正后的原点。

③ 计算相应于各级荷载下的土基回弹模量

$$E_i=\frac{\pi D}{4}\times\frac{P_i}{L_i}(1-\mu_0{}^2) \tag{8-15}$$

式中 $E_i$——相应于各级荷载下的土基回弹模量，MPa；

$\mu_0$——土的泊松比，根据相关部门颁布的路面设计规范规定选用；

$D$——承载板直径，$D=30$cm；

$P_i$——承载板压力，MPa；

$L_i$——相对于荷载 $P_i$ 时的回弹变形，cm。

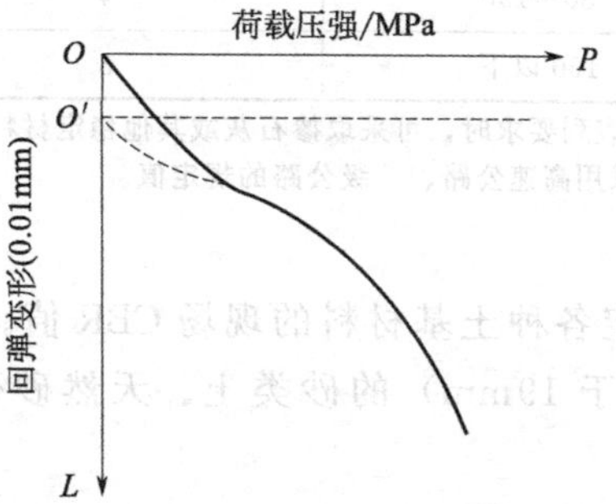


图 8-9 修正原点示意图

④ 取结束试验前的各回弹变形值，按线性回归方法由式(8-16) 计算土基回弹模量

$$E_0=\frac{\pi D}{4}\times\frac{\sum P_i}{\sum L_i}(1-\mu_0^2) \tag{8-16}$$

式中 $E_0$——土基回弹模量，MPa；

$\mu_0$——土的泊松比，根据相关部门颁布的路面设计规范规定取用；

$L_i$——相对于荷载时的回弹变形，cm；

$P_i$——对应于 $L_i$ 的各级压力值。

(6) 报告

试验报告应记录的结果有：①试验时所采用的汽车；②近期天气情况；③试验时土基的含水率；④土基密度和压实度；⑤相应于各级荷载的土基回弹模量值；⑥土基回弹模量 $E_0$ 值。

8.5.2.2 CBR 测定法

CBR 又称加州承载比，是由美国加利福尼亚州公路局首先提出的，在国外，多采用 CBR 作为路面材料和路基土的设计参数，用于评定路基土和路面材料的强度指标。

我国沥青和水泥混凝土路面的相关设计规范，对路面、路基的设计参数采用加弹模量指标，而在境外修建的公路工程多采用 CBR 指标。为了进一步积累经验用于实践，以促进国际学术交流，参考了国内外的情况，我国将 CBR 指标列入《公路路基设计规范》(JTG D 30—2015) 和《公路路基施工技术规范》(JTG/T 3610—2019)，作为路基填料选择的依据。

路基填料最小强度要求，见表 8-9。

表 8-9 路基填料最小强度

| 项目分类 | 路面底面下深度/cm | 路基填料最小强度 CBR/% | |
|---|---|---|---|
| | | 高速公路、一级公路 | 其他等级公路 |
| 上路床 | 0～30 | 8 | 6 |
| 下路床 | 30～80 | 6 | 4 |

续表

| 项目分类 | 路面底面下深度/cm | 路基填料最小强度CBR/% | |
|---|---|---|---|
| | | 高速公路、一级公路 | 其他等级公路 |
| 上路堤 | 80～150 | 4 | 3 |
| 下路堤 | 150以下 | 3 | 2 |

注：1. 当路床填料CBR值达不到表列要求时，可采取掺石灰或其他稳定材料等措施进行处理。
2. 其他公路铺筑高级路面时，应采用高速公路、一级公路的规定值。

（1）目的与适用范围

本方法适用于在现场测定各种土基材料的现场CBR值。同时，也适于基层最大集料粒径不超过31.5mm（宜小于19mm）的砂类土、天然砂砾、级配碎石等材料CBR的试验。

（2）主要仪器

① 荷载装置。装载有铁块或集料等重物的载重汽车，后轴重不小于60kN，在汽车大梁的后轴之后设有加劲横梁作反力架用。

② 现场测试装置。由千斤顶（机械或液压）、测力计（测力环或压力表）及球座构成。千斤顶可使贯入杆速度调节成1mm/min，测力计的容量不小于土基强度，测定精度不小于测力计量程的1%。

③ 贯入杆。即直径50mm，长约200mm的金属圆柱体。

④ 承载板。每块1.25kg，直径150mm；中心孔眼直径52mm，不少于4块，并沿直径分为两个半圆块。

⑤ 贯入量测定装置。由如图8-10所示的平台（也可用两台贝克曼梁弯沉仪代替）及百分表组成。百分表量程20mm，精度0.01mm，数量2个，对称固定于贯入杆上，端部与平台接触；平台跨度不小于50cm。

⑥ 细砂。洁净干燥，粒径0.3～0.6mm。

⑦ 其他。如铁铲、盘、直尺、毛刷、天平等。

（3）测试原理

在公路路基施工现场，用载重汽车作为反力架，通过千斤顶连续加载，使贯入杆匀速压入土基。为了模拟路面结构对土基的附加应力，在贯入杆位置安放荷载板。路基强度越高，贯入量为25mm或50mm的荷载越大，即CBR值越大。

（4）测试方法与步骤

① 将测点约直径30cm范围的表面找平，用毛刷刷净浮土，如表面为粗粒土时，应撒布少许细砂填平，但不能覆盖全部土基表面，以免形成夹层。

② 安装现场测试装置，使贯入杆与土基表面紧密接触，千斤顶顶在加劲横梁上且调节至合适高度。

③ 安装贯入量测定装置，即将支架平台、百分表（或两台贝克曼梁弯沉仪）按图8-10安装好。

④ 在贯入杆位置安放4块1.25kg的分开成半圆的承载板，共5kg。

⑤ 在贯入前，先在贯入杆上施加45N荷载后，将测量计及贯入量百分表调零，记录初始读数。

⑥ 启动千斤顶，使贯入杆以1mm/min的速度压入土基。相应贯入量为0.5mm、

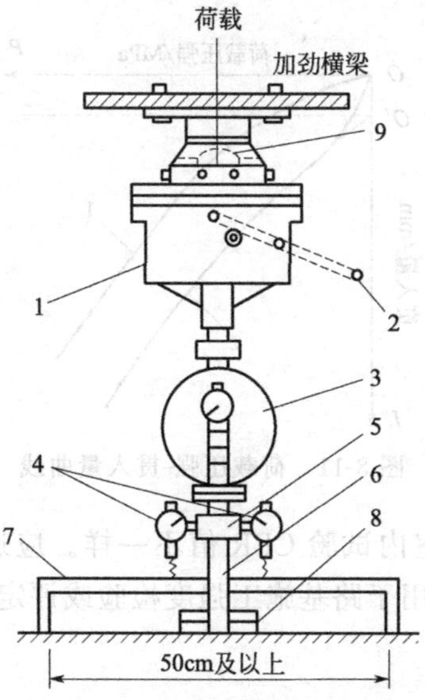


图 8-10 现场 CBR 测试装置示意图

1—加载千斤顶；2—手柄；3—测力计；4—百分表；5—百分表夹持具；6—贯入杆；7—平台；8—承载板；9—球座

1.0mm、1.5mm、2.0mm、2.5mm、3.0mm、4.0mm、5.0mm、6.5mm、10.0mm 及 11.5mm 时，分别读取测力计读数。根据情况，也可在贯入量达 6.5mm 时结束试验。

⑦ 卸除荷载，移去测定装置。

⑧ 在试验点下取样，测定材料含水率。取样数量如下：

最大粒径不大于 4.75mm，试样数量约 120g；

最大粒径不大于 19.0mm，试样数量约 250g；

最大粒径不大于 31.5mm，试样数量约 500g。

⑨ 在紧靠试验点旁边的适当位置，测定土基的密度。

(5) 计算

① 用贯入试验得到的等级荷重数除以贯入断面积（$19.625cm^2$），得到各级压强(MPa)，绘制荷载压强-贯入量曲线，如图 8-11 所示。当图中曲线在起点处有明显凹凸的情况时，应在曲线的拐弯处作切线延长进行修正，以与坐标轴相交的点 $O'$ 作原点，得到修正后的荷载压强-贯入量曲线。

② 从荷载压强-贯入量曲线上，读取贯入量为 2.5mm 及 5.0mm 时的荷载压强 $P_1$ 按式(8-17) 计算现场 CBR 值。CBR 值一般以贯入量 2.5mm 时的测定值为准，当贯入量 5.0mm 时的 CBR 值大于 2.5mm 时的 CBR 值时，应重新试验；如重新试验仍然如此，则以贯入量 5.0mm 时的 CBR 值为准。

$$\text{CBR}(\%)=\frac{P_1}{P_0}\times 100 \tag{8-17}$$

式中 $P_1$——荷载压强，MPa；

$P_0$——标准压强，当贯入量为 2.5mm 时为 7MPa，当贯入量为 5.0mm 时为 10.5MPa。

应当注意的是，公路现场条件下测定的 CBR 值，因土基的含水率和压实度与室内试验

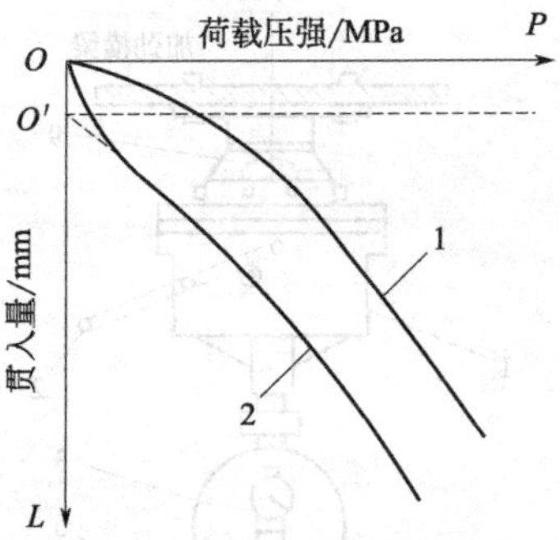


图 8-11 荷载压强-贯入量曲线

条件不同，也未经泡水，故与室内试验 CBR 值不一样。应通过试验寻找两者之间的关系，换算为室内试验 CBR 值后，再用于路基施工强度检验或评定。

## 复习思考题

8-1 加强试验检测工作，对工程质量控制有何意义？

8-2 简述灌砂法检测现场压实度的要点。

8-3 简述贝克曼梁法测定回弹弯沉值的要点。

8-4 现对某二级公路路基压实度进行质量检验，经检测，各点（共 12 个测点）的干密度（$g/cm^3$）分别为 1.72、1.69、1.71、1.76、1.78、1.76、1.68、1.75、1.74、1.73、1.73、1.70，最大干密度为 1.82（$g/cm^3$）。试按 95% 的保证率评定该路段的压实质量是否满足要求（压实度标准为 93%）。

8-5 简述摆式仪测定路面抗滑性能的测试要点。

8-6 手工铺砂法测定路面构造深度的适用范围是什么？基本原理是什么？